土木構造物の設計

ゼロから学ぶ土木の基本

内山久雄 [監修] ＋ 原 隆史 [著]

Civil Engineering

Ohmsha

本書を発行するにあたって，内容に誤りのないようできる限りの注意を払いましたが，本書の内容を適用した結果生じたこと，また，適用できなかった結果について，著者，出版社とも一切の責任を負いませんのでご了承ください．

本書は，「著作権法」によって，著作権等の権利が保護されている著作物です．本書の複製権・翻訳権・上映権・譲渡権・公衆送信権（送信可能化権を含む）は著作権者が保有しています．本書の全部または一部につき，無断で転載，複写複製，電子的装置への入力等をされると，著作権等の権利侵害となる場合があります．また，代行業者等の第三者によるスキャンやデジタル化は，たとえ個人や家庭内での利用であっても著作権法上認められておりませんので，ご注意ください．

本書の無断複写は，著作権法上の制限事項を除き，禁じられています．本書の複写複製を希望される場合は，そのつど事前に下記へ連絡して許諾を得てください．

出版者著作権管理機構
（電話 03-5244-5088, FAX 03-5244-5089, e-mail: info@jcopy.or.jp）

JCOPY ＜出版者著作権管理機構 委託出版物＞

シリーズ監修のことば

　土木工学は社会資本の整備に関する総合的な科学技術体系である．その対象は，力学や水理学のように物理学の一部である純粋に自然科学的で理論的な分野から，防災や地域計画のように社会科学的で応用的な分野に至るまできわめて多岐にわたっている．さらに，構造物のデザインや景観設計のように芸術的でかつ感性的な分野や，近年の地球温暖化防止や生物多様性社会の構築のような環境的でかつ生態的な分野までもが対象となっている．

　このような土木工学を「ゼロから学ぶ」数冊の「土木の基本」の書籍としてまとめようと試みたのが本シリーズである．しかしながら，非常に広汎な分野を包含し，しかも大変長い歴史を持ち，人類の文明とともに発展してきた土木工学全体を本シリーズだけで著すことが大変難しい仕事であることはご理解頂けるであろう．本シリーズではその中でも基幹的であり最重要である学科目を選び出しているが，それは監修者である小生の見識においてである．

　本シリーズの特徴はイラストを多用した図解を試みている点であり，抽象的で難解な内容も理解しやすいように工夫したところである．数式も高校の理科系の数学程度の知識があれば理解できるように配慮し，まさに「ゼロから学ぶ」のにふさわしい異色のシリーズとして仕上げたつもりである．執筆者一同がこの意をくんで可能な限りわかりやすく記述するとともに，たくさんの説明図をわかりやすく作図されたからである．その苦心と努力に対して改めて敬意を表する．

　本シリーズ全体としては，土木学会が認定する2級土木技術者の水準を念頭に置くとともに，学ぶべきポイントを整理し提示しつつ著している．また，その各々の書に上述のような特別な工夫と配慮がなされ，土木工学を理解する上で役立つものと信じている．高専や大学で土木工学を学習している学生諸君に対し，また独学で土木工学を勉強されようとしている技術者に対して最適な教科書兼参考書としてお勧めする次第である．

2013年1月

内山　久雄

序　文

　土木構造物の設計とは実務であり，みなさんの暮らしや経済を支えている道路・鉄道・電力・上下水道・ガスなどに係わる，実際の構造物を作るための図を描くということです．

　「実際の構造物を相手にする」という点が一般の学問とは異なるところであり，非常に難しく，同時にとてもやりがいのある分野でもあります．例えば道路の橋を設計するとします．その橋の上には実際の車が走り，生身の人間が通行するのです．もしも設計のどこかがおかしければ，大事故になる恐れがあり人命に関わることも十分に考えられます．さらに土木構造物の設計の難しいところは，平坦なところに規格通りの画一的なものを作るケースは少ないということです．ゼロメートル地帯の軟弱な地盤から数千メートルの山の上まで，土木構造物の現場は千差万別であり，設計者は設計のたびに新たな課題にぶつかり頭を悩ませます．そして，これまで設計に関する多くの研究が行われてきましたが，未だ解明されていないことも多く，どう設計していいのかわからなくなることも少なくはありません．それでもこれまでの実績や経験などから，実際の構造物の図を描かなくてはならないのです．それが土木構造物の設計という実務なのです．

　しかしながら，そんな大変な仕事である反面，自分の設計した構造物が完成した時のよろこびは大きいのです．苦労した分だけそのよろこびは相乗的に増すといっていいかもしれません．むしろ「苦労してよかった」と思えるほどなのです．

　さて，これから設計を学習しようとして本書を手にとった読者に，いきなり設計は難しいという話をしてしまいましたが，それは，設計は難しいけれども，難しいから楽しいしやりがいがあるのだという「土木構造物の設計の魅力」をまずはお伝えしたかったのです．

　本書では，そんな土木構造物の設計の基本的な部分を解説しています．設計の本当の難しさは実務の現場でなければ学べませんが，これから設計を学ぼうとする方に，「設計とはどういうもの」で，みなさんの周りにある「土木構造物がどんなときにどんな状態となることを想定しているのか」，そしてそれは「設計の中でどう実現されているのか」ということを焦点に記述しています．

本書を読まれれば，設計のおおよその考え方と代表的な土木構造物の設計の流れを理解していただけるのではないかと考えています．自分の設計した構造物ができあがる状況を想像しながら読んでいただければと思います．そしてさらに想像の翼を広げれば，完成した構造物に喜ぶ人たちの顔や困難な課題に立ち向かいそれを克服する自分も見えてきて楽しく学習できるのではないでしょうか．

　本書で設計を学ばれる方には，一人でも多くの方に設計の魅力を感じていただき，世界中の人たちの安全・安心で豊かな暮らしを支える土木構造物を実現する仲間になっていただけたらと考えています．

2014年7月

原　隆史

目　次

第1章　土木構造物とは ……………………………………………… *1*
1.1節　みんなの暮らしや経済を支える土木構造物　*2*
1.2節　橋　*4*
1.3節　盛　土　*11*
1.4節　切　土　*15*
1.5節　トンネル　*21*
1.6節　構造物を作るための仮設構造物　*25*

第2章　土木構造物の設計 …………………………………………… *31*
2.1節　設計とは　*32*
2.2節　土木構造物に求められるもの　*35*
2.3節　構造物が遭遇する状況　*39*
2.4節　設計で想定する構造物の状態　*51*
2.5節　"大丈夫"の担保とは　*54*

第3章　橋の設計 ……………………………………………………… *59*
3.1節　どんな橋を設計するのか　*60*
3.2節　上部構造の設計　*65*
3.3節　橋脚の設計　*72*
3.4節　橋台の設計　*80*
3.5節　基礎の設計　*83*

第4章　盛土の設計 …………………………………………………… *95*
4.1節　どんな盛土を設計するのか　*96*
4.2節　盛土の設計　*102*
4.3節　軟弱地盤に盛土を設計する　*109*
4.4節　盛土擁壁の設計　*120*
4.5節　補強土壁の設計　*130*

目次

    4.6節　その他の盛土の設計　*135*

第5章　切土の設計　　　　　　　　　　　　　　　　　　　　　　　*141*
    5.1節　どんな切土を設計するのか　*142*
    5.2節　切土の安定　*144*
    5.3節　のり面保護工の設計　*148*
    5.4節　切土擁壁の設計　*153*

第6章　山岳トンネルの設計　　　　　　　　　　　　　　　　　　　*159*
    6.1節　どんな山岳トンネルを設計するのか　*160*
    6.2節　支保構造の設計　*163*

第7章　仮設構造物の設計　　　　　　　　　　　　　　　　　　　　*173*
    7.1節　どんな仮設構造物を作るのか　*174*
    7.2節　掘削底面の安定　*179*
    7.3節　小・中規模土留の設計　*186*
    7.4節　大規模土留の設計　*192*
    7.5節　支保工の設計　*195*

第8章　大規模地震に対する橋の設計　　　　　　　　　　　　　　　*201*
    8.1節　設計の着目点　*202*
    8.2節　大規模地震の際に橋に求められるもの　*207*
    8.3節　橋脚の設計　*210*
    8.4節　基礎の設計　*211*

第9章　設計図　　　　　　　　　　　　　　　　　　　　　　　　　*217*
    9.1節　どんな設計図が必要？　*218*
    9.2節　設計図とはどんなもの？　*221*

付録：数式　*233*
あとがきに代えて　*237*
索　引　*240*

第 1 章

土木構造物とは

> 本章では，みんなの暮らしや経済を支える「土木構造物」とはどんなものかについて解説する．「何のために作られるか」，「どんなものがあるか」など，土木構造物の概要について学習する．

1.1節 みんなの暮らしや経済を支える土木構造物

Point!
①みんなで暮らしに必要な物を作って維持するのが土木．
②社会基盤は土木の代名詞．それは公共事業で行われる．

● 身の回りにある土木の基本

みんなが暮らしている中で，例えば「雨で川の水が溢れそうだから，みんなで土のうを積んで防護しよう」というような，みんなで暮らしのために何かをするといった経験がある．**実はそんな中に「土木」の基本がある**．昔は暮らしを守るために，そこに住んでいる住民たちはお互い助け合ってきたのである．ただし，規模が大きくなると，仕組みもちょっと違ってくる．

例えば昔々お侍さんの時代，河川の氾濫に悩む地域の農家の人たちは，堤防の嵩上げをするためにたくさんの人を集めるのは大変なので，その地方を収める殿様が広く声をかけて人とお金を集めてこれを行っていた．これは**普請**と呼ばれ，読者の方も「道普請」，「橋普請」や「川普請」といった用語を一度は聞いたことがあるだろう．特に武田信玄が築いた「信玄堤」はとても有名である（P.30コラム参照）．

● 土木の生い立ちは「普請」

普請とは，普く請うとも読み，「広く平等に奉仕（資金や労力などの提供）をお願いすること」であり，**みんなが暮らしていく中で必要な物をその地域の人が作り維持していくことをいう**．現代では，作るものも大規模となって専門技術が必要だったり，そこで暮らす人の職種も多様化し，住民がこれに参加して労力を提供するのが難しいため，「税金」をもとに国や地方自治体などが専門業者にお願いして実施している．**これが公共事業であり，土木なのである**．「土木」というのは，公共事業で色々なものを作り維持していくことで，このうち家やビルといった建築物を除くすべてのことを指している．

●「社会基盤」は土木の代名詞

土木の話をする際には，**社会基盤**という用語がよく使われる．これは，みんな

が暮らしていく中で必要なもの，例えば道路や鉄道，上下水，電力，ガス，河川の氾濫や土砂崩れなどの自然災害の防止など，これらは**みんなの暮らしと経済を支えるために必要なもの**なので，社会の基盤となるもの，すなわち社会基盤といっている．このことは，海外の国や地域を全く新たに開発する場合を想像するとわかりやすい．まず最初に何をするのかというと，道路を整備して物流を確保する．そして，そこで人が活動するために必要な上下水や電力を整備しなければならない．また，これらがスムーズにできるように自然災害の防止も同時に行われる．まさにこれらは，未開の地に社会を築く上で最初に構築すべき基盤なのである．

土木とは，この**社会基盤を整備（作る）し維持管理すること**であり，これらは主に公共事業で行われているのである．

●本書で対象とするもの

さて，本書では土木で作る「土木構造物の設計」について解説するが，先にも述べた通り，土木ではとても広い分野を扱うので，本書では国や地域を開発する際に最初に整備される**道路**を取り上げ，**図 1.1** に示す道路を作るために必要な**橋，盛土，切土，（山岳）トンネル**などの代表的な構造物およびこれらを作るための**仮設構造物の設計法**について述べる．

図 1.1　道路を構成する土木構造物（本書で対象とする構造物）

1.2節 橋

Point!
①橋は上部構造（橋桁）と下部構造（躯体と基礎）からできている．
②橋を構成する桁，躯体，基礎には色々な種類がある．

● 橋とは

橋とは，例えば図 1.2 に示すような川の対岸へ人や自動車などを安全に渡す（通行する）ための土木構造物である．

川を渡りたい場合，近くに橋がないと苦労する．本当はすぐ対岸のところへ行きたいのに，わざわざ橋のあるとことまで行って，川を渡ったらまたそこまで行かなければならないからだ．そして帰りも同じことを繰り返さなければならない．だから「ここに橋を架けて欲しい」という住民からの要望は多い．もちろんその要望はできるだけ叶えてあげたいが，すぐにできるものでもないので，みんなが納めてくれている税金と相談しながら，どこに橋を架けるとより多くの人に喜ばれるのかを考えて橋を架けている．逆に川にあまりにたくさん橋を架けると

図 1.2　川を渡る橋（長良橋，岐阜県）

「川の景観が崩れる」といった苦情も出るので，そういったことも考えられている．

また，橋はそのような機能面を満たすとともに，「美しい土木構造物」なのである．だから橋にたずさわる土木技術者は，ある種自らを花形だと自負している人も多い．そのためか，土木構造物というと一番に「橋」を思い浮かべる人は多いのではないだろうか．そこで本書でも土木構造物としてまず橋を紹介する．ここでは，具体的な設計法の前段として「橋ってどんな土木構造物？」という観点から，橋の構造や橋を構成する構造物の概要や種類について紹介する．

●橋の構造

橋の構造は，**図 1.3** に示すように**上部構造**と**下部構造**で構成される．

「上部構造」とは，人や自動車を通行させる構造体の総称であり，**図 1.4** に鋼桁橋の例を示すが，人や自動車を直接支える**床版**と，床版を通じて荷重を受け持つ**主桁**，**対傾構**，**横構**などで構成される．

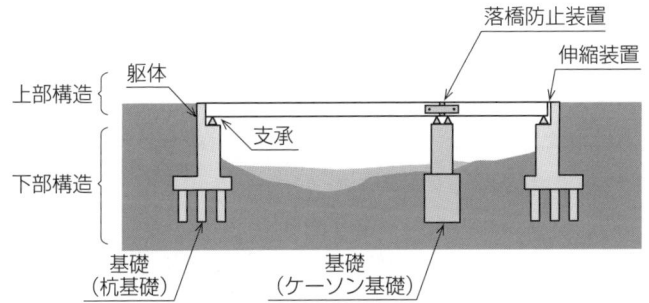

図 1.3　橋（桁橋）の構造

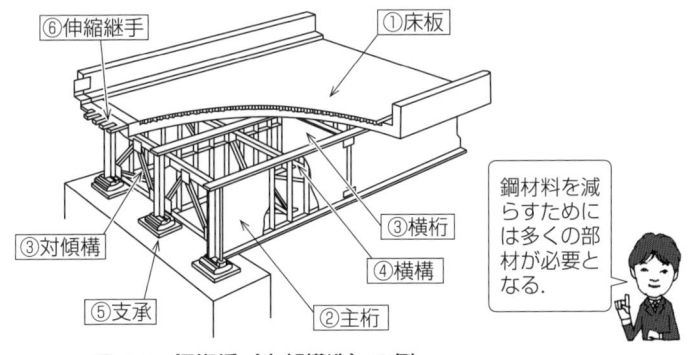

図 1.4　鋼桁橋（上部構造）の例

ここで，図 1.4 に示す構成部材をそれぞれ説明すると，①**床版**と②**主桁**は上記に示す通りで，③**横桁**や**対傾構**は主桁を相互につなげて荷重を分散するもの，④**横構**は風による横方向の荷重に抵抗する部材，⑤**支承**は上部構造から下部構造へ荷重を伝達するもの，⑥**伸縮継手**は桁の温度による伸び縮みを吸収するために設置されているものである．

一方，「下部構造」とは，図 1.3 で示すように，上部構造を支える**軀体**と**基礎**からなり，上部構造の両端に位置するものを**橋台**，中間にあるものを**橋脚**という．なお，**落橋防止装置**とは，地震時に上部構造が下部構造から落下するのを防止するため，分離する桁を相互につないだり下部構造に連結したりするものである．

● 橋の種類

橋の種類は，「橋をどんなものが渡るのか」といった**機能面**，「上部構造を何でつくるか」といった**材料面**，「上部構造をどのように支えるか」といった**構造面**などから分類される．

○機能面

機能面では，人や自動車が通行する橋を**道路橋**，鉄道が通行する橋を**鉄道橋**，人のみが通行する橋を人道橋あるいは**歩道橋**といったように，橋を構築する目的によって名称が異なる．また，川を跨ぐ場合には**河川橋**，鉄道を跨ぐ場合には**跨線橋**といった観点の機能でも名称が異なる．

○材料面

材料面では，上部構造が鋼材でできているものを**鋼橋**，コンクリートでできているものを**コンクリート橋**という．またコンクリート橋の中でも，鉄筋コンクリート（RC）でできている橋を **RC 橋**，プレストレスを導入してコンクリートの橋桁に引張力が働かないようにする橋を **PC 橋**，部分的に引張力が作用し RC とプレストレスの両方で荷重に抵抗する橋を **PRC 橋**と呼んだりする．

○構造面

構造面では，図 1.3 や図 1.4 で示した，2 つあるいは 3 つ以上の支点の上に水平に桁を架けてその上や内部を通行する，**橋の最もシンプルな構造形式である桁橋**の他，図 1.5 に示すように，上部構造を支える構造形式に応じて橋の名称が異なる．

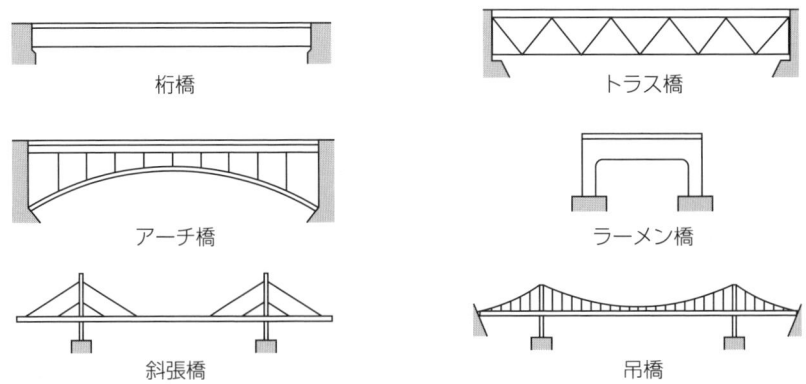

図 1.5 構造面での橋の種類

(a) トラス橋
棒状の部材を三角形に組合せ格点（交点のこと）が剛結された上部構造で，少ない部材量（重量）で大きな剛性の桁を構築する構造形式である．

(b) アーチ橋
桁を上向きの弧（アーチ）で支える構造形式であり，上部構造そのものの荷重や上部構造を通行する自動車などの荷重に対し，アーチ部材に発生する圧縮力で支える構造形式である．アーチ部材には，近年はコンクリートや鋼あるいは木が用いられるが，古くは石がよく用いられていた．よく慎重に事を進めることを例えて「石橋を叩いて渡る」というが，この石橋とは「アーチ橋」のことである．

(c) ラーメン橋
上部構造と下部構造とが剛に結合された構造形式である．

(d) 吊橋
ケーブルやロープなどにより桁を吊り下げる構造形式である．ケーブルやロープには桁を吊る引張力が作用し，全引張力を橋の両端に設置されたアンカレイジと呼称される構造物で負担する．

(e) 斜張橋
吊り橋の一種で，主塔の両側から斜めに伸びた多数のケーブルにより桁を吊る構造形式である．一般の吊り橋と大きく異なる点は，主塔の両側の荷重を同じくすることにより，荷重が釣り合って構造として完結し，吊り橋で用いるようなアンカレイジ（ケーブルの引張力を支持する構造物）が必要ないことである．

なお，これらの橋の構造は，橋長（橋の長さ），支間（橋脚間距離），および通行させるものの荷重などから比較設計し，**最も安全で経済的な形式が選定される**．

下部構造（橋脚・橋台）の種類

上部構造を支える下部構造にも色々な種類が存在する．下部構造は軀体と基礎に，軀体は橋脚と橋台に分けられることは先に述べたが，それぞれに次のような種類がある．橋脚の主な種類を図 1.6 に示す．

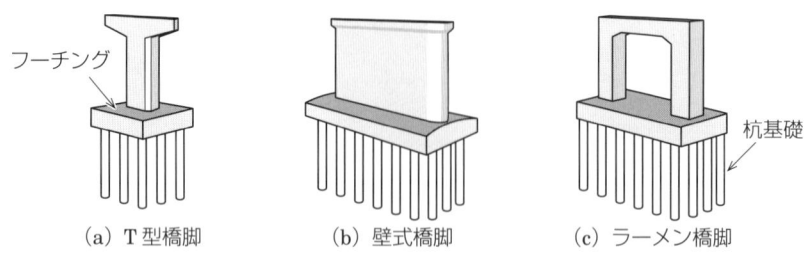

(a) T 型橋脚　　(b) 壁式橋脚　　(c) ラーメン橋脚

図 1.6　橋脚の種類

(a) T 型橋脚

橋脚を正面から見て，上部構造を支える**はり（梁）**を 1 本の柱で支え，橋脚の軀体がアルファベットの T の形をした **T 型橋脚**が最も一般的である．

(b) 壁式橋脚

柱の断面の縦横比が大きく壁のようになっている橋脚は**壁式橋脚**と呼称される．

(c) ラーメン橋脚

はりを数本の柱で支え，柱とはりとを剛結した橋脚はその構造から**ラーメン橋脚**と呼称される．ここで，柱や壁といった軀体の下にある軀体からの荷重を基礎に伝達する部分は**フーチング**といい，これは橋脚の軀体とは設計上別に取り扱う．なお，上部構造と同様に，鋼部材で構成される橋脚を**鋼橋脚**，コンクリートで構築される橋脚を**コンクリート橋脚**と呼ぶ．

橋台では，図 1.7 に示すように，橋台を横から見て，アルファベットの T をひっくり返した形をした**逆 T 式橋台**が一般的に用いられる．ここで橋台は，その背面に盛土等を抱えており，橋台の高さ分の土圧を受ける壁を**竪壁**，橋桁の高さ分の土圧を受ける壁を**胸壁**という．

また，橋台背面の盛土が横方向に崩れないための壁も必要となり，これは鳥の翼に似ていることから**翼壁**と呼ばれる．

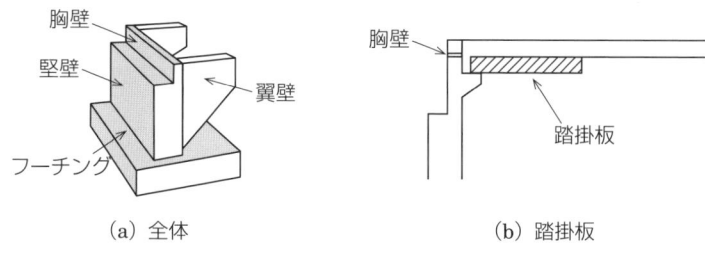

図 1.7　逆 T 式橋台

さらには，橋台と背面盛土とでは供用後（使用開始後）の沈下量が異なり，境界部に段差が生じて交通に支障をきたすことがあるため，これを防止する目的で**踏掛版**が設置される．一方，橋台の高さが増大すると，これにともなって土圧も増大することから，竪壁部を箱のようにして断面の剛性を向上するとともにフーチングの張出し長を短くした**箱式橋台**や，セメント安定処理土などにより土圧を軽減した**橋台**が用いられることがある．

下部構造（基礎）の種類

橋の重量や地震などによる水平荷重は，最終的には基礎を通じて地盤が支持する．この際，硬い支持地盤の深さや支持する重量や水平荷重によって用いられる基礎の種類が異なり，最も安全で経済的な種類が選択される．基礎の種類を図 1.8 に示す．

(a) 直接基礎

支持地盤が浅い場合に，フーチングを支持地盤へ直接設置して基礎とするものである．現在用いられている道路橋基礎の約 2 割を占めており，すべての荷重条件での採用が可能で，**支持地盤が浅い場合はほぼこの基礎に限定される**．

(b) 杭基礎

支持地盤が深い場合に，複数の杭と呼ばれる円形断面の細長い構造体をフーチングで剛結して，荷重を深い支持地盤へ伝達し支持する基礎である．杭は，工場で製作され現場へ運ばれる**既成杭**と現場で構築される**場所打ち杭**とに分類される．代表的な「既成杭」としては，コンクリート系の杭では **PHC（Pretensioned spun High strength Concrete）杭**，鋼杭では**鋼管杭**がよく用いられている．

一方，現場で構築する「場所打ち杭」とは，現場で杭の孔を掘削し，そこへ鉄筋篭を設置してコンクリートを打設して基礎とする．杭基礎は，現在用いられている道路橋基礎の 6 割強を占めており，**わが国で最も用いられている基礎**である．

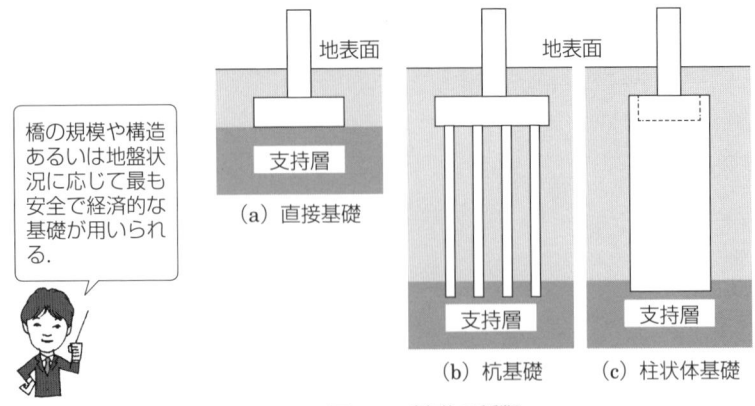

図 1.8 基礎の種類

(c) 柱状体基礎

柱状体基礎とは支持地盤が深く，かつ，大きな荷重を支持する場合に用いられる基礎で，大きな断面を有する**1本の柱状体で荷重を深い支持地盤へ伝達し支持する基礎である**．断面の構築方法で種類が異なり，現場で函体を構築して沈設しながら随時その上に新たな函体を構築して深い支持層に設置する基礎を**ケーソン基礎**，工場で製作した鋼管矢板を現場で打設しながら隣接する鋼管矢板と連結し柱状体の併合断面を構築する**鋼管矢板基礎**，現場で断面をパネルごとに掘削・鉄筋篭設置・コンクリート打設しながら完成させ，各パネルを連結することで1つの断面とする**地中連続壁基礎**などがある．

柱状体基礎の道路橋基礎に占める割合は 2％ 程度と小さいが，長大橋梁を多く建設してきたわが国にあって柱状体基礎が担ってきた役割は大きい．わが国で最も大断面な柱状体基礎は幅 70.1 m，長さ 45.1 m，深さ 51.0 m のケーソン基礎であり，レインボーブリッジのアンカレイジに用いられている．

(d) 深礎基礎

深礎基礎とは，**大きな機械を導入できない山岳部で支持地盤が深い場合に用いられる基礎**であり，掘削・鉄筋組立・コンクリート打設のすべての工程において，人力に依存する割合の大きい基礎である．近年，山岳部への高速道路等の建設が進む中でその採用は増加しており，現在用いられている道路橋基礎の1割強を占めている．基本的には**場所打ち杭**と同様に構築されるが，断面が大きい場合は**柱状体基礎**として扱われる場合がある．

1.3節 盛土

Point!
①元の地盤より高い位置に道路などを作るために土を盛ることを盛土という.
②狭い土地に盛土する場合には,擁壁で急勾配の盛土とすることができる.

●盛土とは

盛土とは,文字通り**土を盛り立てた構造物**である.例えば道路面をもともとあった地盤より高い位置に作る場合に,**図 1.9** に示すように,**地盤に土を盛り立ててその上を道路とする構造物**(道路盛土)である.

図 1.9 道路盛土の例
(提供:青協建設株式会社)

ここで,どうして高いところに道路を作る必要があるのかというと,例えば高速道路などのように周辺と区分して一般道と平面交差することなく,自走車専用の道路にしたいためである.これを周辺と同じ高さに作ると,今まで通れていた道路を寸断することになるため,**図 1.10** に示すように新たな道路を盛土で高いところに構築し,道路との交差部は橋を用いて,引き続きこれまでの一般道も活用できるようにしている.

11

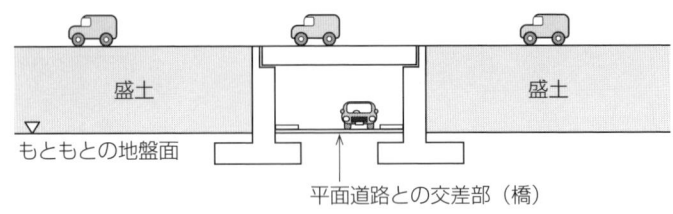

図 1.10 道路盛土と平面道路との交差

なお，高い位置に道路を構築する場合，盛土の他に橋を用いる場合も考えられるが（陸上に架ける橋は**高架橋**と呼ばれる），盛土を用いる理由は土を盛るだけで作れ，コストも低いからである．ただし，簡単には作れても土の上に土を盛ることには色々と問題も多い．本書ではそこをどう考えて設計するのかということを学習する．ここではその前段として，「盛土ってどんな土木構造物？」という観点から，盛土の構造や盛土を構成する構造物の種類，および盛土の断面を小さくするための擁壁について紹介する．

盛土の構造

図 1.11 に道路盛土の構造を概説するが，平地に盛土する平地盛土と斜面に道路を建設する場合の片切り片盛土などがある．ここで道路盛土では，**原地盤（基礎地盤）** と呼ばれるもともとあった地盤の上に，**路体**と**路床**まで土を盛り立てた部分を**盛土**という．「路床」とは**舗装を支える部分**で，舗装の厚さを決定する基礎となる舗装下面のほぼ均一な厚さ約 1m の土の部分である．一方，「路体」とは**盛土における路床以外の部分**である．

また，土木構造物には特殊な用語がよく使われるため，盛土に使われる用語をもう少し説明する．

盛土によって形成された斜面のことを**のり面**と呼び，のり面の上端を**のり肩**，下端を**のり尻**という．盛土が高いときに，のり面からの排水や維持管理等のために設ける平場を**小段**という．**のり面保護工**とは，のり面の侵食や風化，崩壊を防止するために芝などを設置する**植生**などをいう．

なお，盛土が破壊する大きな原因の 1 つは，降雨などにより盛土の内部に水が溜まって土の重量が増すとともに強度が低減することであり，この水を**排水す**ることが盛土を安定させる上で重要となる．このための工作物を**排水工**という．

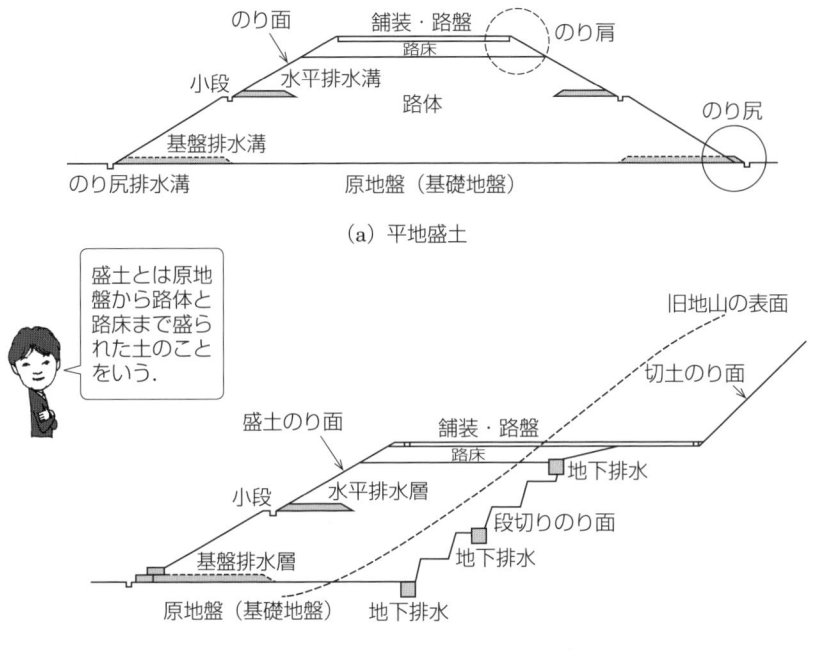

図 1.11 道路盛土の構造
（出典：『道路土工盛土工指針』2010/04）

● 盛土擁壁とその種類

　十分な用地を確保することができ，土地の値段も安価で入手しやすい場合には，図 1.11 で示したような土のみの盛土を建設することができるが，盛土の用地が制限される場合には，**擁壁**という土木構造物を用いて盛土断面を縮小することができる．擁壁とは，**盛土を急勾配に施工しても土が崩れないようにする構造物**で，図 1.12 に示すような色々な構造があり，盛土の高さや基礎地盤の状況に応じて選択する．
　ここで図中の**重力式擁壁**とは，擁壁の自重により土圧に抵抗するコンクリート製の擁壁のことである．また，**ブロック積擁壁**あるいは**石積擁壁**とは，コンクリートブロックあるいは石を積み重ね，その背面にコンクリートを打設することにより一体化を図り，**自重により急勾配ののり面を保持する擁壁**である．この擁壁は，住宅の盛土などでもよく見られる．
　片持ばり式擁壁とは，**竪壁**と呼ばれる土圧を受ける壁と擁壁が傾いたり滑っ

第 1 章 土木構造物とは

りするといったことに抵抗する**底版**とからなる**鉄筋コンクリート製の擁壁**である．竪壁の位置により，その形状から**逆T型**，**L型**，**逆L型**の擁壁と呼ばれる．底版が安定している場合に，竪壁の計算を片持ばりとして断面を計算することから，片持ばり式擁壁と呼ばれている．

補強土壁とは，盛土内に敷設した盛土が破壊するときの滑り力に抵抗する**補強材**と鉛直または鉛直に近い**壁面材**とを連結し，壁面材に作用する土圧と補強材の引抜き抵抗力が釣り合いを保つことにより，土留壁として安定を保つ土構造物のことである．

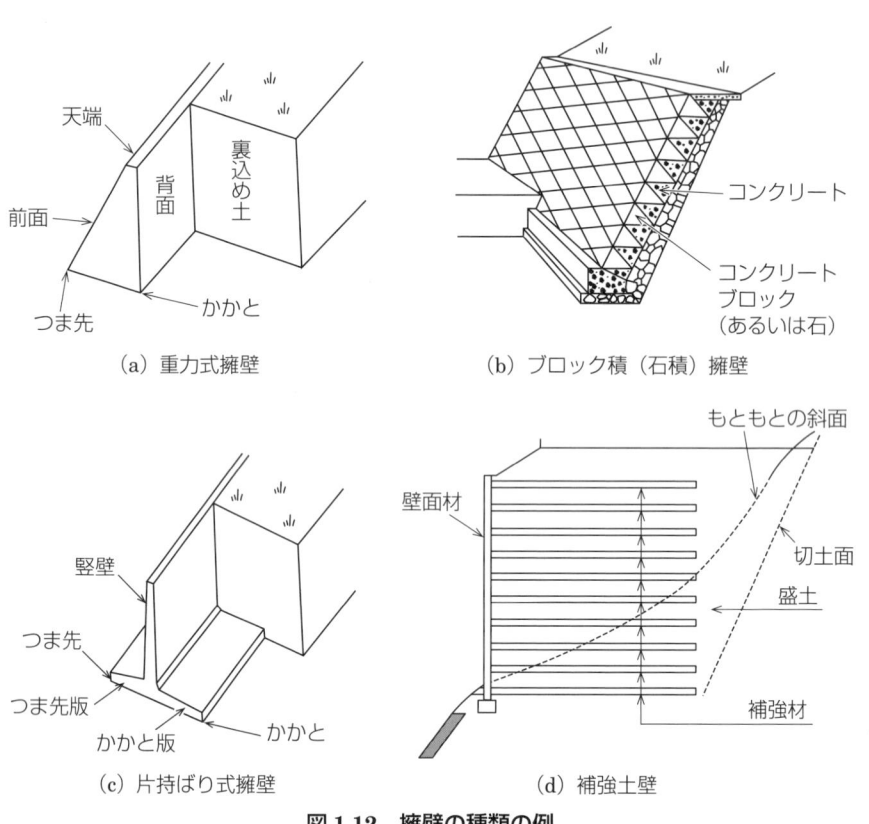

図 1.12 擁壁の種類の例
(出典:『道路土工擁壁工指針』2012/07)

1.4節 切土

> **Point!**
> ①斜面を切り取って平らな地表を構築することを切土という.
> ②切り取った後ののり面が崩れないよう保護することをのり面保護工という.

● 切土とは

切土とは，文字通り**土を切り取る**ことである．「切り取る」といっても，実際には掘削をしてそこにある土を取り除く作業をするわけだが，土木の世界ではこれを「切る」と表現する．切土が何のために行われるかというと，例えば図1.13や図1.14に示す通り，山の斜面を切り取って低くすることで平坦な地表を構築し，**道路や家などを建設する**ために行っている．

したがって，切土は山国であるわが国にあって，道路などを建設するのに欠かせない重要な土木構造物なのである．ただし，もともと安定していた山を切り取ることで不安定な状態となることもあり，設計ではこのための配慮が重要となる．設計の詳細は5章で述べることとし，ここでは「切土ってどんな土木構造物？」という観点から，切土の構造や切土を構築するときに欠かせない切土のり面保護の種類について紹介する．

図1.13　山を切り取って作った道路の例
（提供：青協建設株式会社）

切土の構造

切土の構造は，図 1.14 に示すように切土は**確保する平坦な地表の大きさと切り取る部分の勾配で断面が定まり**，平坦な部分に構築される構造物と切り取ったのり面を防護する**のり面保護工**とで構成される．

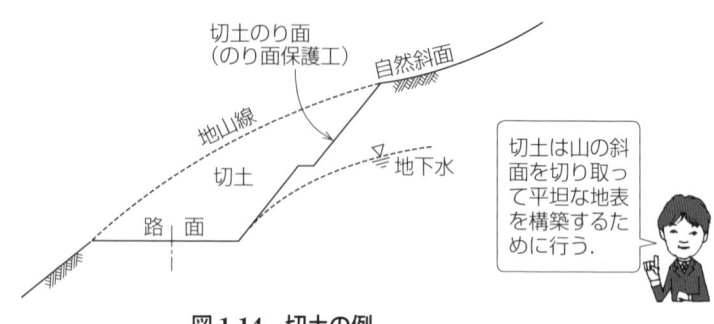

図 1.14 切土の例

ここで，**切土**が同じ土を扱うものでも「盛土」などと大きく異なる点は，道路や鉄道などを支える構造物を新たに構築するものではないこと，そして自然の地盤や岩を相手にして安全性を確保しなければならないことである．すなわち，これまでに解説した「橋梁」や「盛土」とは異なり，**自然地盤そのものが切土の品質**であるため，これまでの実績等に裏打ちされた**経験が切土の安全上重要**となる．なお切土では，切り取った土砂はお金をかけて廃棄しなければならないが，山岳部に道路などの線状構造物を構築する場合では，切土により発生する土砂を用いた盛土区間を設けるなど，切盛り区間の調整から廃棄する土砂を可能な限り少なくすることにより，**建設コストを縮減するよう計画される**．

のり面保護工

切土したのり面をそのまま放置すると，風雨により土砂ののり面は侵食され小さな崩壊を繰り返してやがては大きな崩壊へとつながり，岩盤のり面は風化や亀裂の進行からやがては**岩盤崩壊**を引き起こすこととなる．したがって切土のり面は，このようなことがないよう適切に保護しておくことが重要である．このために行うのが**のり面保護工**である．

したがってのり面保護工とは，のり面を被覆し雨水や湧水による侵食や土砂の流出の防止，凍上による崩落の抑止，岩盤の剥落，あるいは自然環境の保全や修

景などを目的として設置される．その主な種類とそれぞれの目的を**表 1.1** に示し，用語について解説する．

表 1.1　のり面保護工の主な種類と目的

分類		工　種	目　的
のり面緑化工（植生工）	播種工	種子散布工，客土／植生基材吹付工，植生シート／マット工	侵食防止，凍上崩落抑制，植生による早期全面被覆
		植生筋工	盛土で植生を筋状に成立させ侵食防止，植物の侵入・定着の促進
		植生土のう工，植生基材注入工	植生基盤の設置による植物の早期生育，厚い生育基盤の長期間安定確保
	植栽工	張芝工	芝の全面張付けによる侵食防止，凍上崩落抑制，早期全面被覆
		筋芝工	盛土で芝の筋状張付けによる侵食防止，植物の侵入・定着の促進
		植栽工	樹木や草花による良好な景観の形成
	苗木設置吹付工		早期全面被覆と樹木等の生育による良好な景観の形成
構造物工		金網／繊維ネット張工	生育基盤の保持や流下水によるのり面表層部のはく落防止
		柵工，じゃかご工	のり面表層部の侵食や湧水による土砂流出防止
		プレキャスト枠工	中詰の保持と侵食防止
		モルタル・コンクリート吹付工，石／ブロック張工	風化・侵食防止，表流水の浸透防止
		コンクリート張工，吹付枠工現場打ちコンクリート枠工	のり面表層部の崩落防止，土圧を受ける場合の土留，岩盤はく落防止
		擁壁工，補強土工	土圧に対抗して崩落を防止
		地山補強土工，杭工グラウンドアンカー工	すべり土塊の滑動力に対抗して崩壊を防止

(出典：『道路土工切土工・斜面安定指針』2009/06)

○**のり面緑化工（植生工）**

　表中の**のり面緑化工（植生工）**とは，植物をのり面に配置することで，**侵食や表層崩壊を防止**するとともに，**周辺環境との調和を図る**ために行う．

(a) 播種工

　播種工とは，植物材料に種子を使用する工法で，図 1.15 に示すように，「材料を専用の機械でのり面に種子散布するもの」や「客土や植生基材を吹付するも

の」,「人力で種子の付いた繊維等をのり面に貼り付ける植生シート工や植生マット工」などがある．

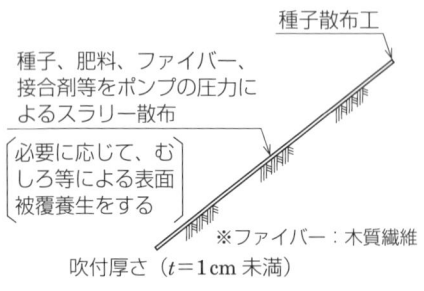
(a) 種子散布工の構造
(出典：『道路土工切土工・斜面安定指針』2009/06)

(b) 種子散布状況
(提供：青協建設株式会社)

図 1.15　種子散布工

(b) 植栽工

植栽工には，図 1.16 に示すように，芝等の草本類を用いるものと木本類を用いるもの，その両方を用いるものがある．

(c) 苗木設置吹付工

苗木設置吹付工とは，植生基材吹付工と植栽工の組み合せたものである．

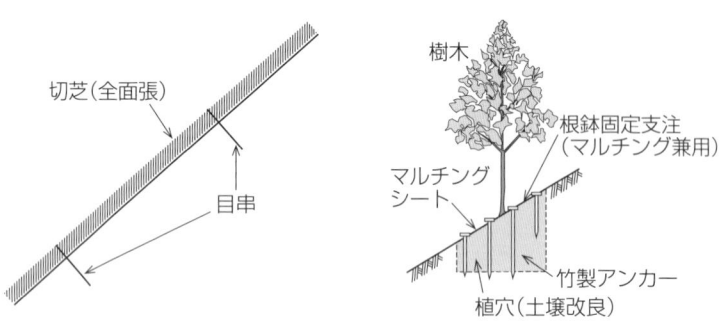

(a) 張芝工の構造　　　　　(b) 樹木植栽工の状況

図 1.16　植栽工
(出典：『道路土工切土工・斜面安定指針』2009/06)

○構造物工

構造物工は，のり面の侵食，表層滑落，崩壊，落石の安定対策として用いられる．以下，代表的な「工種」について解説する．

1.4節 切土

(a) 柵工

柵工は，図 1.17 に示すように，植物が十分に生育するまでの間，のり面表面の土砂流出を防ぐために用いる．

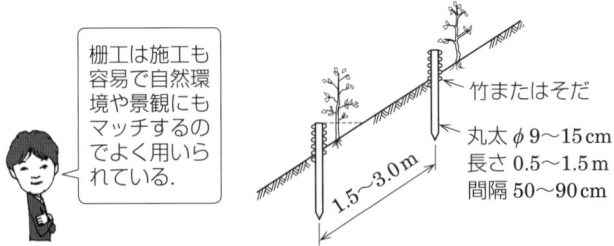

図 1.17 柵工の例
(出典：『道路土工切土工・斜面安定指針』2009/06)

(b) プレキャスト枠工

プレキャスト枠工は，一般に侵食されやすいあるいは植生を行っても表面が崩落するおそれのある場合に用いられる．枠にはプラスチック製，鉄製，およびコンクリートブロック製があり，図 1.18 に示すように格子枠状に設置して用いる．

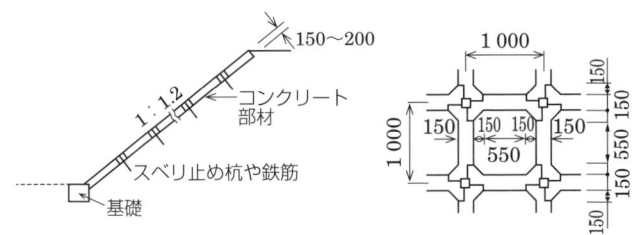

図 1.18 プレキャスト枠工の例
(出典：『道路土工切土工・斜面安定指針』2009/06)

(c) 吹付け枠工と現場打ちコンクリート枠工

吹付け枠工や現場打ちコンクリート枠工とは，現場で吹付けやコンクリート打設により，図 1.18 に示したような格子枠をのり面に構築するものである．

(d) グラウンドアンカー工

グラウンドアンカー工は，図 1.19 に示すように，切土の各段階においてグラウンドアンカーと呼ばれる引張材を地山に削孔して設置し，すべり面の外側の地盤へ定着して緊張することで，すべり抵抗を増加させ，地山を安定させる工法である．

第1章 土木構造物とは

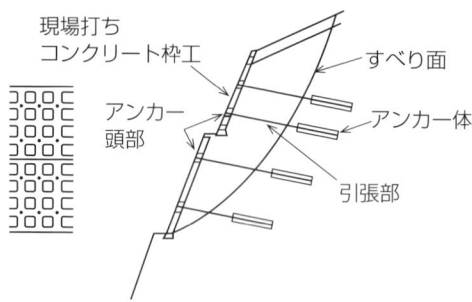

図 1.19 グラウンドアンカー工の例
（出典：『道路土工切土工・斜面安定指針』2009/06）

(e) 擁壁工

擁壁工とは，盛土の擁壁と同様に**擁壁構造により地山の安定を図るもの**で，切土の場合には一般に**もたれ式擁壁**が用いられることが多い．**図1.20**にもたれ式擁壁の例を示す．

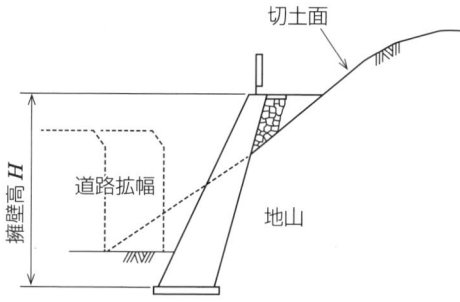

図 1.20　もたれ式擁壁の例
（出典：『道路土工切土工・斜面安定指針』2009/06）

1.5節 トンネル

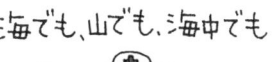

Point!
①地中や水底に道路などを通行させる際の構造物をトンネルという．
②構築方法により山岳，開削，沈埋，およびシールドトンネルなどがある．

●トンネルとは

　トンネルとは，例えば図 1.21 に示す山岳トンネルのように，地中あるいは水底に道路や鉄道などを通行させる際の構造物の総称である．山国であるわが国での社会基盤整備に山岳トンネルは欠かせず，島国でもあるため橋とともに海底トンネルも欠かせない．また，都市化の進む地域では環境等の制約から地下空間の利用は不可欠であり，そういった点からもトンネルはとても重要な土木構造物である．ただし，自然の地山を掘り進むトンネルでは，昔から落盤などの事故により多くの人命を失ってきた．設計では，これらの事故の教訓やこれまで多く構築してきたトンネル工事の実績から，トンネルの安全性について配慮する必要がある．

　ここでは，設計の前段として「トンネルってどんな土木構造物？」という観点から，トンネルの種類と各トンネルの概要について紹介する．

図 1.21　山岳トンネルの例
（提供：丸ス産業株式会社）

トンネルの種類

道路を通行させる場合に用いられるトンネルの構造には，図 1.22 に示すように，大きく分けて**山岳トンネル**，**開削トンネル**，**沈埋トンネル**，および**シールドトンネル**がある．

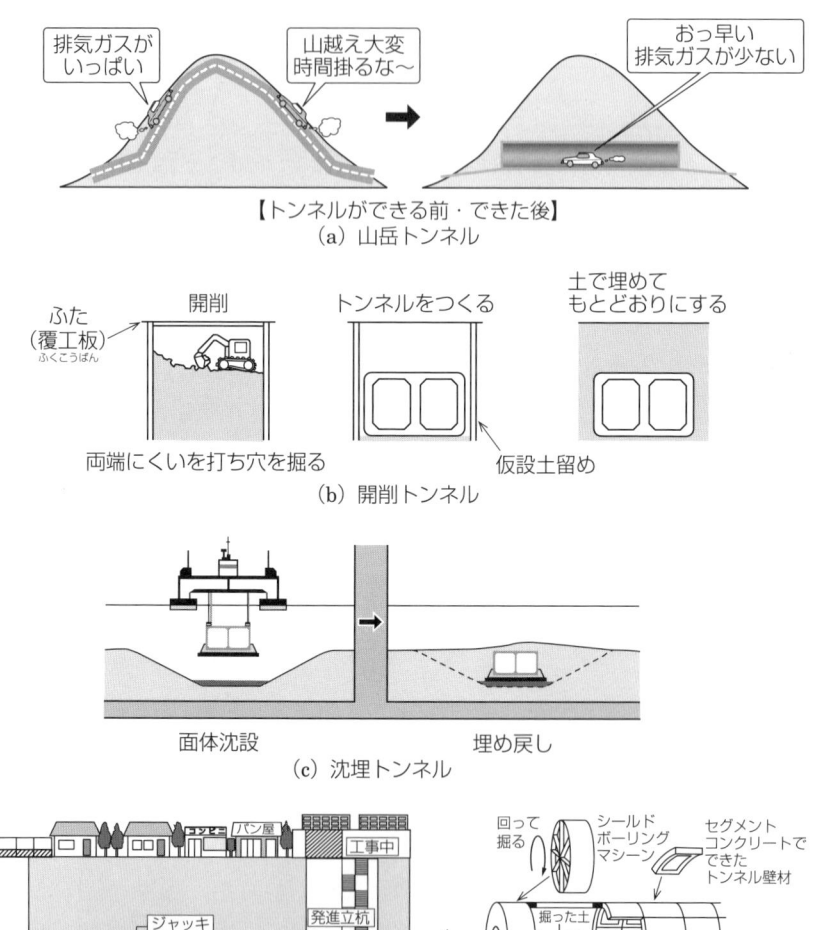

図 1.22 道路に用いられるトンネル

●山岳トンネル

　山岳トンネルとは，読んで字の如く**山を貫通するトンネル**で，「道路が山を超えたり迂回するより貫通した方が利用者の時間短縮と建設コストなどの観点で望ましい」場合に用いられる．施工は，山の片側もしくは両側から地山が崩れないように押さえながら掘り進め，掘った穴の内側にトンネルの本体構造物を構築する．

　掘る途中に地山が崩れないよう押さえることを「**支保する**」といい，このための構造物を**支保工**と呼ぶ．近年はそのほとんどは **NATM（New Austrian Tunneling Method）工法**が用いられている．これは，**吹付けコンクリートとロックボルトで地山の崩壊を防止しながら掘削を進める工法**で，地山を緩めつつ土圧を低減したところで地山を支保する合理的な考え方に基づいているが，計算で支保工を決めることが難しく，これまでの実績や経験，実験により現在も支保工とトンネル断面を設計している．

●開削トンネル

　開削トンネルとは，**地中に埋め込まれたトンネル**をいう．都市部などにおいて，**景観や環境などの面から地上に構造物や高速道路を配置できない場合**に用いられる．東名阪自動車道，千葉の外環自動車道の他，首都高速道路や阪神高速道路などでも本工法が多く用いられている．施工は，地表面からトンネルを設置する深さまで掘削し，その内部でトンネル本体を構築し周囲を埋め戻してトンネルとする構造物である．地表面から掘削することを**開削**といい，このため本トンネルを開削トンネルと呼称する．

●沈埋トンネル

　沈埋トンネルとは，**海を横断する場合の海底など水底に設置するトンネル**である．橋との比較になる場合が多いが，「水深が比較的浅く，本トンネルが橋を設置するより経済的となる場合」に用いられる．首都高速道路の羽田トンネルや東京港トンネル，最近開通したボスポラス海峡を横断するトルコの海底トンネルも本工法による．施工は，あらかじめ海底に溝を掘っておき，そこに**ケーソン**と呼ばれる**沈埋函**を沈めて土を被せ，トンネルとする．

　なお，海底トンネルでも水深が深く距離も長い場合や，橋梁，沈埋トンネル，シールドトンネル（後述）のいずれも施工が困難なときは，「青函トンネル」の

ように山岳トンネルにより構築される．

● シールドトンネル

シールドトンネルとは，シールドと呼ばれる円環の殻を掘り進め，その中でトンネル本体が分割された**セグメント**と呼ばれるブロックを**組立て，これを反力として，さらにシールドを掘り進めながら前進する**といった工程を繰返すことで，**地中深くに構築されたトンネル**をいう．「開削トンネル」が困難な深くて軟弱な地盤や水深が深くて軟弱な海底地盤などで用いられる．東京湾横断トンネルなどは本工法により施工されている．

施工は**発進立坑**と**到達立坑**と呼ばれる2つの縦穴を掘り，発進立坑にシールドを設置して掘進・セグメント組立を始め，最終的には到達立坑にシールドが行き着くことで，この間のトンネルができあがる．

なお，これら4つのトンネルのうち，道路トンネルの大部分は「山岳トンネル」であるため，本書では，山岳トンネルの設計方法を解説する．

"地震が地上の構造物と地中構造物に及ぼす影響の違い"

地震とは**地盤が動く**（振動変位）ことである．地盤の上にいる私たちはこの地盤の動きにより地震の揺れを感じる．このため地上の構造物は，地盤が揺れる（変位する）加速度から構造物が受ける慣性力の影響を考慮して設計している．一方，地中構造物は，地震時の地盤の深さ方向の変位が一様ではないことから，この変位差が構造物に作用することを考慮して設計する．

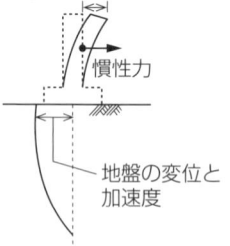

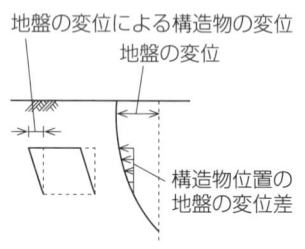

（a）地上構造物の地震時の設計　　（b）地中構造物の地震時の設計

地上構造物と地中構造物の地震時の設計

1.6節 構造物を作るための仮設構造物

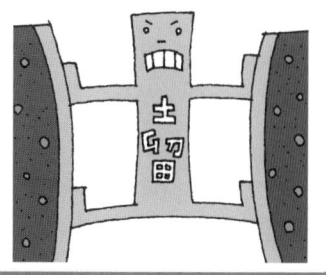

Point!
①本体構造物を構築するための一時的に設置する構造物を仮設構造物という．
②掘削の規模や現場の条件に応じて，色々な仮設土留が用いられる．

仮設構造物とは

仮設構造物とは，本体構造物を構築するまでの間，**一時的に設置する構造物**である．例えば，地表面から掘削してトンネルを構築する場合（以下，開削トンネル）には，トンネル本体を構築するまでの間，図 1.23 に示すように**掘削した周辺の地盤が崩壊しないようにする構造物が必要となる**が，これはトンネルを構築して周囲を埋め戻した後は必要とされず，埋め殺されたり，可能な場合には撤去されたりする．

また，工事中に必要な重機や資材を配置したり，道路を切り回したりする橋が必要な場合があるが，これも工事が終了すれば必要なくなり撤去される．

図 1.23　仮設土留の例

ただし，本体ではなく一時的に設置する構造物といえども，油断すると崩壊し大事故ともなりかねないため，仮設構造物の設計では十分な安全に配慮しつつ仮設である合理性も考慮しなければならない．この点については第7章で述べることとし，ここでは「仮設構造物ってどんな土木構造物？」という観点から，仮設構造物の種類や仮設土留の概要について紹介する．

●仮設構造物とその種類

一時的に設置することを**仮設**といい，周辺地盤の崩壊を防止する構造物を**仮設土留**，仮設の橋を**仮桟橋**という．「仮桟橋」は仮設の橋脚も仮設するが，両側に仮設土留めがあり，仮設土留の頭部に桁を載せて開口部を仮に覆って重機などを配置する構造を**覆工**と呼称する．

これらのうち，仮設土留と仮桟橋を構成する部材とその名称を図1.24，1.25に示す．本書では，仮設構造物のうち都市部で土木構造物を設置する際にそのほぼすべてで用いられる**仮設土留の設計**について解説する．

●仮設土留

仮設土留とは，掘削底面の安定を図りつつ，**掘削底面に根入れして地盤を直接押さえる土留壁**により，周辺地盤の崩壊を防止する仮設構造物である．

図1.26に示すように，相対する土留壁の支え棒としての**切ばり**やグラウンドアンカーと呼ばれる背面地盤に定着させる引張材などの支保工を用いたものを**支保工式土留**，支保工を用いないものを**自立式土留**という．支保工の有無により土留の安定の考え方や作用する土圧が変化することから，設計上はこれらを分類して扱う．

また，掘削深さが30m程度以浅の仮設土留に対し，掘削規模に応じて扱う設計精度やこれまでの実績も異なることから，3m以浅を**小規模土留**，3〜10m程度を**中規模土留**，それ以上の掘削深さの土留を**大規模土留**として設計上分類して扱っている．

さらには，図1.24に3種類の土留壁を示しているが，仮設土留に用いる壁部材によっても**親杭横矢板土留**，**鋼矢板土留**，**柱列式連続壁土留**といったように呼称される．この他にも，代表的な土留として**地中連続壁**を用いた**地中連続壁土留**などがある．

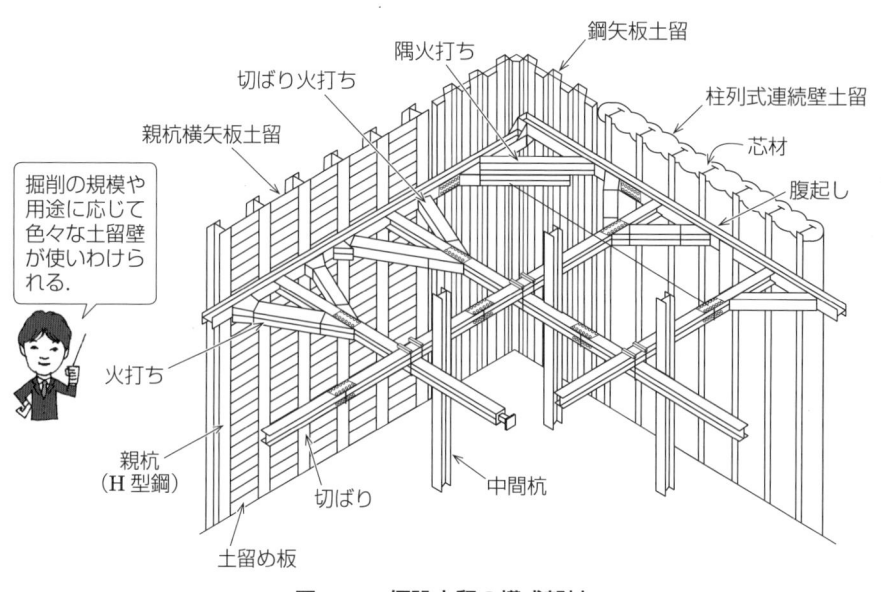

1.6節　構造物を作るための仮設構造物

図 1.24　仮設土留の構成部材
(出典:『道路土工仮設構造物工指針』1999/03)

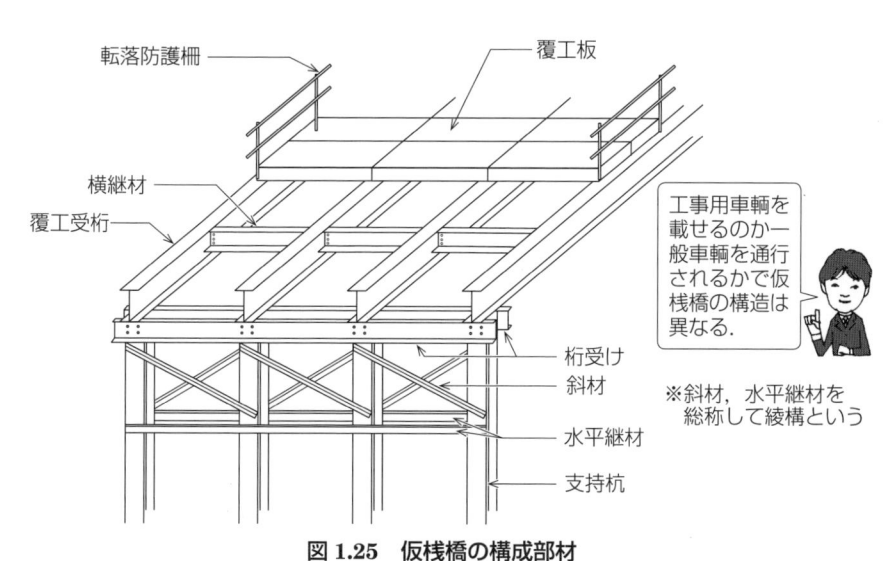

図 1.25　仮桟橋の構成部材
(出典:『道路土工仮設構造物工指針』1999/03)

※斜材，水平継材を総称して綾構という

第1章 土木構造物とは

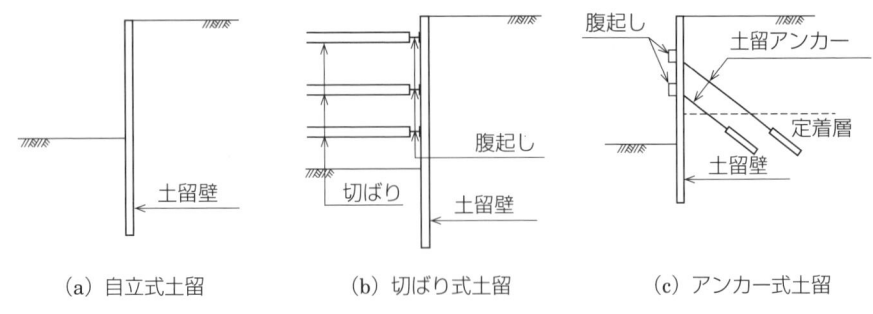

(a) 自立式土留　　(b) 切ばり式土留　　(c) アンカー式土留

図1.26　仮設土留の支保工による分類
(出典：『道路土工仮設構造物工指針』1999/03)

●親杭横矢板土留

　親杭横矢板土留とは，図1.24に示すように，H型鋼等の**親杭**を1～2m間隔で地中に設置し，掘削にともない親杭間に**横矢板**と呼ばれる，一般には木製の板を挿入し構築された土留である．施工は比較的容易だが，**止水性がなく，土留板と地盤との間に間隙が生じやすいため地山の変形が大きくなりやすい**ことや，**根入れ部が連続していないため軟弱地盤への適用には限界がある**などの特徴を有している．

●鋼矢板土留

　鋼矢板土留とは，図1.24に示すように，鋼矢板の継手部をかみ合わせ，地中に連続して**構築された土留**である．止水性を確保することができるが，たわみ性の壁体であるため**壁体の変形が比較的大きく，本体構造物完了後に引抜く場合には周辺地盤の沈下が懸念される**などの特徴を有している．

●柱列式連続壁土留

　柱列式連続壁土留とは，図1.24に示すように，地盤に構築した柱状の連続壁に形鋼等の芯材を挿入して地中に連続して構築する土留である．**原地盤**と呼ばれる元の地盤をモルタルで置換したものを**モルタル柱列壁**，原地盤とセメントミルクを撹拌混合したものを**ソイルセメント柱列壁**という．隣り合う柱体をオーバーラップさせることで止水性を確保することができ，親杭横矢板壁や鋼矢板壁と比較して**剛性が高く周辺地盤へ及ぼす影響を小さくできるが，芯材は残置することとなり高価な土留壁となる**といった特徴を有している．

●連続地中壁土留

連続地中壁土留とは，**安定液**(あんていえき)と呼ばれる比重の大きい泥水を使用して地山の崩壊を防止しつつ掘削した壁状の溝の中に鉄筋かごを建てこみ，場所打ちコンクリートで連続した土留壁を構築する土留である．止水性，壁体剛性がともに非常に高く，**周辺への影響を最小限に抑えたい場合**などで有効な土留だが，非常に高価な土留となるといった特徴を有している．

"信玄堤：20年をかけた普請による大事業"

　時は戦国，甲斐の国の話．かの戦国武将，武田信玄が納める甲府盆地では，笛吹川と釜無川という2つの川がよく氾濫していて，ここに住むことはもちろん，農作物も多大な被害を受けるので，周辺の農家の人達は苦労していた．そこで信玄公がこれを何とかしようと，天文十年（1541年）から20年の時をかけて普請により構築したのが**信玄堤**である．

　信玄公は，画期的な方法で水害を最小限に抑えた．具体的には下図に示すように，堤防を逆ハの字が並ぶ形（堤防間には隙間がある）に構築し，ある程度の水量までは水の勢いを小さくして水を川に返し，一定の水量を超える場合には堤防外に出すが，水の勢いを低減させることで水害を最小限に抑えたのである．すなわち，水害をゼロにするのではなく被害を最小限に抑え，かつ壊れることのない堤防を築くことに成功したのである．

　これは，当時としては画期的な取組みであった．そのため信玄堤は今でもしっかりと残っている．

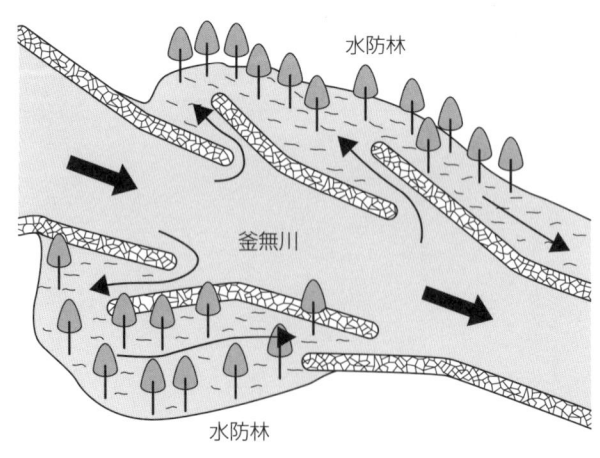

逆ハの字の霞堤

第2章
土木構造物の設計

　本章では,「土木構造物を設計する」とはどういうことかを解説する.「土木構造物に求められるものとは何か」,「それを満足するとはどういうことか」について,構造物が遭遇する状況とその際の状態から,こうしておけば"大丈夫"と判断できるまでの仕組みを学習する.

雨ニモ
風ニモ
負ケナイゾ！

2.1節　設計とは

> **Point!**
> ①設計とは，強度や景観などを考えて作りたいものの図を描くことである．
> ②設計基準とは，解明されていることとしていないことの仮定の組合せである．

●設計とは？

　設計とは，一言でいうとすれば「作りたいものの図を描くこと」である．例えば家を建てるときに，「どんな形の家にするか」や「内装をどうするか」など，家主が作りたい家の希望を設計者が図にし，大工によって家がつくられる．橋やトンネルといった「土木構造物」の場合もこれと同じで，オーナー（大局には国民，直接的には道路などの管理者）が作りたい土木構造物の図を設計者が描き，施工業者へお願いすることで構造物ができあがるが，この際の図を描く作業を**設計**というのである．

　ただし，図を描くといっても，いきなりCADの前に座り描き始めるのかというとそうではない．先の家の例でも，姿形や内装の他にも強度の観点から柱や梁の寸法・配置・本数をどうするかといったことなど，色々なことを考えて図を描かなければならない．「土木構造物」も同じで，姿形，強度，耐久性など，構造物の図を描く上で考えなければならないことは多い．これら「設計」で考えなければならないことは次節で詳しく述べるが，ここでは構造物の強度を例に，もう少し設計について概説する．

●構造物の強度に関わる設計とは？

　構造物の強度に関わる設計とは，「構造物の使用中に遭遇する状況に対し，構造物がなってほしくない状態にならないように，構造物の寸法や材料の強度を決めること」である．橋を例にすると，「構造物になってほしくない状態」とは，普段車が通行しているときに"橋の一部が壊れる"，あるいは台風や地震の際に"橋桁が落ちる"といったことであり，こうならないようにするために，橋を構成するそれぞれの構造物や部材の寸法や材料の強度を決めるのが**橋梁の強度設計**である．

設計の難しさ

強度設計の基本は,「ある荷重に対しそれに抵抗する構造物の図を描くこと」だが,これがなかなかに難しいことを,特にこれから設計を学習する人たちにはまずわかってもらいたい.

難しい理由は,荷重にしても抵抗にしても,わからないことがたくさんあるためである.例えば先の橋の例で「地震の際に橋桁が落ちない橋」を設計するとして,地震の荷重をどの程度考えればいいのかというのは,実はよくわかっていない.

より大きな荷重を考慮すれば安全なように思われがちだが,それでは**お金がかかりすぎる**といった問題も生じる.また,いくら大きな荷重を考慮しても,将来的にもっと大きな地震が発生する可能性だってある.橋の抵抗にしても,**橋がどのように揺れて基礎がどのように抵抗しているのかなども,実はよくわかっていない**のである.それでも設計の実務では,実際に作る構造物の図を描かなければその構造物はできあがらないので,わからない中でも構造物を設計しなければならないのである.

実務ではどう設計しているか

それではみんなどうやって設計しているのかというと,これまでの経験や実績,実験などにより,「とりあえずここはこう考えておこう」,「ここはこうしておけばおそらく大丈夫だろう」といったことで設計している.

このため,設計では「決まりごと」が多い.すなわち,「〇〇の大きさの荷重を考慮する」や「抵抗は〇〇のように考える」などである.これら設計の決まりごとを整理したものが**設計基準**と呼ばれるもので,標準的な土木構造物のほとんどはこの設計基準に準拠している.

本書でも,対象とする構造物に応じた**設計基準**を解説する.「一般にはこれにより所定の強度を満足しているとみなしている」といった表現が多く出てくるのはこのような理由による.ここで,これらの決まりごとはこれまでの知見によるものであり,現在も大学や多くの研究機関において「より合理的な構造物の設計」のための研究がなされているため,これらの研究成果に応じて**現在の設計基準は今後変わりうる**ものであることに注意しなければならない.

また,設計基準は標準的な構造物と現場条件に対し設定されているため,千差万別の**実際の現場では適用できない場合も少なくない**.このような場合には,設計者はその適用性について判断し,必要に応じて自ら適切な設計方法を検討して

用いなければならないことにも留意する．

　以上，構造物の設計とは「作りたい構造物の姿形，強度，耐久性などを検討して図を描くこと」であり，それぞれの検討にあたっては，わからないことが多い中で，これまでの経験や実績，実験などから設定された**設計基準**を参考とし，各決まりごとを対象構造物への適用性を判断しつつ用いて検討するのだということを理解していただきたい．

　したがって，本書では各構造物の具体的な設計内容を示すが，これらは決して真理ではなく，わからないことが多い中でも実際の構造物の図を描かなければならない実務として，**「現在はこんなふうに考えて設計しているのか」**という視点で読んでいただきたい．

2.2節 土木構造物に求められるもの

用途と環境で満たすべき性能は変化する

Point!
① どんな構造物としたいのか＝「構造物の要求性能」という．
② 構造物の要求性能には，耐荷性能，耐久性能，維持管理性能などがある．

● 土木構造物に何を求めるの？　～まずは安全でなきゃね～

　土木構造物に何が求められるのかを考えた場合，第一に"**安全でならなければならない**"とは誰もが思うことであろう．例えば車を運転して橋を渡っていたら突然橋桁が落下し，乗っている車もろとも下に落ちるなんてことはあってはならない．こんなことは，日常的に橋を使っているときはもちろん，台風や地震が起きたときや大きな地震が起きたときでもあってはならないと誰もが思うはずである．

● 使えないと意味ないよね　～えっ，使えない場合もあるの？～

　次に当たり前のことではあるが，その構造物が"**ちゃんと使えるか**"ということが考えられる．つまり，車を通行させることを目的として作ったはずの橋なのに，実際作ってみたら狭くて車が走れないのでは意味がない．ただし，"**使えるか使えないか**"を考えた場合，先の"**安全であること**"とは多少異なり，"**いつでも使える必要があるか**"ということを考えなければならない．

　例えば，日常的に橋を使うときには使えなければならないけれど，**大きな地震があったときにも橋は使えなければならないか**ということを考える必要がある（これはコストとの相談になる）．

　よく土木構造物の建設にあたり，「こんな通行量の少ない道路をこんなにも立派にする必要があるのか」といった意見が出ることがある．すなわち，通行量の少ない橋では，「大きな地震のときには使えなくてもいいじゃないか」という考え方もあっていいはずである．その反面，通行量の多い橋，地震後の救援や復旧のための物資輸送などに欠かせない橋では，大きな地震があったときでも使える，あるいは応急復旧で使える橋というのも必要だと考えられる．

直せるかどうかも重要！

さらには，"直せるかどうか"ということについても考えなければならない．

重要な橋では，大きな地震の後でも応急復旧で緊急車両を通行させる，比較的容易に恒久復旧もできるなどである．もちろん，普段の通行量などによっては，数千年に一度の地震ならその後に使えなくてもいい（直せない），最初にお金をたくさん使って立派な橋を作るより，どちらかというと安い橋を作っておいて「**地震の後に作り直してもいい**」といった判断もあろう．

土木構造物の要求性能　～耐荷性能とは？～

これら"安全である"，"使える"，"直せる"をそれぞれ**安全性**，**使用性**，**修復性**と呼称し，地震が起きた場合など構造物を使っている間に遭遇する状況，すなわち設計で考慮しなければならない状況を**設計状況**と呼称すれば，先に述べてきた土木構造物に求められるものは**表 2.1** で整理することができる．

ここで，安全性，使用性，修復性は**設計状況に対する構造物の状態を示して**おり，このように設計状況とそのときの構造物の状態の組合せを，一般に**性能**と呼称する．さらに，例えば台風の設計状況では台風の荷重を考慮し，地震が起きる状況では地震の荷重を考慮するといったように，荷重に対する性能を示しているためこのような性能を**耐荷性能**と呼称する．

そしてオーナーは，対象とする構造物の需要や重要性などから性能を選択する．例えば表 2.1 から①，②，③，⑤を選択して構造物を設計するときの条件とした場合，これらは耐荷性能の**要求性能**と呼称される．

表 2.1　土木構造物（橋）に求められるものの例

設計状況		安全性	使用性	修復性	
				短　期	長　期
①	普段使う状況	落橋しない	使える	修復不要	修復不要
②	台風のとき	落橋しない	使える	修復不要	修復不要
③	たまに起きる地震	落橋しない	使える	修復不要	修復不要
④	大規模地震の発生	落橋しない	使える	修復不要	修復不要
⑤	大規模地震の発生	落橋しない	応急復旧で使える	応急復旧が可能	比較的容易に恒久復旧が可能
⑥	大規模地震の発生	落橋しない	使えない可能性も有	復旧が困難	復旧が困難でできない可能性も有

壊れない構造物は作らないの？

表2.1の④,「大規模地震が起きてもどこも損傷しない」という性能は,一見重要構造物として望ましい性能のようにも思われるが,橋の場合には一般には用いられない.これには2つの理由がある.

1つ目はコストがかかりすぎるということで,数千年に一度の地震では,重要構造物であっても復旧可能な損傷程度は発生を許容するのが現実的な対応であろうという理由である.

2つ目は,どこも損傷しない構造物を設計した場合,**どこが損傷するのかわからないこととなり,むしろ最も危険ではないか**といった考えによる.例えばこれまでで最大の地震を設計で考えても,確率的にはさらに大きな地震も想定されるため,この場合には,逆にどこか損傷する箇所を特定し(必ずそこで損傷するようにし),そこが損傷しても安全で復旧が可能な損傷にとどめることを目指す方が望ましいという理由である.この対応は,**キャパシティデザイン**という名称で世界的に一般的になりつつある考え方で,詳細は第8章で解説する.

耐久性能？

土木構造物に求められるものとしては,耐荷性能の他にもまだある.例えば,**"どれくらいの期間使用できるか"**ということである.鋼は大気中に放っておけば錆びて断面が欠損し耐荷性能は低減する.海岸の近傍などではこの影響はより大きく,RCであっても塩分が表面から浸透し,やがては内部の鉄筋を錆びさせることとなり,やはり耐荷性能を低減させる.

このような年月の経過にともない低減する耐荷性能を考慮して,例えば「100年使える構造物を作りたい」とした場合に,これを実現する構造物の設計が求められる.これは一般に**耐久性能**と呼称し,構造物が所定の期間使用した段階での低下した耐荷性能が設計時点での耐荷性能となるように,あらかじめ鋼部材の厚さを増したり,**被り**と呼ばれる鉄筋表面からコンクリート表面までの厚さを増したりして対応する.

維持管理性能？

また,**"維持管理のしやすさ"**というのも土木構造物には求められ,これは**維持管理性能**と呼称する.維持管理とは,構造物を使っている間に欠陥の有無を見つけ,必要に応じて補修・補強したりすることである.先に述べた年月の経過に

ともなう耐荷性能の低下は**劣化**と呼ばれるが,「劣化の度合いが計画通りか」,「地震の後に構造物に思わぬ欠陥が生じていないか」などが簡易に検査できるかどうかが重要で,このための施設をあらかじめ設置しておく必要がある.鋼の橋では劣化防止として錆止めなどの塗装を定期的に行うが,このように定期的な補修が計画されている場合には,このための施設もあらかじめ考慮しておくなどの配慮も求められる.

●環境適合性能? 景観性能?

さらには,"周辺環境との調和(環境適合性能)"や"景観性(景観性能)"も土木構造物に求められる重要な性能である.このため,事前に土木構造物が周辺の生態系に及ぼす環境影響調査などを行い,この結果を設計に反映させたり,どんな姿形の構造物が望ましいかを周辺住民や学識経験者と相談するなど,これらの性能を満足するよう努力する必要がある.

この他にも,構造物上に水が貯まると**凍結融解**などから劣化が部分的に進む(水は凍ると体積が膨張するが,例えばクラックに水が入り凍結融解を繰り返すことでクラックが進行したりする)などが懸念されるため,これを防止するための排水性能など,土木構造物に求められることは多く,設計ではこれらすべてに対応する必要がある.

●本書で対象とする「性能」

以上,土木構造物に求められる**性能**について述べたが,これら多くの要求性能の中で設計計算での対応を求められるのは**耐荷性能**であり,土木構造物の基本的な性能であるため,本書では主に「耐荷性能に対する要求性能を満足するための設計内容」について解説することとする.

2.3節 構造物が遭遇する状況

> **Point!**
> ①構造物が遭遇する状況は,荷重と作用の組合せで表される.
> ②構造物に及ぼす影響は,対象構造物や対象部材によって異なる.

設計状況

　土木構造物の設計では,構造物が普段使われている状況に加え,台風や地震など構造物が使用されている間に遭遇するであろうすべての状況について,設計状況として考慮しなければならない.ここで,例えば橋で普段に車が通行している状況は,橋の自重と車の通行荷重の組合せで表されるといったように,一般に1つの設計状況は複数の**荷重**や**作用**の組合せで表される.

　そこで本節では,はじめに荷重と作用の違いについて概説するとともに,設計状況の表現で用いるそれぞれの荷重や作用を紹介し,その後に具体的な設計状況について述べる.

荷重と作用の違い

　荷重とは,例えば椅子にAさんが腰掛けて足を浮かせたとした場合,椅子はAさんの体重を支えることとなり,Aさんの体重が椅子にかかる**荷重**である.これに対して,ゴムひもを1cm伸ばすとした場合,これに要する力はゴムひもの剛性と断面積およびその長さによって変化する.このことは例えば温度変化により橋桁が伸縮するような場合,物理現象として伸縮を遮ることはできずに必ず発生するが,これを支える(拘束する)構造物の受ける力は,拘束条件や構造物の剛性などの条件によって変化することとなり,これは温度による構造物への**作用**である.設計では,このような**荷重**や**作用**との組合せにより,**対象とする構造物の設計状況を表現**する.

設計状況の表現で用いる荷重や作用

　ここでは,設計状況(荷重や作用の組合せ)で用いる1つ1つの荷重や作用について説明する.

(1) 死荷重（D）

死荷重とは**動かない荷重**をいい，主に構造物や構造物に載る土などの**自重**がこれに相当する．構造物の自重は，構造物やこれを構成している部材の材料の単位体積重量に構造物や部材の体積を乗じて算出する．単位体積重量は，鋼材の場合には $77\,\mathrm{kN/m^3}$，無筋コンクリートで $23\,\mathrm{kN/m^3}$，鉄筋コンクリートは鉄筋とコンクリートを個別に足し合わせるのではなく，総じて $24.5\,\mathrm{kN/m^3}$ といった値がよく使われる．

(2) 活荷重（L）

活荷重とは**動く荷重**をいい，自動車，軌道車両，および人の**重量**などがこれに相当する．自動車荷重は，例えば橋の場合には橋を通行する最も重い車を対象とし，車両を直接モデル化して**集中荷重として載荷する「T 荷重」**と分布荷重にモデル化した「**L 荷重**」がある．T 荷重では**図 2.1（a）**に示すように，橋軸方向では車の重心に全重量の $200\,\mathrm{kN}$ を載荷し，橋軸直角方向では車輪の位置に等分した $100\,\mathrm{kN}$ をそれぞれ載荷する．

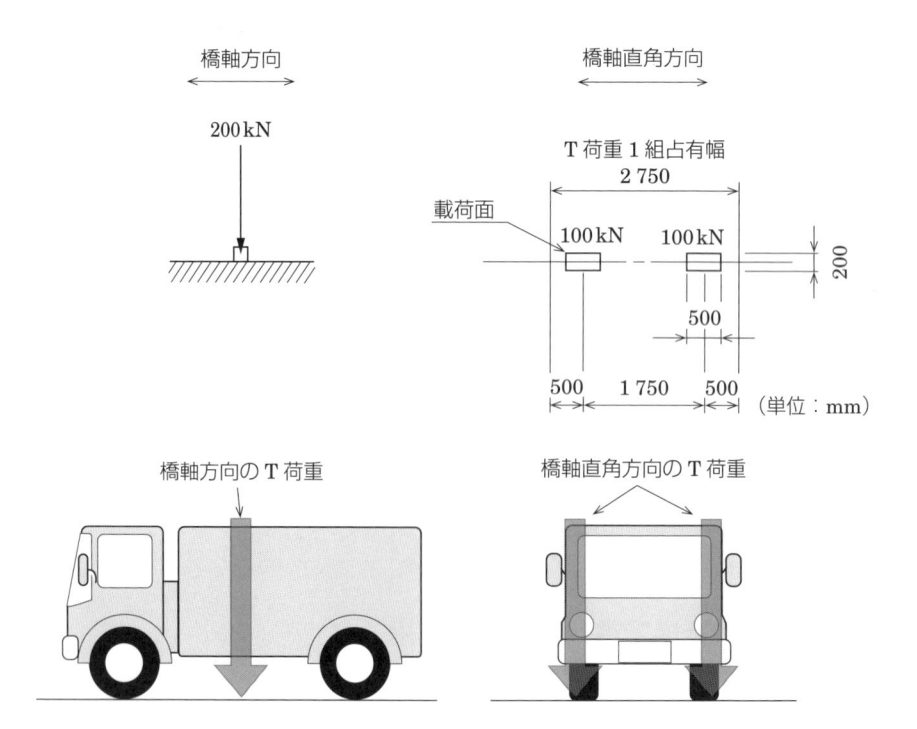

(a) T 荷重

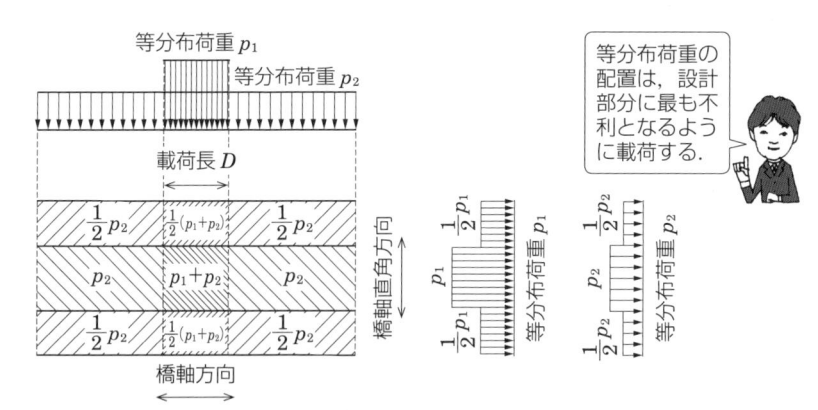

等分布荷重の配置は，設計部分に最も不利となるように載荷する．

荷重	主載荷荷重（幅5.5m）						従載荷荷重
	載荷長 D (m)	等分布荷重 P_1			等分布荷重 P_2			
		荷重（kN/m²）		荷重（kN/m²）			
		曲げモーメントを算出する場合	せん断力を算出する場合	$L \leq 80$	$80 < L \leq 130$	$130 < L$	
A 活荷重	6	10	12	3.5	4.3 − 0.01L	3.0	主載荷重の50%
B 活荷重	10						

(b) L荷重

図 2.1　活荷重（自動車荷重：20t トラックの例）
（出典：『道路橋示方書・同解説　Ⅰ共通編』2012/03）

　L荷重では図2.2（b）に示すように，橋全体の中で車両の重量を等分布荷重の組合せでモデル化している．重い荷重が載っているところはトラックが塊って載っている状況を想像していただくとわかりやすい．

　この大きな荷重の塊はいつでも真ん中にあるのではなく，設計の対象とする部材等に最も不利となるように移動できることに留意する（ここで，L荷重そのものの大きさや1/2の荷重を考慮する意味そのものにはこだわらないでいただきたい）．

　L荷重の設定では，橋の上をトラックや乗用車が通行する頻度を考慮して100年間のシミュレーションを何度も行い，橋桁や橋を構成する構造物に及ぼす影響が最も大きい荷重の状態をモデル化している．したがって，安全側の設計となるように荷重の大きさや配置を設定した末にこのような結果になったということである．また，過積載のトラックや橋の上で渋滞するような状況もシミュレーションで考慮されている．

　図2.1（b）のL荷重において，AとB活荷重に分類されているが，これは橋

の供用時（橋が使われているとき）における大型自動車の交通量に応じて分類されている．ただし，この分類に関する明確な区分けというのは設定していない．このため，あまり大型車が通行しないと考えられる地方の橋であっても，将来的な状況を考え，B活荷重を用いて設計されたりもしている．ただ，高速道路では原則B活荷重を用いることとしている．

T荷重とL荷重の使い分けは，例えば上部工の床版の設計ではT荷重，支間の長い橋の桁・橋脚・基礎の設計にはL荷重といったように，構造に応じて不利な荷重が採用される．また，自動車が通行すると静止している自動車の荷重より構造物に及ぼす影響は大きくなるため，この影響を衝撃荷重（I）として考慮する．衝撃荷重は，衝撃係数により元の荷重を割り増すことで考慮する．衝撃係数は橋の種類によって異なるが，参考として鋼橋の場合には式（2.1）で算出している．

$$i = \frac{20}{50+L} \quad (2.1)$$

ここで，i：衝撃係数，L：橋の支間（m）である．

なお，盛土の上を自動車が通行するときのように，これが分布して構造物に影響を及ぼす場合の自動車荷重は，一般に **10 kN/m² の分布荷重** が用いられることが多い．人の荷重は想定が困難なため，一般に **群集荷重として 5 kN/m² の等分布荷重** が用いられる場合が多い．

(3) 土　圧（E）

土圧とは，**土から受ける圧力であり作用である**．トンネルやカルバートの天板にかかる上部の土の圧力は鉛直土圧，擁壁の壁にかかる側面の土の圧力は水平土圧という．ここで，土圧が作用として扱われる理由は『ゼロから学ぶ土木の基本地盤工学』で解説しているように，構造物の挙動等によって次のように変化するためである．

すなわち，**擁壁が動かなければ壁には静止土圧が載荷**し，背面土を膨張させる方向に動けばその壁に作用する土圧は低減し，最終的に土圧の最低値である**主働土圧**に至る．逆に**圧縮する方向に動けば**土圧は増加して，最終的には土圧の最大値である**受働土圧**に至る．鉛直土圧も，トンネルが深ければ施工中に周辺地盤が緩むことで**アーチアクション**（6.1節参照）**が形成され土圧は低減される**．

また，擁壁の底版に作用する**地盤反力**も土圧の1つであり，これは**図 2.2** に示すように擁壁の傾斜や沈下によって変化する．この違いは，例えば底版の下にバネがあることをイメージするとわかりやすい．

このように，土圧は，構造物にいつも決められた圧力が作用するものではないため，土圧を考慮する場合には構造物や周辺地盤の挙動を考慮して適切に設定しなければならない．

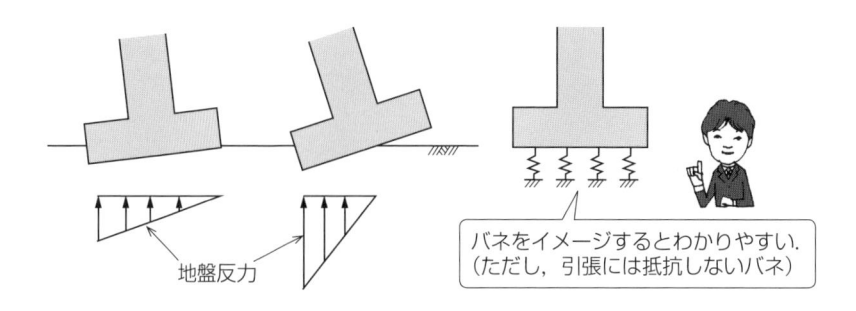

図 2.2　底版の挙動と地盤反力

(4) 水圧（*HP*）・浮力（*U*）

水圧とは，水から受ける圧力であり荷重である．静水圧の場合には，水の単位体積重量（$10\,\text{kN/m}^3$）に水深を乗じて推定すればよいが，被圧層など特殊な場合には現場の状況をよく調査して推定する必要がある．なお，構造物底面に作用する上向きの水圧は**浮力**として考慮する．例えば水槽の中にある物体を入れると，その物体には**図 2.3** のような水圧がかかる．このような水圧は，地下水のある地盤の中に構造物を設置した場合でも，同様の水圧が載荷される．

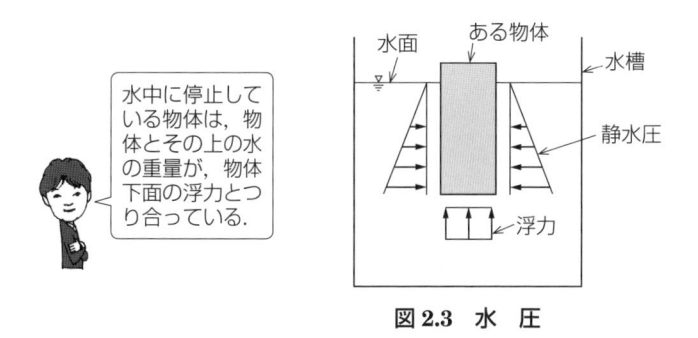

図 2.3　水　圧

(5) 風荷重（*W*）

風荷重とは，**風**による**荷重**であり，主に台風を想定して道路橋の場合には設計基準風速を $40\,\text{m/s}$ として，構造に応じた風の影響を考慮して荷重強度を設定し，**図 2.4** に示すように，風向きに応じた投影面に**静的荷重**として載荷する．ここで，

図中にAとBの矢印があるが，これはこの位置から矢印の指す方向を見るという意味である．そしてA–AとB–Bは，そこから見た図を描いている．

なお，風荷重の一般的な取り扱いは説明した通りだが，構造が特殊な橋や長大橋の場合には，風荷重の影響は大きく推定が困難なため，模型実験や数値解析等から対策も含めて設定する必要がある．

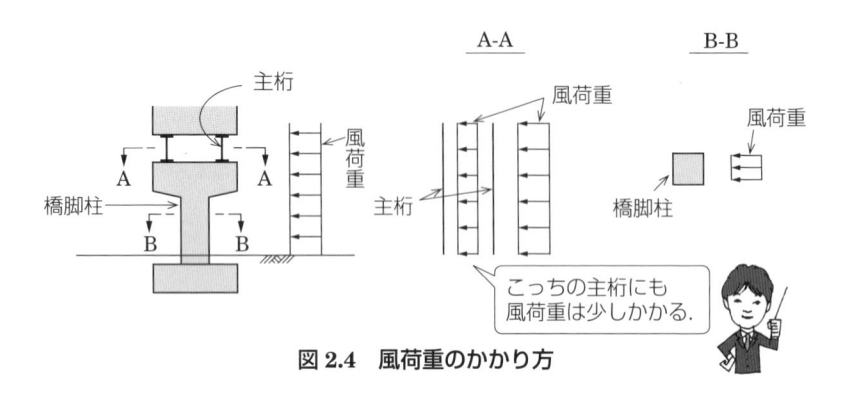

図 2.4　風荷重のかかり方

(6) 温度変化の影響（T）

温度変化の影響とは，温度変化にともなう構造部材の伸縮による作用である．図 2.5 に示すように，温度変化による部材の伸縮を止めることはできないため，設計上これを許容するが，例えば橋の場合には，桁の伸縮に際して桁と支承との拘束などから橋脚や基礎などの下部構造物に**荷重**として伝達される．

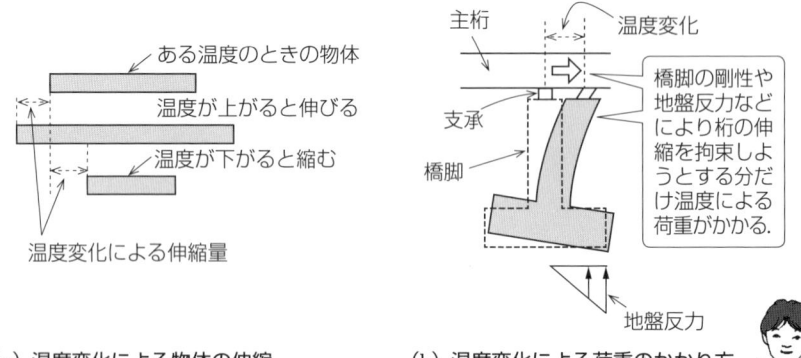

(a) 温度変化による物体の伸縮　　(b) 温度変化による荷重のかかり方

図 2.5　温度変化の影響

この荷重は，桁の長さと材料の線膨張係数（コンクリートや鋼の場合で10×10^{-6}），および温度変化量（寒冷地を除く鋼構造の場合で$-10℃ \sim +50℃$）による伸縮量に対し，支承の構造や橋脚と基礎の剛性による拘束効果によって変化する作用である．

(7) 降雨の作用（R）

降雨の作用とは，図 2.6 に示すように，降雨の影響により盛土や斜面の水位が増加して**水圧が上昇**したり，有効応力が低下するなどして**地盤の抵抗が低減**したりして構造物の安定に影響を及ぼす作用をいう．構造物に及ぼすこの影響は地盤の透水係数などによって異なるため，設計では浸透流解析などから降雨にともなう水位を推定して安定照査の条件とする．

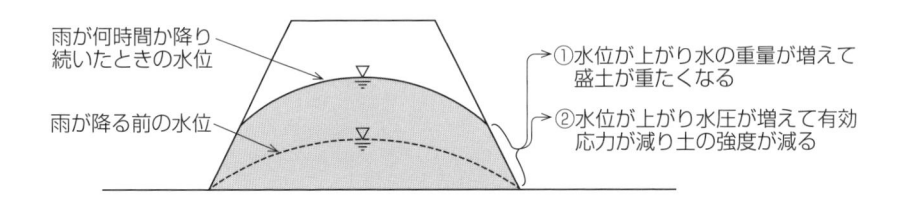

図 2.6　降雨の作用

(8) 地震の影響（EQ）

地震の影響とは，地震により構造物が揺れて構造物の安定に影響を及ぼす作用である．この作用の影響を日本が世界ではじめて**設計震度**という形で設計に取り入れた（関東大震災のすぐ後のことである．その後すぐさま設計震度は世界中の設計で用いられるようになった）．「設計震度」とは，図 2.7 に示すように構造物が揺れる加速度を重力加速度で除したもので，これに構造物の質量を乗じて地震による荷重とするものである．加速度が同じだとすれば，**質量の大きい方が地震時の荷重は大きい**ということである．

例えば電車に乗っていてつり革につかまっていたとしよう．電車が急停車したときに隣の人がやせている人か体格のいい人で，自分が受ける影響はどちらが大きいかを想像してみるとわかりやすい．もちろん体格のいい人の方が受ける荷重は大きい．

第2章 土木構造物の設計

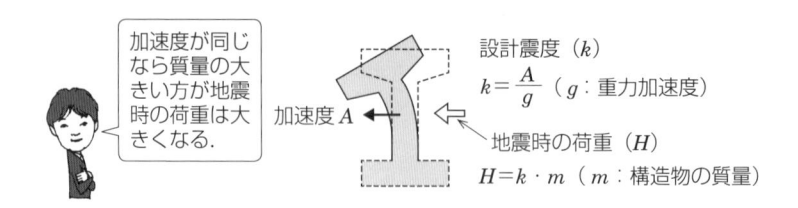

図2.7 設計震度と地震の荷重

（吹き出し）加速度が同じなら質量の大きい方が地震時の荷重は大きくなる．

加速度 A

設計震度 (k)
$k = \dfrac{A}{g}$ （g：重力加速度）

地震時の荷重 (H)
$H = k \cdot m$ （m：構造物の質量）

次に構造物が揺れる加速度だが，これは同じ地震であっても構造物によって異なる．構造物にはその構造物特有の揺れ方があって，それが地震の揺れの特性と近いほど大きく揺れるのである．

構造物特有の揺れ方は，**固有周期**というもので評価する．「固有周期」とは，**図2.8 (a)** に示すように構造物が一度揺れる時間のことを**1周期**というが，この時間は構造物の剛性や高さによって異なる．

固有周期と地盤の揺れの周期とが近いほどよく揺れるのだが，これは図2.8(b)に示すように，例えば1質点（質量を持った点が1つ）の高さの異なる（固有周期の異なる）構造物があった場合，1つの周期の波だけで揺らした場合，その周期と**同じ固有周期の構造物だけが揺れる（共振）**．

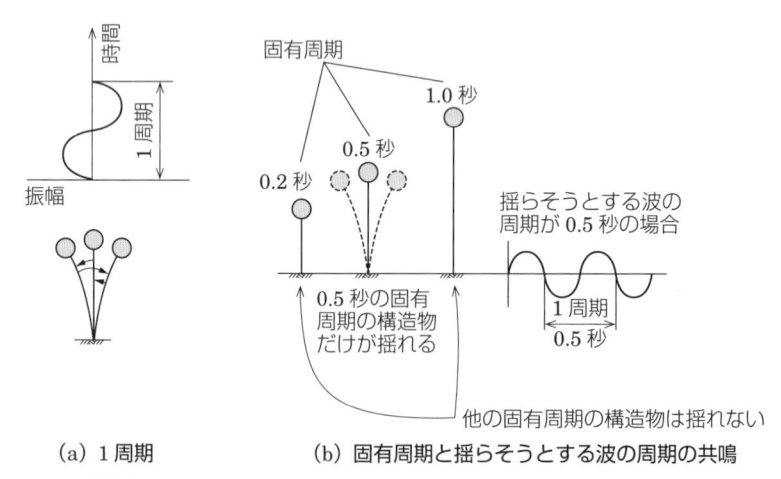

(a) 1周期　　(b) 固有周期と揺らそうとする波の周期の共鳴

図2.8 「構造物の揺れ」と「構造物の固有周期・地盤の揺れる周期」との関係

したがって，**設計震度**は構造物の**固有周期**に応じて設定される．また，地震の揺れの波は，地中の深いところから最終的に地表に近い地盤（表層地盤）を通って伝達されるため，揺れの波の周期は表層地盤の固有周期の影響を受ける．このため現在，道路橋の設計では，**レベル1地震動**と**レベル2地震動**の2つのタイプに対し，**図2.9**に示す地盤の固有周期（地盤種別）と構造物の固有周期に応じて設計水平震度を設定している．さらには，ここで設定される設計震度を**設計震度の標準値**といい，地震が起こりやすい地域とそうでない地域により補正して用いている．設計では，構造物の質量を乗じて**設計水平荷重**として用いる．

レベル1地震動は，橋の供用期間中に発生する確率が高い地震動であり，**レベル2地震動**とは橋の供用期間中に発生する確率は低いけれども，大きな強度を持つ地震動のことをいう．

また，レベル2地震動における**タイプⅠ地震動**とは，発生頻度が低いプレート境界型の大規模な地震による地震動で，2011年に発生した東北太平洋沖地震や近年その発生が懸念されている南海トラフでの巨大地震などが対象となる．**タイプⅡ地震動**とは，1995年に発生した兵庫県南部地震のように発生頻度が極めて低い内陸直下型地震による地震動である．

なお，擁壁や切土，盛土の設計では，設計の簡略化の観点から，円弧すべりなど簡易な設計法で既往の被災事例を再現する設計震度として，簡易な設計を行う場合に限定して，**表2.2**に示す設計震度を用いることが多い．ここでの簡易な設計法は，盛土や切土などの各章で詳しく述べる．

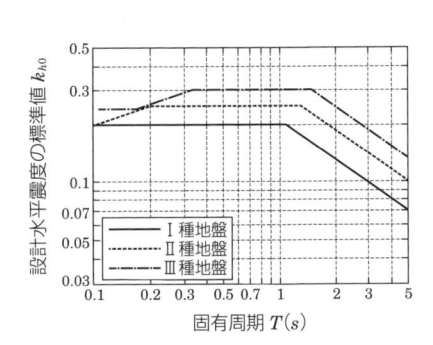

地盤種別：地盤の固有周期 $T_g(\mathrm{s})$ に応じて以下の範囲で分類する
　Ⅰ種地盤：$T_g \leq 0.2$
　Ⅱ種地盤：$0.2 < T_g \leq 0.6$
　Ⅲ種地盤：$0.6 < T_g$

(a) レベル1地震動

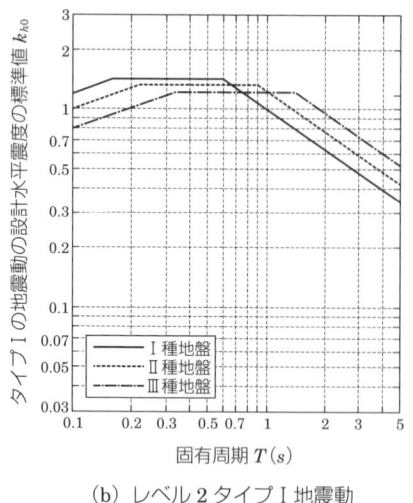

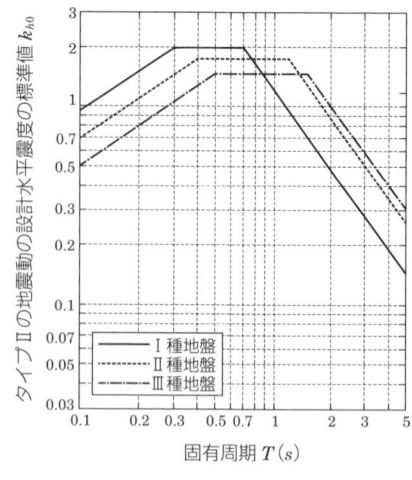

(b) レベル2タイプⅠ地震動　　　　　(c) レベル2タイプⅡ地震動

図 2.10　設計水平震度の標準値
(出典：『道路橋示方書・同解説　Ⅴ耐震設計編』2012/03)

表 2.2　擁壁や切土，盛土で簡易な設計法を用いる場合の設計水平震度の標準値

	地盤種別		
	Ⅰ種	Ⅱ種	Ⅲ種
レベル1地震動	0.12	0.15	0.18
レベル2地震動	0.16	0.20	0.24

　以上，よく使われる荷重や作用について述べたが，これ以外にも下記のようなものがあり，必要に応じて設計状況で考慮しなければならない．

　コンクリート橋などでは，コンクリートの**クリープ**（CR）や**乾燥収縮**（SH）の影響が無視できないため設計状況で考慮する．構造物が降雪地帯に建設される場合は，**雪荷重**（SW）の考慮が不可欠となる．

　また，構造物にプレストレスを導入する場合には**プレストレス力**（PS），不静定構造物を設計する場合には**地盤変動**（GD）や**支点移動**（SD）の影響，港湾構造物や沿岸のあるいは海上橋梁など波の影響を受ける場合には**波圧**（WP），曲線橋梁などの場合には車両が及ぼす**遠心荷重**（CF）の影響も考慮する．

　さらには，必要に応じて車両の停止による**制動荷重**（BK），車両や船舶などが構造物に衝突する際の**衝突荷重**（CO），施工時の特殊な条件を考慮した**施工時荷重**（ER）などについても，構造物に応じて考慮しなければならない．

●設計状況の設定

構造物の設計では，構造物の使用期間内に遭遇する状況に対し，その頻度と構造物に及ぼす影響の観点から，荷重や作用を組み合せた設計状況を設定する．したがって，設計状況は対象とする構造物ごとに異なる．それぞれの構造物の設計状況は各章で解説するが，ここではその1つの例として，鋼桁橋の上部構造，橋脚，橋台，基礎の一般的な設計状況を示す．

ただし，ここで示すものはあくまで一般的なものであることに留意されたい．ここで，上部構造と橋脚のはりの設計における活荷重には**衝撃荷重**が含まれている．また，設計では設計状況の表現として，**常時**や**暴風時**，**地震時**，**施工時**という用語がよく用いられている．

○鋼桁橋の設計状況の例

・上部構造：
① 死荷重＋活荷重
② 死荷重＋活荷重＋温度変化の影響
③ 死荷重＋活荷重＋風荷重
④ 死荷重＋活荷重＋温度変化の影響＋風荷重
⑤ 死荷重＋活荷重＋制動荷重
⑥ 死荷重＋活荷重＋衝突荷重
⑦ 死荷重＋地震の影響
⑧ 施工時荷重

・橋脚・基礎：
① 死荷重＋活荷重
② 死荷重＋温度変化の影響
③ 死荷重＋活荷重＋温度変化の影響
④ 死荷重＋地震の影響
⑤ 死荷重＋風荷重
⑥ 施工時荷重

・橋台・基礎：
① 死荷重＋活荷重＋土圧
② 死荷重＋土圧
③ 死荷重＋土圧＋地震の影響
④ 施工時荷重

ここで，設計状況（荷重や作用の組合せ）の設計への具体的な適用について，例えば上部構造の主桁を設計する場合の「①死荷重＋活荷重」では，図 2.10 に示すように，両方の荷重を考慮して主桁を設計するだけでよい．

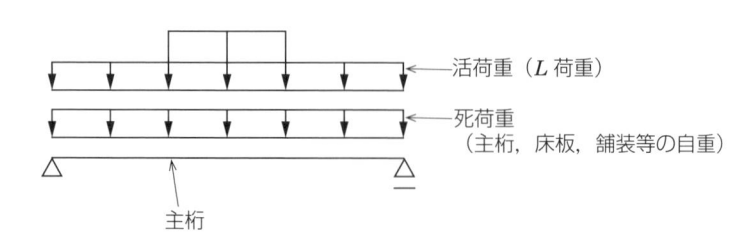

図 2.10　設計状況の設計への適用例

(1) 常時
　常時とは，**構造物が普段に使われている状態**のことをいい，鋼桁橋の例では上部構造の①，②，⑤，⑥，橋脚・基礎の①，②，③，橋台・基礎の①，②が常時の設計状況にあたる．
(2) 暴風時
　暴風時とは，**風荷重（W）を考慮した状態**で，鋼桁橋の例では上部構造の③，④，橋脚・基礎の⑤が暴風時にあたる．
(3) 地震時
　地震時とは，**地震の影響（EQ）を考慮した状態**をいい，大規模地震時といういい方をする場合には，地震の影響の中でも特に「レベル 2 地震動」を考慮するケースがこれにあたる．
(4) 施工時
　施工時は，**施工時の荷重（ER）を考慮した状態**をいう．完成形でないことから忘れられやすい設計状況だが，施工中に上部工が落ちて重大な事故となったり，完成形では安定している橋台がコンクリート打設中にひっくり返るといった事故も少なくはないため，忘れてはならない設計状況である．

2.4節 設計で想定する構造物の状態

Point!
①性能照査では設計状況に応じた構造物の状態が限界値を超えないことを確認．
②照査のための限界状態は，対象性能に応じて異なる．

具体的にはどう検討するの？

構造物の耐荷性能は，設計状況とその際の**安全性**，**使用性**，**修復性**における構造物の状態から定義されることを2.2節で述べた．ここでは，構造物の状態を「落橋しない」や「応急復旧が可能」といった一般的な表現で述べたが，このままでは計算で本当にその状態にとどめておくことが可能かどうかを**照査**することは困難である．このため，これらの状態表現を**構造物になってほしくない状態**として，具体的な工学的指標で表現する．これを**限界状態**という．

すなわち設計では，ある設計状況における構造物の挙動がこの限界状態を超えていなければ，対象となる構造物の例えば"落橋しない"といった要求される状態を満足しているとみなしている．

なお，「限界状態」というと壊れてしまうような終局状態と勘違いされる方がいるが，「限界状態」とは，**設計状況に応じた構造物の状態の限界**のことである．例えば常時の場合に損傷しないといった限界状態は，**部材の応力が降伏強度に至らない状態**とする．

限界状態の例

限界状態の例を**表2.3**と**図2.11**に示す．この例では同じ設計状況で複数の観点に対する限界状態を示しているため，最も厳しい限界状態を満足すれば，自ずと他の限界状態も満足すると判断され，省略できるケースがある．

表2.3 設計状況と複数の限界状態の例

設計状況	観点	限界状態 状態表現	限界状態 工学的指標
常　時	安全性	破壊しない	耐力低下が生じる変状
常　時	使用性	使用性を損なわない	降伏強度
常　時	修復性	修復は必要ない	降伏強度

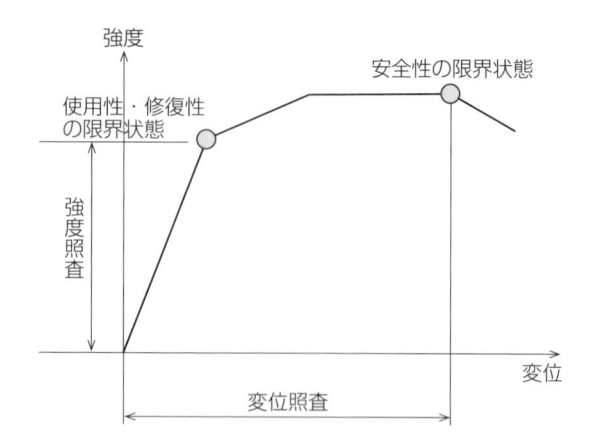

図 2.11　限界状態と照査の方法の例

表 2.4　ある盛土の設計状況と決定ケースの限界状態の例

設計状況	決定ケース	限界状態 状態表現	限界状態 工学的指標
常　時	使用・修復性	使用を損なわず大きな修復を必要とする変状を起こさない	すべり抵抗力
レベル1地震時	使用・修復性	機能回復が速やか	路面沈下量 20 cm
レベル2地震時	安全性	破壊しない	路面沈下量 60 cm

限界状態で検討する場合の留意点

　表 2.3 では，限界状態の工学的指標を「耐力低下が生じる変状と降伏強度」といったように，**照査点**を**変状**と**強度**で分けているが，強度照査を実施する場合でも，設計者は絶えず対象構造物の**変状**と**強度**との関係を意識し，実態挙動をイメージして設計することが重要である．

　例えば**表 2.4** にある盛土の設計状況と決定ケースの限界状態を示し，**図 2.12** に常時の安定計算に用いる土の強度と盛土の実態挙動における限界状態のイメージを示す．この場合，常時における限界状態は一緒でも，**図 2.12（a）**に示すように円弧すべり計算に用いる強度が発現する際の土のひずみは粘性土と砂質土では異なり，**図 2.12（b）**に示すように，発生している変状量も結果として異なり，

地震時の変状量に対する余裕度も異なる．

このように限界状態の設定では，構造物ごとに扱いが異なるため，限界状態の詳細は後章の具体的な構造物の設計で述べることとする．

(a) 安定計算の強度とひずみの関係

設計者は構造物の実態挙動をイメージして設計することが重要．

(b) 土質に応じた実態挙動

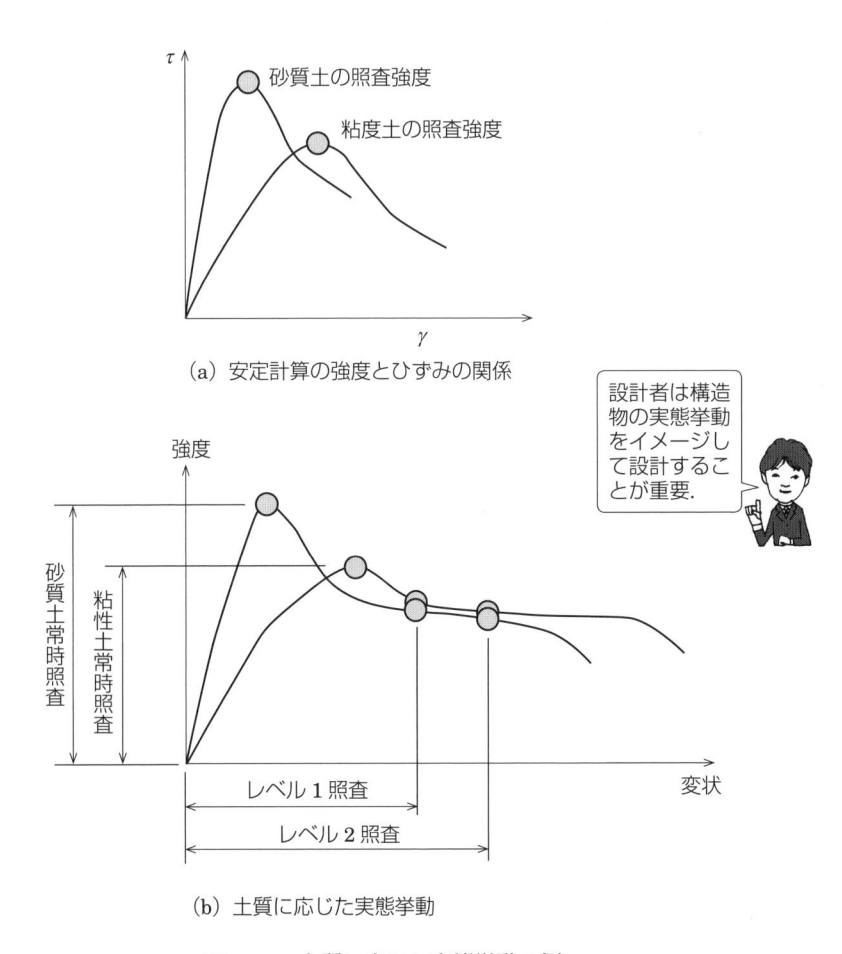

図 2.12　土質に応じた実態挙動の例

2.5節 "大丈夫"の担保とは

Point!
①安全率を用いて荷重に対し抵抗を大きくすることにより"大丈夫"を担保する.
②安全率は設計状況の発生頻度や構造物に応じて異なる.

●計算で限界状態を満足すると"本当に大丈夫なの？"

要求性能での設計状況に対する構造物の状態は,「**構造物の挙動が限界状態を超えないことで照査する**」ことを2.4節で述べた. ただし, 設計ではわからないことが多いと2.1節で述べた.

そうすると, 限界状態の照査で対象となる構造物の状態が満足するとわかっても, "本当に大丈夫なの？" と誰もが思うのではないだろうか. そこで設計では, このために十分に余裕をもって限界状態を照査することで"大丈夫"の担保をとっている. 現在, この「**十分な余裕をもった限界状態の照査**」は, 先人技術者たちが経験と実績から設定してきた**安全率**を用いることで行っている.

●安全率を用いることにはどんな意味があるの？

安全率とは, 設計状況に対し構造物の挙動が限界状態に達するまでの余裕を持たせるための設計荷重と設計抵抗との比率のことをいい, 暗に設計状況が生起する頻度や抵抗が発現されるばらつきなどを勘案して設定されていると考えられている. 正確ではないが, これら耐荷性能の照査の概念を**図2.13**に示す.

ここで横軸は荷重であり, ここでの設計は対象とする**設計荷重**（設計状況の荷重強度の代表値）に対し, **設計抵抗**（限界状態の耐力, 例えば降伏耐力の特性値）が所定の安全余裕を有する安全率を満足するよう部材が設計されることを示している.

なお,「正確ではないが」と表現したのは, 荷重や抵抗には図中に点線で示したようなばらつきがあり, これらが交わる部分が性能を満足しない領域で, 本来「安全率」は荷重の代表値や抵抗の特性値をこれらのばらつきのどこに設定するかと相まって, **性能を満足する確からしさから設定するのが望ましい**が, 現在のところ残念ながらそれはよくわかっていない.

これは, 安全率は先人技術者が経験と実績から設定してきたものであり, 内容

2.5節 "大丈夫"の担保とは

が明確でないものも多いためである．このため，近年，現時点でわかっている荷重や抵抗の不確実性から，信頼性設計を取り入れてより正確に設計の余裕を設定しようと多くの設計基準が改定に取り組んでいる．

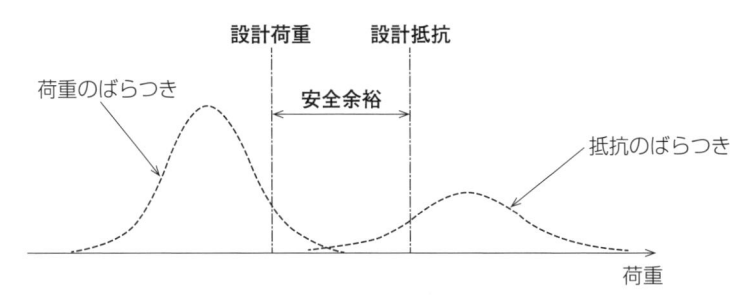

図 2.13　耐荷性能照査の概念

表 2.5　ある橋梁の橋脚の設計状況と決定ケースの限界状態の例

設計状況	決定ケース	限界状態 状態表現	限界状態 工学的指標
A 橋			
常　時	使用・修復性	使用を損なわず修復が必要となる変状を起こさない	降伏強度
レベル1地震時	使用・修復性	使用を損なわず修復が必要となる変状を起こさない	降伏強度
レベル2地震時	使用・修復性	応急復旧程度で機能回復が速やかに行いうる	耐力低下が生じる変状
B 橋			
常　時	使用・修復性	使用を損なわず修復が必要となる変状を起こさない	降伏強度
レベル1地震時	使用・修復性	使用を損なわず修復が必要となる変状を起こさない	降伏強度
レベル2地震時	安全性	破壊しない	耐力低下が生じる変状

安全率を用いて具体的にどう設計するの？

安全率とは，先に述べた通り，設計状況に対し限界状態に達するまでの余裕を持たせるための設計荷重による応答と限界値との比率のことであり，具体的には**対象とする構造物が設計状況に応じた限界状態を超えない**ことに対し，**所定の余裕を持たせるために抵抗を割引く係数**である．

例えば図 2.11 において，使用性や修復性の限界状態は**降伏強度**で，安全性の限界状態は耐力低下が生じる変状だが，直接降伏強度や限界変状に対して照査するのではなく，これらに安全率を用いて余裕を考慮した照査点に対して照査を行う．この例として，ある 2 橋の橋脚の設計状況と決定ケースの限界状態を**表 2.5**に示し，この際の照査点を**図 2.14** に示す．

図中で**安全率**と示しているのは，安全率により考慮している設計上の余裕を指している．このように限界状態を安全率で割り引いた照査点で照査することにより，「**十分な余裕をもった限界状態の照査**」を実現している．

なお，図 2.14 で示すそれぞれの「照査点」は，例えば強度を応力度で照査する場合には**許容応力度**，変位で照査する場合には**許容変位**というなど，一般に**許容**という表現を用いる．

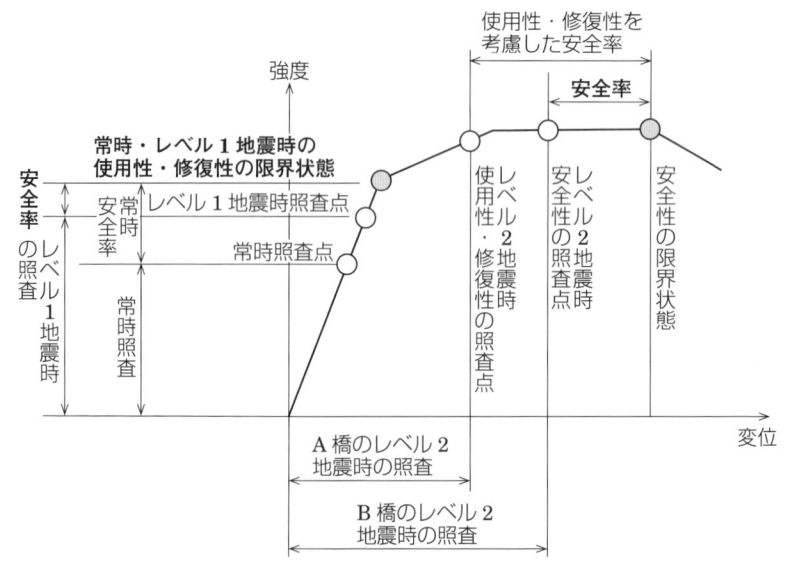

図 2.14 限界状態と照査点の例

安全率は1つなの？

この安全率は，対象とする設計状況の発生頻度，限界状態，構造物の種類，構造物を**構成する部材や部材の材料などに応じて異なり，1つではない**．

例えば，鋼部材の降伏強度を応力度で照査する場合の安全率は**1.7程度**，RCの降伏強度を照査する場合の鉄筋の応力度の照査の安全率は**1.9程度**，コンクリートの曲げ圧縮応力度の安全率は**3**，杭の支持力の照査の安全率は**3**といったように，材料や対象部材あるいは照査項目などによって異なる．

また，図2.14で「常時」と「レベル1地震時」は同じ**降伏強度**に対して照査を行うが**安全余裕が異なる**ように，安全率は対象とする設計状況の発現の頻度によっても異なる．さらには同じ常時の中でも，対象とする設計状況が発現する頻度で異なるものを用いる．

参考として，2.3節で例示した鋼桁橋の上部構造の各設計状況に対し，各照査における安全率の低減係数を**表2.6**に示す．

表2.6 単純鋼鈑桁橋上部工の常時設計状況に応じた照査安全率の低減係数

設計状況		安全率の低減係数
死荷重+活荷重		1.00
死荷重+活荷重+温度変化の影響		1/1.15
死荷重+活荷重+風荷重		1/1.25
死荷重+活荷重+温度変化の影響+風荷重		1/1.35
死荷重+活荷重+制動荷重		1/1.25
死荷重+活荷重+衝突荷重	鋼部材に対して	1/1.70
	RC部材に対して	1/1.50
死荷重+地震の影響		1/1.50
施工時荷重		1/1.25

Column

"土木設計の第一歩は「現場を見る」ことからはじまる"

　土木と建築との一番の違いは「現場にある」といっても過言ではない．多くの場合，建築では平たい土地にビルなり家なりを建てるが，土木ではそんな好条件のところに構造物を設計することはまずない．山あり谷あり，「えっ，こんなところに…」といったところに構造物を設計しなければならないのである．当然のことながら，そんな現場には問題も多い．それらの問題を解決するための調査や構造，およびその施工法までを検討しながら，実際に作る構造物の図を描くのが**土木構造物の設計**である．

　このため，設計者は最初にその問題を認識しなければならない．だから設計者は，設計を始める前にまずは現場を見に行く．ここで問題を見逃すと，後々大きな手戻りになったり，最後まで気が付かないと結果として実現しない，あるいは危険な構造物ができあがったりする．そして，設計中でも疑問が生じたり悩んだりしたときはその度に現場へ赴き，何度でも現場と相談しながら設計を進めることが肝要なのである．

現場を見る（イメージ）

第3章

橋の設計

本章では，代表的な土木構造物の1つである「橋」の設計法について解説する．「橋に求められる性能とは何か」，「その性能を満足するためにどんな検討を行うか」など，橋を構成する床版や桁，橋脚，橋台，基礎構造の設計について学習する．

3.1節 どんな橋を設計するのか

Point!
①設計状況に応じて,「どんな橋の状態を想定して設計するのか」をまず認識する.
②健全性を損なわない性能の限界状態は弾性限界,もしくは可逆的な限界である.

橋の設計にあたって,設計者はまず「どんな橋を作るのか」を認識しなければならない.本節では,「どんな橋を作るのか」を通じて橋梁に求められる性能とその内容や背景,およびこれを照査するための限界状態について解説する.

橋の要求性能

本来,「どんな橋を作るのか」というのは,その橋を作るオーナーが決めることであり,土木構造物の場合は公共事業なので国民,あるいはその橋を建設するお金(税金)を払う地方の人が決めるのが望ましい.しかしながら,多くの場合にはその橋を管理する国や地方自治体がこれを代行しており,管理者に応じて「どんな橋を作るのか」について規定している.

「どんな橋を作るのか」は,技術的な表現として**橋に求められる性能**と呼ばれるが,どれくらいの間その橋を使いたいのか=**設計供用期間**(橋の設計で考慮する橋の使用期間)内において,例えばトラックや乗用車を含めて「一日に1万台の車を通したい」という計画を目的として,普段の他に台風時,あるいは地震時といった**設計状況**に応じた橋の状態について,耐荷性能と耐久性能から決められる.ただし2.2節でも述べた通り,本書では**耐荷性能に着目して**橋の設計を解説する.

耐荷性能とは文字通り,**荷重に対する性能**のことである.道路橋の場合にはどんな橋を設計するのかについて,**設計状況**(普段,台風時,あるいは地震時の荷重や作用の組合せ)に応じた**安全性**(橋は落ちないか),**使用性**(橋を使えるか),**修復性**(どこかが壊れたときに橋を直せるか)の観点から,**表3.1**,**表3.2**に示すように**要求性能**が規定されている.このため,道路橋を設計する場合には,この要求性能を満足するように設計しなければならない.

3.1節　どんな橋を設計するのか

表 3.1　設計状況と要求性能（耐荷性能）

設計状況（荷重や作用の組合せ）		性能 1	性能 2	性能 3
常　時		○		
レベル 1 地震時や暴風時		○		
レベル 2 地震時	重要な橋		○	
	普通の橋			○

表 3.2　性能の観点（耐荷性能における橋の状態）

耐震性能	安全性	使用性	修復性 短　期	修復性 長　期
性能 1： 健全性を損なわない性能	落橋 しない	通常の通行性 を確保	修復不要	軽微な修復
性能 2： 損傷が限定的で，機能回復が 速やかに行いうる性能	落橋 しない	機能回復が速 やかに可能	応急復旧で機 能回復	比較的容易に 恒久復旧
性能 3： 損傷が致命的とならない性能	落橋 しない	―	―	―

● 性能の内容

表 3.1 に示す通り，道路橋の場合には性能は 3 つ用意されており，設計状況により使い分けられている．ここでは，各性能の内容について述べる．

(1) 性能 1

表中の「**性能 1**」とは，**橋としての健全性を損なわない性能**であり，**落橋しない**（**安全性**）ことはもちろんのこと，**通常に通行することが可能**（**使用性**）で，**修復も特に必要としない橋の状態を確保する**もので，通常の設計状況（**常時**）や供用期間中に何度か遭遇する設計状況（**レベル 1 地震時や暴風時**）に対して規定される．ここで，レベル 1 やレベル 2 の地震とは以下の通りであり，イメージとしては兵庫県南部地震や東北地方太平洋沖地震といった大規模な地震がレベル 2 地震であり，わが国では起きることの多い震度 4 や 5 程度までの地震がレベル 1 地震である．また，暴風時とは台風やまれに起きる大きな竜巻を指す．

- **レベル 1 地震**：橋の供用期間中に発生する確率が高い地震
- **レベル 2 地震**：橋の供用期間中に発生する確率は低いが大きな強度を持つ地震

(2) 性能2

「性能2」とは，橋に損傷が発生することを許容するが，**落橋しない（安全性）**ことはもちろんのこと，**応急復旧で橋の機能を回復することができ（短期修復性，使用性）**，橋を使用しながら**比較的容易に恒久復旧も可能（長期修復性）**な橋の状態を確保するもので，重要な橋の大規模地震の設計状況（**レベル2地震時**）に対して規定される．

ここで，「重要な橋」とは，一般に**地震後の緊急輸送路に指定される道路や交通量の多い道路などに架けられる橋**であり，普通の橋とは重要な橋以外の橋をいう．ただし，重要な橋の選択は対象橋梁の管理者が決定しており，実際には上記に該当しなくとも重要な橋として設計されている例は多い（読者の方も自分が住んでいる家の近くの橋について調べてみるといい）．

(3) 性能3

「性能3」とは，**橋に発生する損傷が致命的とならない性能**であり，**落橋しない（安全性）**橋の状態のみを確保するもので，普通の橋の大規模地震の設計状況（レベル2地震時）に対して規定される．いいかえれば，応急復旧では橋を使用することができず**機能回復に時間がかかり**，長期的には**大規模修繕や橋の架け替えが必要となる**可能性もある性能である．

● 性能規定の背景と必要性

(1) 性能2や性能3誕生の背景

性能2や性能3といった損傷を許容する性能は，兵庫県南部地震（1997年）以降に規定されたものである．それまで，わが国の設計基準で設計された構造物は地震が起きても大きな被害は発生しないと考えられていた．これは関東大震災の後に世界に先駆けて設計震度（大きさはその後の地震により何回か改定されている）が設計基準に規定され，これを用いて設計された構造物が長い間大きな被害を被って来なかったことによる．いわゆる「安全神話」といわれるものである．

しかしながら，想定された地震より大きな地震が発生した場合に壊れる可能性があることは当然であるが，兵庫県南部地震により多くの構造物が破壊したことで現実を突きつけられることとなった．この出来事は，後に「安全神話の崩壊」と呼ばれた．もちろん技術者は，設計よりも大きな地震が発生すれば壊れる可能性があることは知っていたし，その当時も第8章で解説する地震のエネルギー吸収を考慮した設計法も存在したが，**図3.1**に示すような倒壊といった現実を目

の当たりにし，一同に驚愕したことは記憶に新しい．

このような経験を踏まえ，今後発生するどんな地震でも壊れない構造物の設計は非現実的であり，損傷を許容し**損傷しても安全な橋を作る**といった発想のもとにこれらの性能が規定された．

図 3.1　兵庫県南部地震で倒壊した高架橋の例
(提供：株式会社建設技術研究所)

(2) 性能 3 の必要性

性能 3 とは，先に述べた通り，地震時に倒壊はしないけれどもその後に使えなくなる，および作り替えることも視野に入れた性能である．

これは，兵庫県南部地震で新たな教訓を得て，全国に存在する大量の橋の耐震補強を考えた際，すべての橋を大きな地震後も使えるように保証するのは非現実的であるとともに，2.2 節でも述べたように「構造物が置かれた状況に合致した性能の構造物を作る」といった国民の要望も反映されている．

すなわち，数千年に一度の確率で発生する地震に対しては，もしもその橋が交通量も少なく，地震後の緊急輸送や救命救急などに及ぼす影響も小さいのであれば，安全を確保すれば「地震後に使えない性能もあっていいはず」といった考え方による．

●性能を満足する限界状態

表 3.1 と表 3.2 に示す性能は，橋全体の性能であり，「地震後も応急復旧で使える」といった一般表現で示されている．このままでは，具体的に設計でこれを満足していると照査することは困難である．

そこで設計では，上部構造や下部構造，およびこれらを構成する各部材に橋全

体の性能を満足する限界状態を設定し，設計状況に応じた各部材の応答が**限界状態を超えなければ対象とする性能を満足する**とみなしている．これらの限界状態は，構成する部材の**力学的な状態から規定**されている．

「性能1」では，橋としての健全性を損なわない橋の状態が求められるため，上部構造や下部構造を構成する部材の力学特性や挙動が**弾性範囲を超えない**とみなせる状態を**限界状態**として設定する．一般にこれは，部材の応力照査において，部材の降伏応力に対し安全率を考慮した許容応力度を超えないことにより，満足するものとみなす．

ただし，基礎の場合には基礎体と地盤との複合構造物であるため，**基礎体自体が弾性範囲を超えない**とともに，地盤の非線形性を考慮した基礎の挙動が**可逆的**と呼ばれる，非線形であってもおおよそ**除荷時に元に戻ると考えられる範囲を超えないこと**についても照査する必要がある．具体的には基礎の安定照査において，**基礎の鉛直支持力や水平支持力がそれぞれの許容支持力を超えないことにより**満足するものとみなす．これらの詳細は，各構造物の設計の節を参照されたい．

「性能2」や「性能3」の限界状態は，両者とも損傷の限界状態を示すものであるが，わが国の道路橋の設計では大規模地震に対し**キャパシティデザイン**という特殊な考え方に基づいており，この解説もまた特殊なものとなるため，この点については第8章で解説する．

したがって本章では，**常時とレベル1地震時に対する性能1を満足すること**を対象とした，各構造を構成する各部材の限界状態の照査について解説する．

3.2節 上部構造の設計

> 荷重のバランスを考えよう
> ドッシリ

Point!
① 床版は面外荷重を受ける版としての設計を行う．
② 車は移動するので最も厳しい位置に活荷重が載荷された状態で桁を設計する．

●桁と床版・設計状況

　本節では図3.2に示すように，橋を構成する一番上の構造物，すなわち上部構造の設計について解説する．橋の上部構造には1.2節でも述べたように多くの種類があるが，ここでは構造として最も単純な**鋼鈑桁**（プレートガーダー）という**床版**と**鋼桁**とで構成される上部構造を対象とし，主要な部材である床版と鋼桁部分を取り上げ，それらの設計について示す．床版は鉄筋コンクリートを用いたRC床版，鋼桁はI型断面の桁を仮定する．このイメージを図3.3に示す．

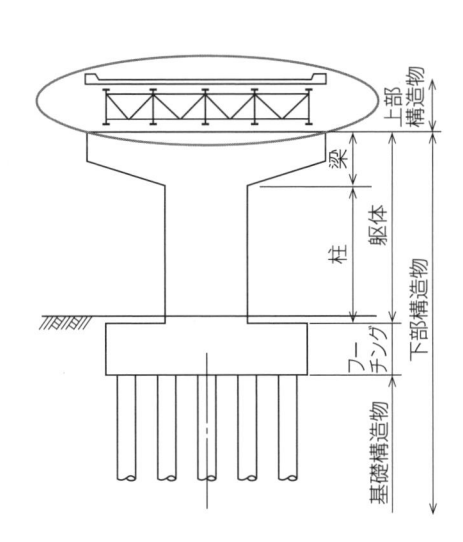

> 上部構造は橋を通行する車輌や人を直接支える重要な構造物です．

図3.2　上部構造の設計

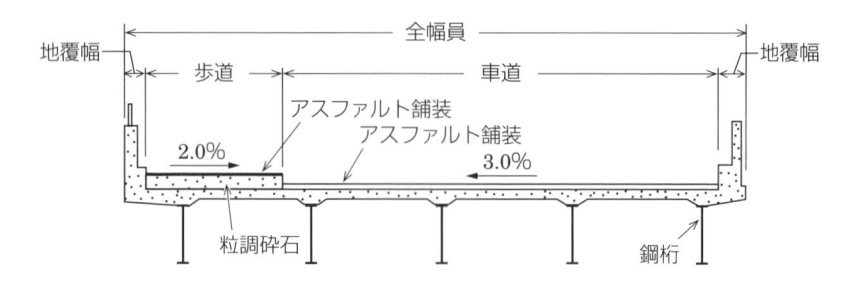

図3.3 桁と床版のイメージ

　床版は（床版の自重と）**橋の上を通行する車や人を直接支える構造物**であり，桁は（桁の自重と）**床版から伝達される荷重を支える構造物**である．一般には複数の桁で床版を支えている．なお，桁は後述する橋脚や橋台に支えられている．
　ここで対象とする設計状況は，最も基本的な**死荷重＋活荷重**を対象として解説する．

● 床版の設計

　ここでは，**床版の死荷重（自重）と活荷重（車両や人の通行荷重）を対象**とした設計方法を示す．
　この場合の死荷重（自重）は，例えば図3.3の車道部の床版の場合は，RC床版とアスファルトの自重による**等分布荷重として載荷される**．活荷重は，車両はT荷重とし交通量に応じて**A，B活荷重のいずれかの荷重**を，歩道部には必要に応じて**群衆荷重を載荷する**．

(1) 設計断面力の算出

　床版は図3.4に示すように，床版を面とした場合それに載る車両などの荷重を**面外荷重**として，面外荷重を受ける**桁に拘束された版**としての設計を行う．
　ただしこのような計算では，桁による拘束効果が床版の剛性，桁の間隔や剛性に応じて複雑に変化する．そこで道路橋の場合では，事前に色々な状況に応じた計算を行い，床版に発生する断面力を簡易に推定するための算出式を提示している．具体的には，**橋軸直角方向**に主鉄筋を配筋する「RC床版」は，簡易的に「B活荷重」を対象として**表3.3**で得られる値に**表3.4**の割増係数を乗じたモーメントを断面力として設計している．

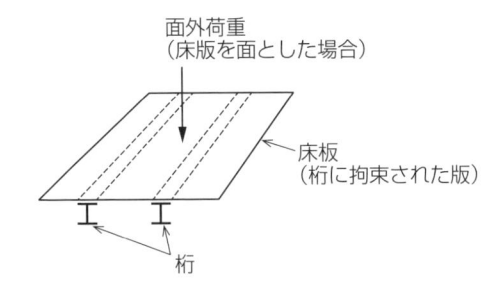

図3.4 床版の面外荷重を受ける桁に拘束された版としての設計

表3.3 床版の単位幅（1m）当たりの設計曲げモーメント（kNm/m）

床版の区分	曲げモーメントの種類	死荷重による主鉄筋方向	T荷重（衝撃含む）主鉄筋方向	T荷重（衝撃含む）配力鉄筋方向
単純版	支間	$w \cdot L^2/8$	$(0.12 \cdot L + 0.07) \cdot P$	$(0.10 \cdot L + 0.04) \cdot P$
連続版	中間支間	$w \cdot L^2/14$	単純版の80%	単純版の80%
連続版	端支間	$w \cdot L^2/10$	単純版の80%	単純版の80%
連続版	中間支点	2支間: $-w \cdot L^2/8$ 3支間以上: $-w \cdot L^2/10$	単純版の-80%	—
片持版	支点	$-w \cdot L^2/2$	$-P \cdot L/(1.3 \cdot L + 0.25)$	—
片持版	先端付近	—	—	$(0.15 \cdot L + 0.13) \cdot P$

L：T荷重あるいは死荷重に対する床版の支間（m）
適用範囲：$0<L\leq4$（単純版，連続版），$0<L\leq1.5$（片持版）
w：死荷重強度（kN/m^2）
P：T荷重の片側荷重強度（100 kN）

表3.4 割増係数

支間 L（m）	$L\leq2.5$	$2.5<L\leq4.0$
割増係数	1.0	$1.0+(L-2.5)/12$

ここで「橋軸直角方向」とは，橋の延長方向（車の走る方向）を**橋軸方向**といい，この直角方向，すなわち図3.3で示した断面方向を指す．

また，表3.3の**片持版**とは，図3.3で端部の桁から**外側に張り出した部分**をいい，**連続版**とは図3.3のように**複数の桁に支えられた床版部分**をいう．**単純版**とは，床版が**2本の桁のみに支えられている床版**をいう．なお，T荷重には大きさとしてA，B活荷重の区別がないので，交通量の少ないA活荷重の場合には，表3.3で得られる値を**20%低減した値**を用いる．

(2) 断面の設計

床版の断面は (1) で求められた曲げモーメントに対し，床版は単位幅 (1 m) の断面の複鉄筋梁として，本シリーズ『コンクリート』を参考に必要鉄筋量を算出する．この際，鉄筋とコンクリートに発生する応力度が許容応力度を満足していれば，対象とする**床版**は「**性能1を満足する**」とみなしている．

● 桁の設計

桁の設計では，桁の自重と床版から伝達される荷重に対し，桁を支える下部構造の支承間を支間とする梁として曲げモーメントとせん断力から断面を設計する．この際，まず最初に対象とする荷重の各桁への分担を求め，その後橋の構造に応じて**連続梁**，あるいは**単純梁**として設計曲げモーメントとせん断力を算出し桁の断面を設計する．

ここで，各桁への荷重の分担を考える場合，活荷重がどのように載荷されるかで各桁の荷重分担が異なる．T荷重（集中荷重）の場合には，これが直接桁の真上に載った場合にその桁の荷重が大きくなり，L荷重（等分布荷重）の場合では，主載荷荷重が載った桁の荷重分担が大きくなる．L荷重の主載荷荷重と従載荷荷重は，いわゆるトラックの塊が橋のどこを通過するかをイメージするとわかりやすい．したがって桁の設計では，活荷重が載荷する位置に応じて設計対象とする桁が最も大きな分担荷重を受けることを想定するが，このための荷重の分担や断面力の算出では**影響線**という手法を用いて行う．影響線の解説は本シリーズ『構造力学』に詳しいのでそちらへ譲り，ここでは「道路橋の荷重」に特化してその利用法を解説する．

なお，**桁の設計における活荷重は，連続梁，支間が15 m程度以上の単純梁ではL荷重を用いる**．支間が15 m近傍でT荷重の影響がL荷重よりも大きい可能性のある支間の桁は，T，L両方の荷重で計算して大きな設計断面力を用いて設計する．

(1) 各桁の荷重分担

各桁の荷重分担は，反力の影響線を用いて設定する．これは，車両の橋に載る位置が固定されているわけではないので，対象とする桁に最大反力が得られるように「活荷重」を配置しなければならないが，この検討を簡略化して行うためである．参考として，**図3.5**に多主桁の橋の端部の主桁AのL荷重による反力を推定する際の影響線を示す．

ここで「L荷重」は，主桁Aに最大反力が得られるように載荷されている．主

桁Aの反力影響線は，主桁Aの位置を1.0とし，荷重が途切れる位置をゼロとして描く．そして主桁Aの**L荷重の反力**は，(p_1, p_2)，($p_1/2$, $p_2/2$)のそれぞれ荷重が載っている範囲の**影響線の面積**にそれぞれの**荷重強度**を乗じて合計して算出される．各桁の分担反力は，L荷重の配置を移動して対象とする桁の反力が**最も大きくなる位置に載荷する**ものとする．床版の死荷重（固定荷重）もこの影響線を使って同様にして算出すれば，**床版死荷重の主桁Aの分担反力**が得られる．

各桁の分担反力は，L荷重の配置を移動して対象桁反力が最大となるように載荷する．

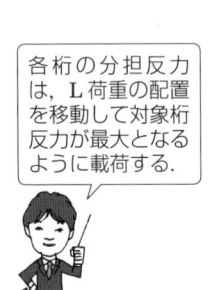

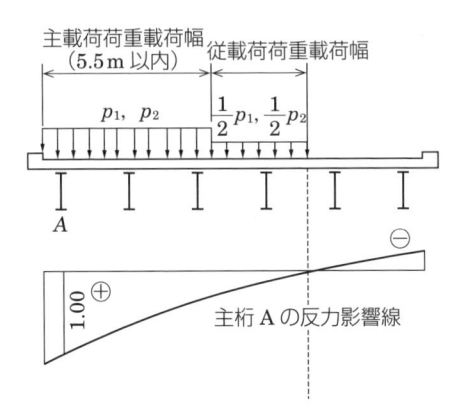

図3.5　反力影響線の例
(出典：『道路橋示方書・同解説　I 共通編』2012/03)

なお，図3.5で**反力影響線**が"**曲線**"となっているのは，荷重分担は桁の剛性によって変化するため，**各桁のたわみの影響をバネ支点として考慮したイメージ**を示している（この計算上の考慮は複雑となるため，当面の学習ではこの影響を無視した直線をイメージして理解するとよい）．

(2) 桁の設計断面力の算出

橋軸直角方向における各桁の荷重分担は先に述べた通りだが，桁の曲げモーメントなどの断面力を算出する場合には，**桁の橋軸方向のどこに活荷重が載るか**が問題となる．

この際，例えば曲げモーメントでは，桁の真ん中（下部構造間で支持される桁の中央）に載った状態が一般に考えれば最も大きくなり，それで設計すればいいと考えている方がいるかもしれない．しかしながら，それで設計すると桁が延長方向にすべて同じ断面となり**不経済なもの**となる．桁は長く鋼材は高額なので，位置に応じて必要最小限の断面とし，**桁の最も経済的な断面変化を設計**することが求められる．

すなわち，桁の任意の位置に応じて最も断面力が大きくなる荷重の載荷位置とその際の断面力を推定しなければならない．この際も**影響線**を用いて推定する（影響線の基本は本シリーズ『構造力学』参照）．ここで，橋の設計における影響線の描き方を，「集中荷重」を例として**図 3.6**に示す．**集中荷重の場合には，荷重位置の各影響線の高さを荷重強度に乗じれば，着目点位置の断面力が算出される．**

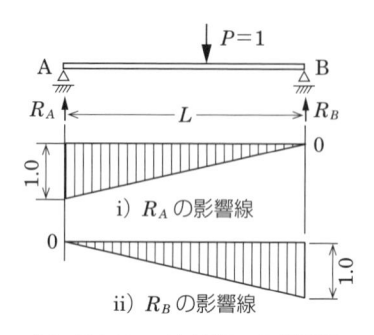

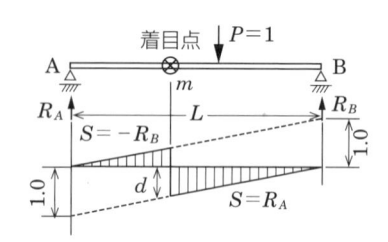

(a) 反力 R_A，および R_B の影響線

(b) せん断力 S_m の影響線

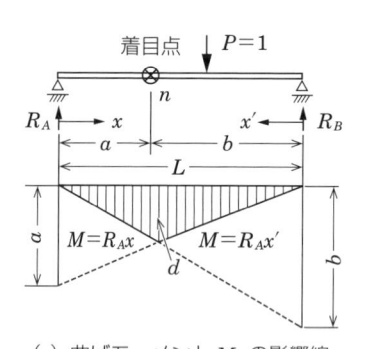

(c) 曲げモーメント M_n の影響線

図 3.6 影響線の描き方

次に，具体的な「L 荷重」の影響を考慮した，影響線による任意の着目点での桁の断面力の算出方法について**図 3.7**に示す．

「L 荷重（等分布荷重）」による断面力は，せん断力と曲げモーメントとも，荷重が載っている範囲の影響線の面積にそれぞれの荷重強度を乗じて算出される．この際，任意の着目点における最大値は式（3.1）と（3.2）により，また，この際の最大曲げモーメントが得られる荷重の位置は式（3.3）で得られる．

なお，ここでは１つの等分布荷重に対して説明しているが，L 荷重は複数の等分布荷重の組合せなので，各等分布荷重に対し対象位置の断面力を算出して最後

に足し合わせればよい．

$$S_{\max} = \frac{1}{2} \cdot p_L \cdot D \cdot d \cdot \left(2 - \frac{D}{l}\right) \tag{3.1}$$

$$M_{\max} = p_L \cdot D \cdot d \cdot \left(1 - \frac{D}{2L}\right) \tag{3.2}$$

$$x_m = \frac{l \cdot (L - D)}{L} \tag{3.3}$$

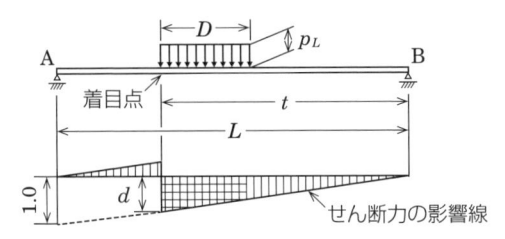

(a) せん断力が最大となる載荷状態

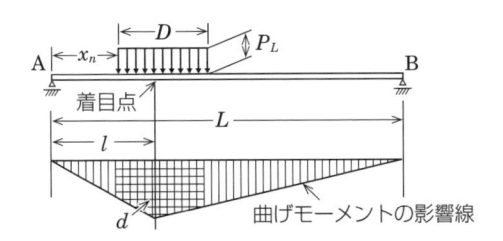

(b) 曲げモーメントが最大となる載荷状態

図 3.7　着目点の断面力が最大となる等分布荷重の載荷状態

(3) 桁の断面設計

「桁の断面設計」は，任意の形状の桁に対し，本シリーズ『構造力学』を参照して引張や圧縮などの応力度，およびたわみ量を算出し，これが対象とする**鋼材の座屈や軸力等の影響を考慮した許容応力度と許容たわみ量を満足していれば，対象とする桁は性能1を満足する**とみなしている．

3.3節 橋脚の設計

> **Point!**
> ① 橋脚の設計は，橋軸方向と橋軸直角方向の2方向に対して行う．
> ② 地震の影響を考慮するための固有周期は，橋脚と基礎の変形特性から推定．

● 橋　脚

　本節では，わが国の一般的な橋梁で最も多く用いられている**鉄筋コンクリート（RC）**の**T型橋脚**について，図3.8に示すはりと柱の付け根の断面の設計方法について解説する．なお，地震時は「レベル1地震時」と「レベル2地震時」の両方で設計するが，レベル2地震時の設計は第8章で解説するので，ここで「地震」とは「レベル1地震」のことをいう．

> RCのT型橋脚が最も用いられている．

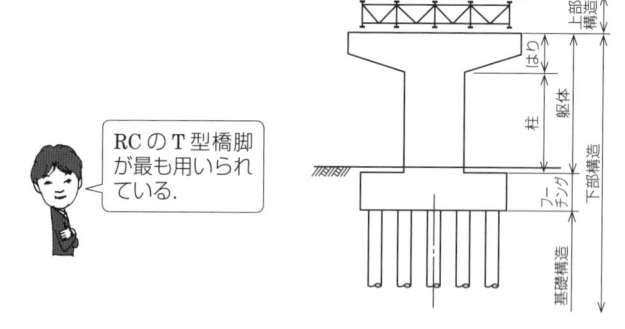

図 3.8　RC-T型橋脚

● 橋脚の設計状況

　橋脚の設計状況は，2.3節で例示した通り，次の6種類を考慮する．

・橋脚の設計状況
① 死荷重＋活荷重（衝撃）
② 死荷重＋温度作用
③ 死荷重＋活荷重（衝撃）＋温度作用
④ 死荷重＋地震の影響

さの標準的な求め方の例を示す．ここで，**細粒土とは粘土・粘性土・シルトあるいは関東ローム等の透水性の低い材料**で，**粗粒土とは砂・砂質土・砂礫・礫質土等の透水性の高い材料**を指している．

降雨時においては，地山とのり面からの水の浸透状況に応じて土質材料の飽和・不飽和状態の判別を行う．また，**短期**とは盛土を急速施工した時点を指し，**長期**とは盛土を十分に緩速施工して完成した時点や盛土荷重により十分に圧密された後で降雨・浸透水の影響が生じる時点を指している．

表 4.7　土質材料，検討対象時期に応じた土のせん断強さの標準的な求め方の例

土質材料		検討対象時期	試験法	せん断強さ
飽和土	細粒土	短期	UU, CU, $\overline{CU}$	$\tau_f = c_u + (\sigma_n - u_0)\tan\phi_u$
		長期	CU, $\overline{CU}$, $D(CV)$	$\tau_f = c_{cu} + (\sigma_n - u_0)\tan\phi_{cu}$
	粗粒土	短期・長期	CD, $D(CP)$	$\tau_f = c_d + (\sigma_n - u_0)\tan\phi_d$
不飽和土		短期・長期	CD, $D(CP)$	$\tau_f = c_d + \sigma_n \tan\phi_d$

UU：土の非圧密非排水三軸圧縮試験，$CU \cdot \overline{CU}$：土の圧密非排水三軸圧縮試験，CD：土の圧密排水三軸圧縮試験，$D(CV) \cdot D(CP)$：土の圧密定体積・定圧一面せん断試験，τ_f：せん断強さ（kN/m^2），σ_n：すべり面に作用する直応力（kN/m^2），u_0：浸透水によるすべり面上での定常水圧（kN/m^2），$c_u \cdot \phi_u$, $c_{cu} \cdot \phi_{cu}$, $c_d \cdot \phi_d$：各せん断試験により得られた土の粘着力（kN/m^2）とせん断抵抗角（度）

●性能2・3の照査

性能2や3の照査では，**円弧すべりの安全率は1.0を下回り**，通行に支障をきたすような盛土の**比較的大きな残留変形や路面に残留変位が発生することを前提**としているため，動的解析などから盛土の残留変位等を算出し，これが「対象性能を満足する残留変形や路面の残留変位の限界状態を超えないこと」を照査しなければならない．

この際の計算方法としては，動的弾塑性有限要素解析といった複雑なものから，静的解析を用いて簡便に推定するものまで多様なものがあり，盛土の重要度や状況に応じて適切に選定して設計に用いなければならない．

ここでは，動的解析と静的解析の中間的な位置付けで，一般によく設計に用いられ，比較的簡易に路面の残留変位を推定できる**ニューマーク法**について紹介する．

(1) ニューマーク法

ニューマーク法では，式（4.2）から円弧すべり法により**安全率が1.0**となる

第4章 盛土の設計

設計震度を算出し，これを**限界震度**とし，限界震度に重力加速度を乗じたものを**限界加速度**とする．そして，盛土の応答加速度が**限界震度を超えた際に盛土塊がすべり始める**と仮定する．

ここで，ニューマーク法による変位の計算方法を簡単に説明すれば，オリジナルのニューマーク法では直線すべりを想定して，対象現場に影響を及ぼす地震による地表面の加速度波形に対し，**図 4.2** に示すように，限界加速度を超える加速度を積分して速度，またこれを積分して変位を推定する．

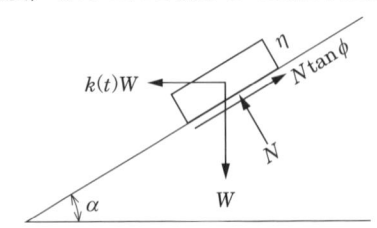

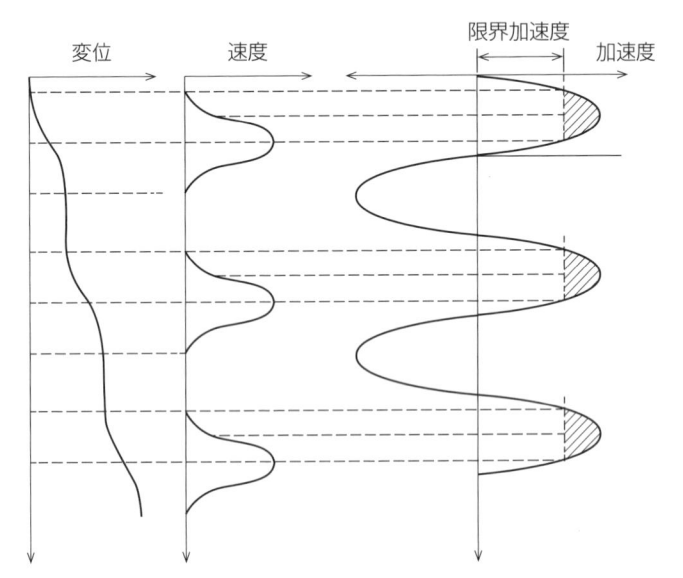

図 4.2　オリジナルのニューマーク法による変位の計算方法

(2) ニューマーク法の盛土への適用

オリジナルのニューマーク法に対し，盛土の設計ではすべり面を円弧と考え，円弧の中心からのモーメントのつり合い式から回転変位量を求める方法がよく用いられる．計算の基本となる運動方程式を式（4.3）と（4.4）に示し，**図 4.3** に

滑動変位計算モデルを示す.

$$-J\ddot{\theta} + M_{DW} + M_{DKh} - M_{RW} - M_{RKh} - M_{RC} - M_{RT} = 0 \tag{4.3}$$

$$\ddot{\theta} = (k_h - k_y)(M_{DK} + M_{RK})/J \tag{4.4}$$

ここに，θ：回転角で$\ddot{\theta}$は角加速度，J：慣性モーメント，k_h：任意の時刻での入力加速度を重力加速で除した震度，k_y：円弧すべり安全率が1.0となる限界震度，M_{DW}：自重による滑動モーメント，M_{RW}：自重による抵抗モーメント，M_{RC}：粘着力による抵抗モーメント，M_{RT}：補強工による抵抗モーメント，M_{DK}：地震時慣性力の基準滑動モーメント，M_{RK}：地震時抵抗力の基準抵抗モーメント，M_{DKh}：地震時慣性力による滑動モーメント（$=k_h \cdot M_{DK}$），M_{RKh}：地震時による抵抗モーメント（$=k_h \cdot M_{RK}$）

（限界加速度を超えている間回転する（すべる）.）

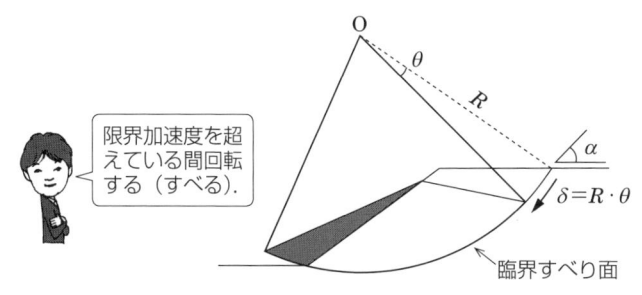

図 4.3　滑動変位の計算モデル

図 4.3 に示す**臨界すべり面の回転変位量**は，盛土の応答加速度に対して線形加速度法により逐次計算して求める．具体的には式（4.4）により各加速度$\ddot{\theta}$を求め，その後逐次的に式（4.5）で角速度$\dot{\theta}$，式（4.6）で角度θを計算し，臨界すべり面に対する円弧半径Rからすべり土塊の滑動変位量δ（$=R\cdot\theta$）を算出する．

$$\dot{\theta}_{t+\Delta t} = \dot{\theta}_t + \frac{1}{2}(\ddot{\theta}_t + \ddot{\theta}_{t+\Delta t})\Delta t \tag{4.5}$$

$$\theta_{t+\Delta t} = \theta_t + \dot{\theta}_t \Delta t + \frac{1}{6}(2\ddot{\theta}_t + \ddot{\theta}_{t+\Delta t})\Delta t^2 \tag{4.6}$$

ここで，盛土の応答加速度は，地表面での設計地震動波形をそのまま用いる場合や，地表面の設計地震動波形から一次元の等価線形や非線形の地盤応答解析，あるいは二次元の地盤応答解析から推定する場合などさまざまで，得られる変位量も多少異なる．

ただし，比較的簡易なニューマーク法を用いるそのものの精度，地表面での設計地震動波形の設定経緯などを考慮し，総合的に設計に用いる盛土の応答加速度

を設定する．

(3) 簡易照査法

　安定した基礎地盤上に建設する盛土などでは，変形量を直接求めるものではないが，**表 2.2** に示した「レベル 2 地震」に対する円弧すべり計算用の設計水平震度に対し，円弧すべり法による安定計算で推定した**安全率の値が 1.0 以上**であれば，**盛土の変形量は限定的なものにとどまる**と考えられるため，この場合は**レベル 2 地震の作用に対して「性能 2」を満足する**とみなしてよい．

Column

"設計と施工の乖離，設計者としての対応"

　盛土の施工品質は，一般に締固め時の土の密度により管理される．具体的には事前に締固めに関する試験を実施して目標密度を設定し，各層（一般に1層 30 cm，厚層化施工で 60 cm）の締固め時に目標密度を満足しているかどうかで管理している．これに対し設計では，施工時にどの程度締め固められるかわからないので，一般的には設計基準に示される盛土の単位体積重量（例えば $19\,\text{kN/m}^3$）を用いて盛土の安定を検討し，また盛土内に設置されるカルバートなどの構造物を設計している．

　しかしながら，特に盛土の施工管理の厳しい事業体の現場では，施工業者は目標値を下回ることがないように一生懸命締固めするため，この結果 20〜22 kN/m^3 の密度で管理された盛土となっていることが多い．すなわち，実際には設計よりも重い盛土ができあがっているのである．過度な締固めは必ずしも悪いことではないが，盛土重量は盛土の安定の荷重側と抵抗側の両方に影響するとともに，カルバートなどの盛土内構造物には設計よりも大きな土圧が載ることとなる．

　このため設計者は，標準的な設計を行うとともに，施工品質のばらつきが設計に及ぼす影響が懸念される場合には事前に検討し，クライアントと協議しておくことが重要である．

過度な締固めが構造物に及ぼす影響（イメージ）

4.3節 軟弱地盤に盛土を設計する

Point!
① 軟弱地盤の圧密沈下を味方につけて（強度増加）盛土する．
② 軟弱地盤に盛土した際の周辺への影響を知る．

●軟弱地盤のイメージ

　この世には**軟弱地盤**というものがある．世界各地に存在するが，日本では平野部の地表面近傍に多い．軟弱地盤とは，読んで字のごとく軟弱な（軟らかい）地盤のことをいう．技術的な用語の説明は後述するが，この後軟弱地盤の取り扱いについて色々と難しい話をするにあたり，後々わかりやすいよう最初に少しだけその特徴と問題点についてイメージを説明する．

　軟弱地盤は，**軟らかくて透水性が悪い**というのが特徴であり，また問題点でもある．例えば泥をイメージしていただきたい．最近田んぼの中を歩いたことがある人は少ないと思うが，泥の中を歩くとズボズボと埋まって歩きにくい．つまりは**支持力がない**．盛っているうちに壊れたり，壊れなくても図 4.4 に示すように，盛土をして帰ったはずなのに次の日に行ってみるとなくなっていたりすることがある．

図 4.4　軟弱地盤に盛土するとなくなる？

次に透水性が低いということについて，特徴が2つある．

1つ目は**保水能力が高い**ということである．例えば水をたくさん含んだスポンジに何か重たいものを載せると，スポンジはすぐに水を排水しながら押しつぶされてしまう．これは透水性が高いからである．このときには沈下した分，すぐに盛り足せばいい．

だが，これがスポンジではなく豆腐だったらどうだろう．豆腐の上に何かを載せた場合，すぐには収縮しない．長～い時間をかけて排水しながら収縮する．軟弱地盤も同じで，図 4.5 に示すように**沈下する時間が長い**のである．

厚い軟弱地盤に実施した盛土で，20年経ってもまだ沈下しているものもある．この間ずっと補修を継続しなければならない．

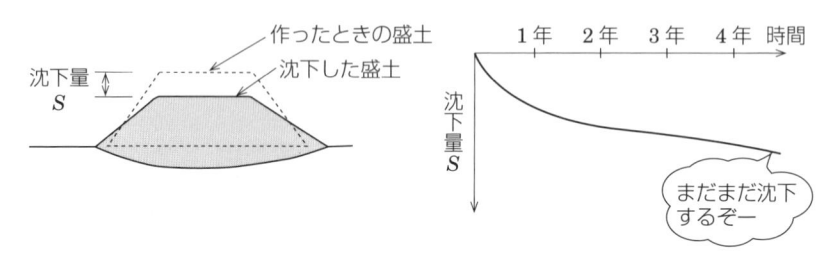

図 4.5　長い間沈下する軟弱地盤

2つ目は**動いてしまう**ということである．軟弱地盤は軟らかいので，重たいものを載せると沈もうとするが，透水性がよければ盛土の下の地盤は収縮分の排水はすぐに行われ，その分鉛直に沈下すればよいが，透水性が低いと土水一体となって図 4.6 のように力のバランスを取るために動くのである．結果として周辺地盤が隆起したり，この動く過程で途中の地盤に何か構造物があればこれも動かしてしまったりする．軟弱地盤とはこのように質の悪いヤツなのである．

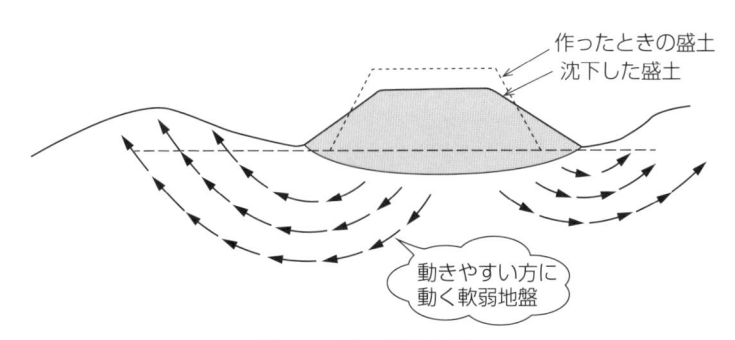

図 4.6　動く軟弱地盤

● 軟弱地盤の定義

軟弱地盤のイメージを工学的に定義すると次の通りである．

軟弱地盤とは，**盛土の基礎地盤として十分な支持力を有しない地盤**で，盛土の設置にともない，**すべり破壊，大きな沈下，周辺地盤に変形が生じる可能性のある地盤**のことをいう．

一般に軟弱地盤は，粘土やシルトのような微細な粒子に富んだ軟らかい土や間隙の大きい高有機質土によって構成されている．これらの土層の性質は，堆積年代が新しいほど，地下水位が高いほど，あるいは上位に堆積した土層の厚さが薄く小さな土被り圧しか受けていない場合ほど，**強度が小さく，圧縮性が高い**ことが多く，**問題の多い軟弱地盤を形成する**．したがって，軟弱地盤の成層や土質は，地形に応じた生成環境によって大きく異なっている．

また，軟弱の程度の評価は相対的なもので，盛土の規模に応じた地盤に作用する荷重，重要度に応じて許容される沈下量，周辺地盤の活用状況に応じた周辺地盤の許容される影響度合いが異なるため，必要とされる地盤強度や沈下特性なども異なる．一般には，**N 値が 4 以下の粘性土は沈下や安定が問題**となる．

なお，このように軟弱地盤とは基本的には粘性土を対象とするが，液状化するような砂層は液状化した場合には軟弱地盤と同様な挙動を示すため，近年は **N 値が 10〜15 以下の砂質土で地震時に液状化の発生**が懸念される層も軟弱地盤の仲間として扱われている．

● 軟弱地盤上の盛土

軟弱地盤上に盛土を設計する場合には，盛土を支える軟弱地盤の特性により，施工中から供用後に至るまで，先述したような問題に対して**盛土の挙動と安定の検討**をしなければならない．軟弱地盤上の盛土であっても 4.1 節で示した性能を満足する必要があり，その観点で設計では，最初に対策工を実施しない盛土を設計し安定性が満足できない場合，あるいは軟弱地盤にともなう通常の施工に支障をきたす場合には，**軟弱地盤対策工を計画する**こととなる．また，対策工を含めて盛土の建設にかかる費用や時間について，他の例えば高架橋などの構造物と比較し，盛土を構築する妥当性についても再検討する必要がある．

ここでは，軟弱地盤上の盛土について，**盛土の沈下，施工時の安定性，周辺地盤へ及ぼす影響，地震時に液状化の発生**が懸念される場合の取扱い，最後に軟弱地盤対策工の基本的な考え方について述べる．

第4章 盛土の設計

●盛土の沈下

盛土にともなう**基礎地盤**の**沈下**として，荷重増加にともないすぐに沈下する**即時沈下**と間隙水の排水にともなって徐々に時間をかけて沈下する**圧密沈下**に分類され，**一次圧密**と**二次圧密**に分けられる．

これらのうち，「一次圧密」については本シリーズ『地盤工学』に理論を含めて詳しく述べられているので，ここでは盛土にともなう**地中の増加応力**，**即時沈下**，**二次圧密の評価方法**について述べる．

（1）盛土にともなう基礎地盤の増加応力

盛土にともなう地盤内の鉛直応力の増分 Δp は，基礎地盤を構成する各層の中央深度におけるものとして，通常の台形帯状盛土では図 4.7 から鉛直応力への影響値 I を求め，式（4.7）から推定する．

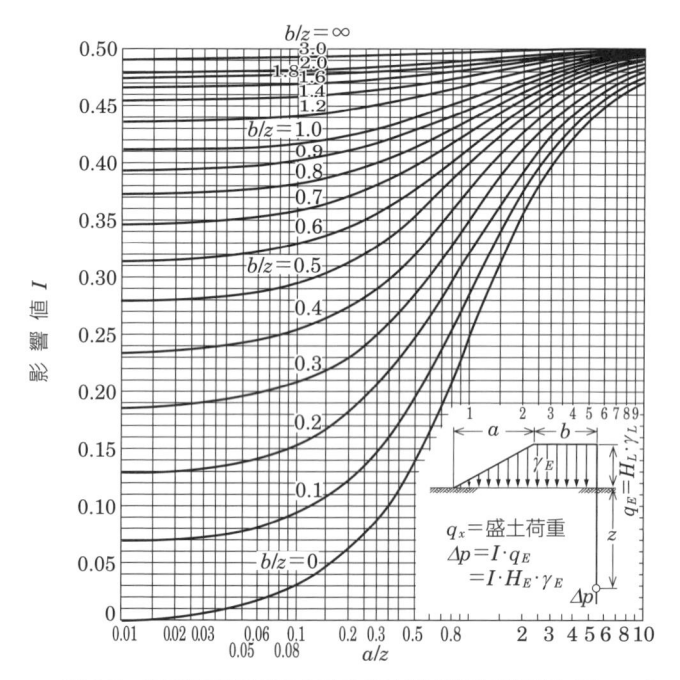

図 4.7 台形帯状荷重による地盤内鉛直応力影響値（Osterberg）
（出典：『道路土工軟弱地盤対策工指針』2012/08）

$$\Delta p = I \cdot q_E = I \cdot \gamma_E \cdot H_E \tag{4.7}$$

ここに，Δp：盛土荷重による地盤内の鉛直応力の増分（kN/m²），q_E：盛土荷

重（kN/m²），H_E：盛土高さ（m），γ_E：盛土の単位体積重量（kN/m³），I：影響値（左右の盛土ごとにそれぞれ図 4.7 を用いて影響値 I_1，I_2 を求め，$I = I_1 + I_2$ とする）．

(2) 即時沈下量

即時沈下は，**粘性土層と砂質土層のそれぞれで生じる**．

粘性土層の即時沈下量を簡便かつ正確に計算する方法確立されていないが，式 (4.8) と**図 4.8** に示す盛土中央部に生じる即時沈下量の概略値を推定する方法がよく用いられている．一方，砂質土についても確立された推定式はなく，**図 4.9** から間隙比の変化により便宜的に推定する方法がよく用いられている．

$$S_i = \frac{q_E \cdot B_m}{E} \cdot n \tag{4.8}$$

ここに，S_i：即時沈下量（m），B_m：載荷幅（m），n：**図 4.10** から求まる係数，E：軟弱層の平均変形係数（kN/m²）で変形係数は一軸圧縮試験などから求まる E_{50} を用いることが多い．

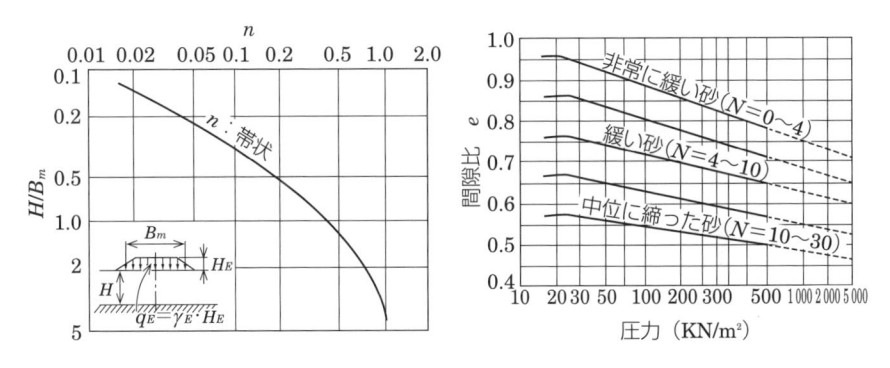

図 4.8 H/B_m と係数 n の値　　**図 4.9** 砂の圧力−間隙比曲線
（いずれも出典：『道路土工軟弱地盤対策工指針』2012/08）

(3) 二次圧密沈下量

二次圧密とは，間隙水の排水にともなう土の圧縮である「一次圧密」に対し，**土の骨格自体が変形する沈下**であり，実は一次圧密の発生時にも生じているものであるが，一次圧密と二次圧密を厳密に分類することは困難である．しかしそれでは実構造物を計画・設計することはできないため，実務上において，式 (4.9) と (4.10) から盛土完了以降の一定荷重下で生じる**二次圧密による沈下量**を便宜的に算出することが多い．

$$\Delta S = \beta \cdot \log(t_1/t_0) \tag{4.9}$$

$$\beta = 0.0001 \cdot w_n \cdot H \tag{4.10}$$

ここに，ΔS：時間 t_0 から t_1 までの二次圧密沈下量（cm），β：二次圧密沈下速度（cm/log$t$），t_0：盛土開始から二次圧密計算開始日までの日数（日），t_1：盛土開始から二次圧密計算終了日までの日数（日），w_n：軟弱層の平均自然含水比（％），H：対象層厚（m）．

これら**即時沈下量，一次圧密沈下量，および二次圧密沈下量の合計が軟弱地盤の検討対象となる沈下量**であり，沈下量そのものと沈下のために要する時間が問題となる．道路盛土の場合，供用後の沈下量を可能な限り小さいものとする必要があり，本舗装をどの時点で実施できるかなど，道路整備計画に応じて沈下が問題となる場合には，このための対策について計画する必要がある．

なお，沈下量と沈下時間との関係は，施工時の安定にも大きく影響する．

●施工時の安定性

軟弱地盤上に盛土を施工する際，軟弱地盤のせん断強度が小さいことから，**施工中に安定を失い崩壊することがある**．この際の基本的な対策は，**盛土の緩速施工**である．「緩速施工」とは，**土は圧密沈下にともなって強度増加することから**，この特性を用いて**ゆっくり盛土する**ことで，強度増加を期待しつつ盛土途中で破壊しないように所定の高さまで盛り立てることをいう．すなわち，軟弱地盤上の盛土の設計では，施工速度と圧密にともなう**強度増加から盛土の安定性を評価**し，**盛土の施工速度を設定しなければならない**．

●緩速施工の計画

「盛土の安定」は 4.2 節で述べた方法で行い，圧密にともなう非排水せん断強度の増加は基礎地盤の状況に応じて，**原地盤の初期状態が正規圧密状態である場合**（$p_0 = p'_c$）には式（4.11），**盛土荷重により正規圧密状態になる場合**（$p_0 + \Delta p > p'_c$）には式（4.12），**盛土荷重の載荷後も過圧密状態の場合**（$p_0 + \Delta p \leq p'_c$）には式（4.13）によりそれぞれ推定する．

$$c_u = c_{u0} + m \cdot \Delta p \cdot U \tag{4.11}$$

$$c_u = c_{u0} + m \cdot (p_0 - p'_c + \Delta p) \cdot U \tag{4.12}$$

$$c_u = c_{u0} \tag{4.13}$$

ここに，c_u：非排水せん断強さ（kN/m^2），c_{u0}：盛土前の原地盤における非排水せん断強さ（kN/m^2），m：強度増加率（無次元）で**図 4.10** に示す概念より

CU 試験等から求める，p_0：すべり面に関わる土層の盛土前の鉛直有効応力（kN/m²），p'_c：先行圧密応力（kN/m²），U：すべり面に関わる圧密度．

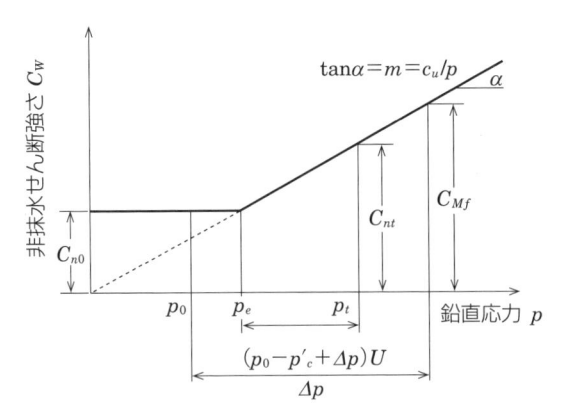

図 4.10　圧密による強度増加を考慮したせん断強さの概念（盛土荷重により正規圧密状態になる場合）
（出典：『道路土工軟弱地盤対策工指針』2012/08）

なお，本来圧密にともなう強度増加は有効応力の増加によるものであるが，ここでは設計でよく用いられる方法として，全応力解析を行う場合の粘着力で評価する便宜上の評価方法を示した．

また，具体的な緩速施工の計画では，**盛土の 1 回の巻出し厚さは一般に 0.3 m** であるため，例えば **3 cm/ 日の緩速施工**では，「**1.2 m 盛土した後 40 日放置する**」といったように行う．

●周辺地盤へ及ぼす影響

軟弱地盤上に盛土する場合には，盛土自体の変形ばかりでなく，盛土の変形にともなって**周辺地盤の変形も大きくなる**ことから，盛土の施工にともなう周辺地盤の変形についても考慮して設計しなければならない．

この際の限界状態は，周辺の土地の活用状況によって異なるため，施設や土地活用の機能の確保のために許容される変状が限界状態となる．ただし，経済性を考慮した上で，借地等が可能で対象機能が一次的に喪失しても，復旧が可能である場合は検討を省略する場合がある．

第 4 章 盛土の設計

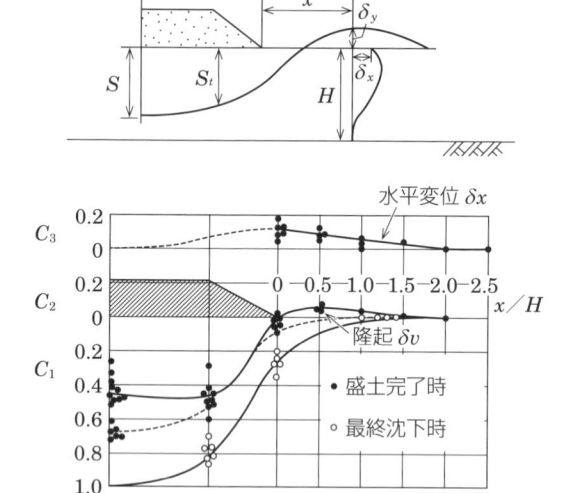

図 4.11 盛土の沈下形状と側方への影響（高速道路，一般国道）
（出典：『道路土工軟弱地盤対策工指針』2012/08）

●周辺地盤の変状予測手法

盛土にともなう周辺地盤の変状を予測する手法としては，FEM 解析などの数値解析から経験値に基づく簡易な方法まで色々とあり，周辺施設の管理者と協議の上で決定しなければならない．ここでは，比較的簡易でこれまでも多く用いられてきた経験値に基づく方法を紹介する．

この方法は，これまでの高速道路や一般国道における盛土中央における最終の全沈下量と周辺地盤の変形との関係を示す図 4.11 から，対象となる盛土中央部の最終前沈下量の予測から式 (4.14) を用いて周辺地盤の変状を推定する．

$$\left.\begin{array}{ll}\text{沈下量：} & S_t = C_1 \cdot S \\ \text{側方地盤隆起量：} & \delta_t = C_1 \cdot S \\ \text{側方地盤水平移動量：} & \delta_x = C_2 \cdot S\end{array}\right\} \quad (4.14)$$

ここに，C_1，C_2：図 4.11 による係数，S：盛土中央部における最終全沈下量 (m)，H：軟弱層厚 (m)，x：盛土からの水平距離 (m)．

●地震時に液状化の発生が懸念される場合の取扱い

地震時に液状化の発生が懸念される場合には，液状化するかどうかの判定を行

い，「液状化する」と考えられた場合には地盤の物性値を低減し，地震時の安定照査に反映しなければならない．この際の液状化判定方法や判定結果にともなう地盤物性値の低減は，3.5 節を参照する．

●軟弱地盤対策工の基本的な考え方

軟弱地盤対策工には，沈下の促進・抑制，安定の確保，周辺地盤の変形の抑制，液状化による被害の抑制，トラフィカビリティの確保といったように，目的に応じて種々の工法がある．したがって，軟弱地盤上の盛土の検討結果により，軟弱地盤対策を必要とする理由や目的を十分に踏まえた上で，軟弱地盤の性質を適格に把握し，道路条件・施工条件，対策工法の原理，対策効果，施工方法，周辺に及ぼす影響，そして経済性等を総合的に検討して選定する必要がある．

ここでは，**対策の目的に応じた対策の考え方と代表的な対策工について**示す．なお，紙面の都合上，個別の工法については解説しないが，大量の工法の解説がインターネット等に掲載されているので，必要に応じて参照するとよい．

(1) 沈下の促進

沈下を促進する工法としては，**図 4.12** に示すように軟弱土層中に適切な間隔で鉛直方向に砂などの排水性の高い**ドレーン材**を設置し，水平方向の圧密排水距離を短縮して圧密を促進する工法がよく用いられる．

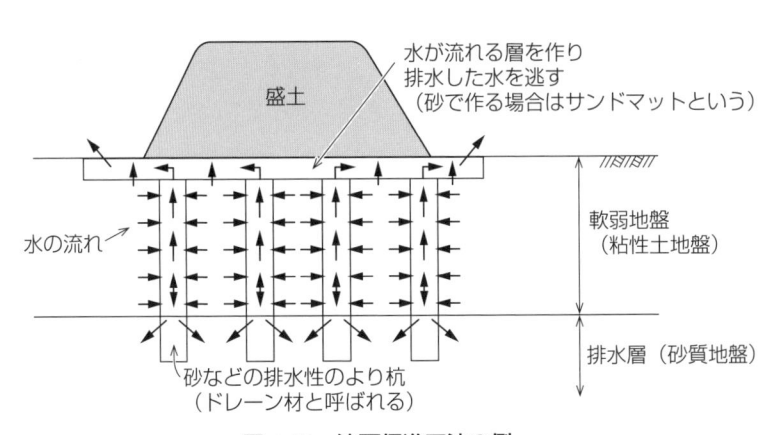

図 4.12 沈下促進工法の例

（2）沈下の抑制

　沈下を抑制する工法としては，**図4.13**に示すように盛土の荷重を締め固めた砂杭やセメント系の杭で支えて軟弱層の下の層で支持する工法や，盛土材量に軽量な材用を用いて盛土荷重そのものを小さくするといった工法が用いられることが多い．また，軟弱地盤が薄い場合には，良質土と置き換える置換工法などが用いられることもある．

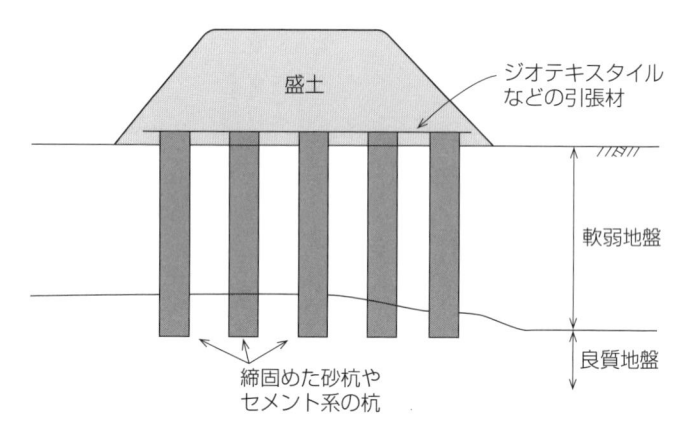

図4.13　沈下抑制工法の例

（3）安定確保

　安定を確保する工法としては，施工中に圧密を促進させて軟弱地盤の強度増加を促す盛土の**緩速施工**が基本である．ただし，それでも安定を保てない場合には，**図4.13**で示した沈下抑制工法で用いる締め固めた砂杭やセメント系の杭により，軟弱地盤のせん断抵抗を増加するなどの工法を沈下抑制とともに用いることがある．

（4）周辺地盤の変形抑制

　周辺地盤の変形の抑制においては，**応力を遮断する工法**と**応力を軽減する工法**とに分類される．「応力を遮断する工法」とは，**図4.14**に示すように盛土のり先に矢板やセメント系の杭で応力が周辺地盤へ伝達するのを遮断する壁とする工法が用いられる場合が多い．「応力を軽減する工法」とは，沈下を抑制する工法と同様に，盛土荷重を軟弱でない地盤へ受け替えたり，盛土荷重を軽減する工法などが用いられる．

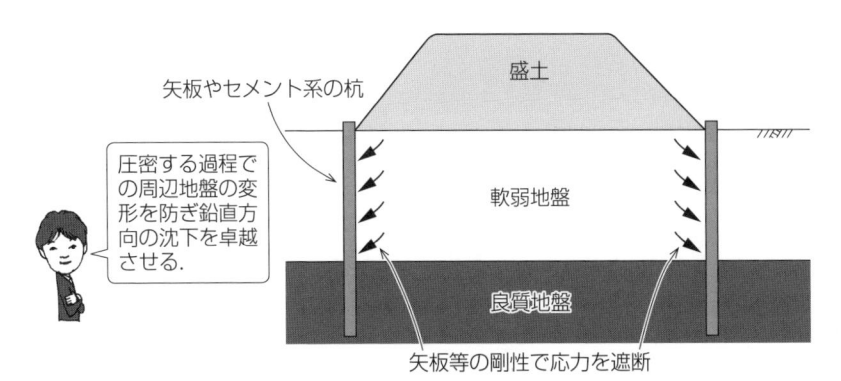

図 4.14 応力遮断工法の例

(5) 液状化被害の抑制

液状化による被害を抑制する工法は，**液状化発生を抑制する工法**と**液状化発生後の変形を抑制する工法**とに大別される．

「液状化発生を抑制する工法」は，3.5 節で示した液状化が発生する原理から，「土の密度を増加させて動的せん断強度を増加させる工法」，「地下水位の低下等により液状化懸念層の有効応力を増加させる工法」，「排水性の非常に高い礫材を用いたドレーンの設置により過剰間隙水圧を消散させる工法」などがある．

「液状化発生後の変形を抑制する工法」としては，杭により盛土荷重を受け替えたり，盛土のり先に矢板等の壁を設置してせん断変形を抑制するなどの工法がある．

(6) トラフィカビリティの確保

トラフィカビリティとは，**軟弱地盤上の施工機械の通行性や作業性**のことをいう．これを確保する工法としては，使用する施工機械に応じて異なるが，「表層の排水により良質化する工法」，「必要な厚さの砂を敷設するサンドマット工法」，「表層のみセメント系材料と混合し改良を行う表層混合処理工法」などがよく用いられている．

4.4節 盛土擁壁の設計

Point!
①盛土擁壁（直接基礎）の安定は，滑動，転倒，支持力で照査する．
②支持力照査は一般照査と簡易照査があり，擁壁の規模に応じて使い分ける．

盛土を構成する擁壁は，盛土に求められる性能を満足するように設計しなければならない．具体的には，対象とする各設計状況において，盛土と擁壁の状態が設計状況に応じた**各限界状態を超えないことを照査**し，これを満足することで所定の性能を満足するものとみなす．本節では，これらのうち**コンクリート擁壁の設計**に関するものを抜粋して解説する．

●設計状況

コンクリート擁壁の設計では，同時に作用する可能性が高い荷重のうち，擁壁に最も不利となる条件を考慮して擁壁の挙動を推定する．**表4.9**に道路盛土の擁壁を設計する場合の一般的な荷重の組合せの例を示す．ここで，個別の荷重は2.3節の設計荷重を参照する．

表4.9 荷重の組合せの例

設計状況		荷重の組合せ
常時の作用	供用時	自重＋載荷重＋土圧（＋その他の荷重）※
		自重＋土圧（＋その他の荷重）※
降雨の作用	供用時	自重＋土圧＋降雨の影響
地震の作用	レベル1地震時	自重＋土圧＋地震の影響
	レベル2地震時	自重＋土圧＋地震の影響

※必要に応じて，水圧・浮力，風荷重，雪荷重，衝突荷重などのその他の荷重を考慮する．

●性能1の照査

性能1の照査では，直接基礎の場合には土圧や地震時の慣性力などにより前にすべろうとする**滑動**，倒れようとする**転倒**，擁壁底面の地盤が破壊する**支持力破壊**といった擁壁自体の安定照査とともに，断面計算におけるコンクリートや鉄筋の応力が所定の限界値を満足することにより，性能1を満足するものとみな

3.5節　基礎の設計

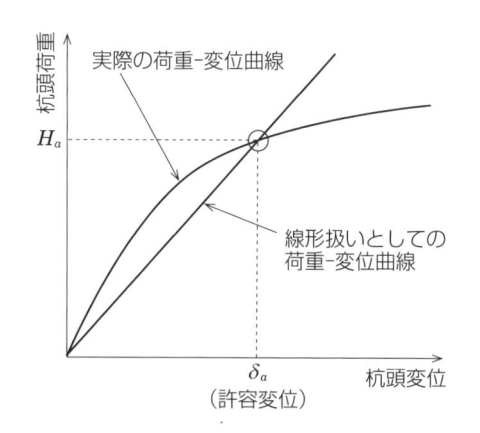

図 3.27　実際と設計上の荷重 – 変位関係の仮定

(3) 杭体の断面設計

杭体の断面照査は，図 3.25 のモデルから得られた曲げモーメントやせん断力に対し，それぞれ降伏やせん断耐力に安全率を考慮した，許容応力度や許容せん断力を超えないことを照査する．

●地震時に液状化の発生が懸念される場合の地盤の取扱い

地震時に液状化の発生が懸念される場合には，液状化するかどうかの判定を行い，液状化すると考えられた場合には地盤の物性値を低減し，地震時の安定照査に反映しなければならない．

(1) 液状化とは

地盤が液状化するとは，図 3.28 に示すように，**緩い飽和**した**砂質土層**が地震の繰返し作用を受けた場合に，**地震時のせん断力**により**体積変化**を起こそうとするが，体積変化するためには**土粒子間の水が排水**される必要があるのに対し，この排水が間に合わない場合にこれが**過剰間隙水圧**として**土粒子に載荷**され，**過剰間隙水圧が有効上載圧と同じ大きさ**となった場合に**各土粒子がばらばらに水に浮くような状態**となることをいう．

ここで**緩い飽和**したというのが，地震時に液状化する重要な条件である．例えば缶に入った緩詰のコーヒー豆を揺すると，コーヒー豆の高さが減少する．これは図 3.28 に示すようにコーヒー豆間の**空隙が減る**ためであり，これが**体積変化**である．この際の体積変化を**ダイレタンシー**といい，体積が減ることを**マイナスのダイレタンシー**という．

次に，例えば缶の中が水で満たされている場合，空隙が減るためにはこの分の水が排水されなければならない．この際，水がすんなりと排水されると問題ないが，そうでなければコーヒー豆に排水のための圧力がかかる．これは，水鉄砲を撃つときに，ゆっくりと銃爪を引けば指にはあまり力がかからないが，水を遠くに飛ばそうとして急に銃爪を引くためには指に強い力が必要となる．これと同じである．すなわち，ある排水性を持ったものからより早く排水させようとした場合，このための圧力が周辺のコーヒー豆（土粒子）に載荷されるのである．

ここで，排水の際のもともと土粒子にかかっていた水圧よりも大きい水圧分を**過剰間隙水圧**という．この過剰間隙水圧がもともと土粒子を押さえつけていた力以上になろうとすると，土粒子は水の中に**浮いた状態**となり，これが**液状化**で土粒子間が離れてしまうので地盤の支持力が失われ，それまで地盤に支持されていたものは大きな被害を受けるのである．

以上，緩くなければマイナスのダイレタンシーは発生しないし，飽和されていなければ過剰間隙水圧も発生しないので，**緩く飽和した**というのが**液状化の重要な条件**となる．

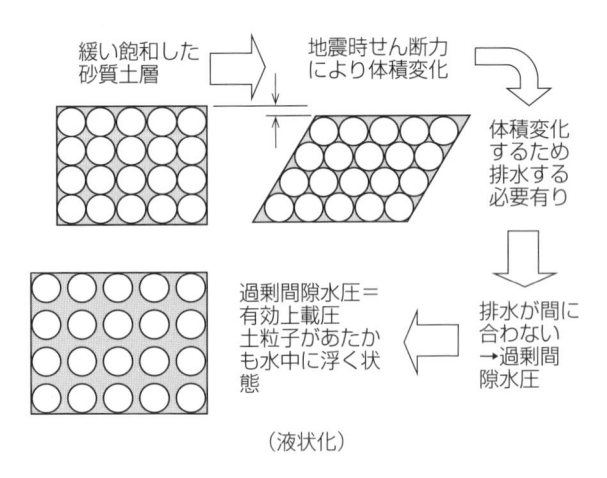

図 3.28 液状化発生のメカニズム

(2) 液状化の判定を行う地盤

先の液状化発生のメカニズムに基づき，次の3条件すべてに該当する基礎地盤に構造物を計画する場合には，地震時に構造物の安定に影響を及ぼす液状化が発生する可能性があるので，液状化判定を実施する．

① 地下水位が地表面から 10 m 以内にあり，かつ地表面から 20 m 以内の深さに存在する飽和土層.
② 細粒分含有率 F_c が 35 % 以下の土層，または F_c が 35 % を超えても塑性指数 I_p が 15 以下の土層.
③ 平均粒径 D_{50} が 10 mm 以下で，かつ 10 % 粒径 D_{10} が 1 mm 以下の土層.

ここで，①で 20 m の深さを上限としているのは，液状化するためには過剰間隙水圧が有効応力と等価になるまで上昇する必要があるが，深くなるほど有効応力は大きくなるため，その限界が深さ 20 m 程度であることから設定されている.

次に②の細粒分の含有率については，細粒分の多い土，すなわち粘性土には土粒子接触による抵抗特性の他に電気化学的な吸着力（粘着力）があるため，液状化しにくいことが確認されており，この結果を反映したものである．また，粘性土であっても塑性指数の小さいものはすぐに液体状になることから，この規定を設けている．最後に③の平均粒径や 10 % 粒形については，排水性のことであり，過剰間隙水圧の発生しやすさの観点から規定されている.

(3) 液状化判定

液状化判定は，式 (3.15) において，**液状化低効率 F_L が 1.0 以下の場合に**，その土層は「**地震時に液状化するもの**」としている.

なお，ここでの F_L は，対象地震動に対する地盤応答解析から地震時せん断応力を推定し，繰返し三軸試験などの室内試験から土層の動的せん断強度を推定して判定するのが基本だが，標準貫入試験の N 値を用いて簡易に判定する手法が設計でよく用いられており，付録の付式 (1)～(9) にこの推定式を示す.

$$F_L = R/L \tag{3.15}$$

ここに，F_L：液状化低効率，R：動的せん断強度比で簡易的には付式 (1) から設定する，L：地震時せん断強度比で簡易的には付式 (2) から設定する.

(4) 地盤が液状化すると判定された場合の地盤の物性値の低減

ここで「地震時に液状化する」と判定された土層は，土層の強度定数や変形係数に F_L 値に応じた**表 3.6** に示す低減係数 (D_E) を乗じて低減し，地震時の安定照査を実施する.

第3章 橋の設計

表 3.6 地盤の物性値の低減係数（D_E）

F_L の範囲	地表面からの深度 x（m）	動的せん断強度比 $R \leq 0.3$	動的せん断強度比 $0.3 < R$
$F_L \leq 1/3$	$0 \leq x \leq 10$	0	1/6
$F_L \leq 1/3$	$10 < x \leq 20$	1/3	1/3
$1/3 < F_L \leq 2/3$	$0 \leq x \leq 10$	1/3	2/3
$1/3 < F_L \leq 2/3$	$10 < x \leq 20$	2/3	2/3
$2/3 < F_L \leq 1$	$0 \leq x \leq 10$	2/3	1
$2/3 < F_L \leq 1$	$10 < x \leq 20$	1	1

● 固有周期を算出する際の基礎の変位を推定するモデル

橋脚や橋台の固有周期を推定する際の基礎の変位やフーチングの回転角の算定にあたっても，図 3.25 に示すモデルから固有周期の推定上の荷重を載荷して求める．

ただし，この際の地盤の抵抗を評価するバネは，せん断弾性波速度から推定した動的変形係数を用いて，付式（10）～（20）から算出する．

【3.2】1 本の杭の許容押込み支持力の算出

下図に示すような径 1.0 m の場所打ち杭の地震時許容押込み支持力を算出せよ．

杭の断面積 $(A) = 0.785\,\mathrm{m}^2$，杭の周長 $(U) = 3.14\,\mathrm{m}$，杭に置き換えられる土の重量 $(W_s) = 0.785 \times 11 \times 18 = 155.43\,\mathrm{kN}$，杭の重量 $(W) = 0.785 \times 11 \times 24.5 = 211.56\,\mathrm{kN}$ より

極限支持力（kN）

$$R_u = q_d A + \sum L_i f_i = 3000 \times 0.785 + 3.14 \times 10 \times 50 = 3925$$

許容支持力（kN）

$$R_a = (\gamma/n)(R_u W_s) + W_s - W = (1/2)(3925 - 155.43) + (155.43 - 211.56) \cong 1829$$

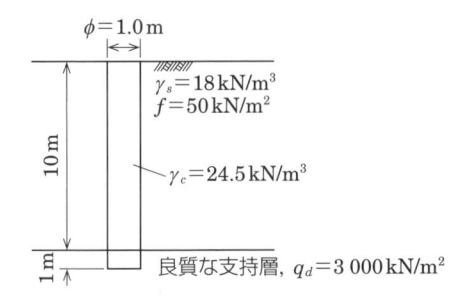

$\phi = 1.0\,\mathrm{m}$
$\gamma_s = 18\,\mathrm{kN/m}^3$
$f = 50\,\mathrm{kN/m}^2$
10 m
$\gamma_c = 24.5\,\mathrm{kN/m}^3$
1 m
良質な支持層，$q_d = 3\,000\,\mathrm{kN/m}^2$

"世界で最も美しい橋?"

こちら側とあちら側を結ぶ橋．橋は人と物の移動をスムーズにし，社会の繁栄や文明・文化の発達に貢献してきたといえる．また，橋はそんな実用的な意味だけではなく，未来の希望へと誘う橋として，一瞬で過去に引き戻してくれる想い出の風景として，あるいは愛する人との架け橋としてなど…とにかくそこにロマンと美しさを求める人も多いのだ．

そして美しさというとデコレーション（装飾）を思い浮かべる人もいるかもしれないが，そうではない．**構造的に合理的なものは美しい**と思っている技術者は私だけではないはずである．

「世界で最も美しい橋」として呼び声の高いフランスのミヨー橋を下図に示す．この構造的な美しさを見て欲しい．無駄なものは一切なく，最も橋として合理的なものとなるようこの形態（斜張橋）が選択され，橋の支間，ケーブル，構造寸法が計算され，そしてこの美しい橋が実現しているのである．これまで，地震国であるわが国ではこのプロポーションの橋を作ることはできなかったが，近年の橋梁技術者の技術開発により例えば武庫川橋（NEXCO西日本）のように美しい橋が実現しつつある．完成した際にはぜひとも見に行ってほしい．

ミヨー橋（フランス）
(提供：春日昭夫［写真家，三井住友建設株式会社］)

第4章

盛土の設計

本章では，土木構造物のうち代表的な土構造物である盛土の設計法について解説する．「盛土に求められる性能とは何か」，「その性能を満足するためにどんな検討を行うか」など，土だけで構築する盛土，軟弱地盤上の盛土，擁壁などを用いた盛土などの設計について学習する．

オレ
盛土なしじゃ
始まらないぜ

4.1節 どんな盛土を設計するのか

Point!
①状況に応じてどんな盛土の状態を想定して設計するのかをまず決める．
②次に①を満足するとみなす限界状態を設定する．

盛土の設計も橋梁と同じように，設計者は「**どんな盛土を作るのか**」をまず認識し，これを満足する設計を目指さなければならない．本節では，このための盛土に求められる性能と，性能を満足していることを照査するための限界状態について解説する．

盛土の要求性能

「どんな盛土を作るのか」は技術的な表現として**盛土に求められる性能**と呼ばれ，構造物の管理者が国民や地方の住人に代行して決めている．設計者は管理者が決める性能を最初に認識し，これを満足する盛土を設計しなければならない．2.2節に述べた通り，土木構造物に求められる性能は色々あるが，ここでは土木構造物に求められる耐荷性能に着目した盛土の設計について解説する．

盛土に求められる耐荷性能は，荷重と降雨にともなう作用の設計状況（荷重や作用の組合せ）に応じて，どんな盛土の状態を想定して設計するかで決められる．**道路盛土**の場合には，**表 4.1**，**4.2** に示すように規定されている．

表 4.1　設計状況と要求性能（耐荷性能）

設計状況 （荷重や作用の組合せ）		性能1	性能2	性能3
常　時		○		
降雨時		○		
レベル1地震時	重要な盛土	○		
	普通の盛土		○	
レベル2地震時	重要な盛土		○	
	普通の盛土			○

表 4.2　性能の観点（耐荷性能）

耐震性能	安全性	使用性	修復性
性能1：健全性を損なわない性能	人命を損失するような変状を起こさない	通常の通行性を確保	通常の維持管理程度の補修
性能2：損傷が限定的で，機能回復が速やかに行いうる性能	人命を損失するような変状を起こさない	機能回復が速やかに可能	応急復旧で機能回復
性能3：損傷が致命的とならない性能	人命を損失するような変状を起こさない	—	—

● 性能の内容

表 4.1 に示す通り，道路盛土の場合には3つの性能が用意されており，これらの性能は以下の観点から設定されている．

(1) 性能1

性能1とは，盛土としての健全性を損なわない性能であり，盛土が崩壊しない（安全性）ことはもちろん，通常に通行することが可能（使用性）で，特別な修復も必要ない（修復性）盛土の状態を確保するものである．

ただし，土構造物の場合には長期的な沈下や変形，降雨や地震による軽微な変形を全く許容しないことは現実的ではない．そこでここでは，通常の維持管理程度の補修で盛土の機能を確保できることを意図した状態を想定している．

(2) 性能2

性能2とは，盛土に損傷が発生することを許容するが，盛土が崩壊することはなく（安全性），盛土上の通行が応急復旧程度の作業により可能（修復性）で，すなわちこの性能では盛土上の通行を速やかに回復できる（使用性）ことを意図した状態を想定している．

(3) 性能3

性能3とは，性能2と同様に盛土の損傷を許容するが，盛土が崩壊しないこと（安全性）のみを満足し，盛土には大きな変状が生じても，盛土の崩壊等により人命を損失したり隣接する施設等に致命的な影響を与えないことを意図した状態を想定している．すなわち，盛土は崩壊しないが，盛土上の通行を確保するためには時間を有することを許容している性能である．

● 設計状況に応じた性能の選択

　盛土そのものは土構造物であるとともに，普通はもともとあった地盤の上にそのまま盛り上げることが多いため，基礎を用いてコンクリートや鋼で作った構造物と異なり，損傷しないといっても**作った状態から全く変わらないということではない**．そこで，設計状況に応じた性能を考える場合には，盛土の具体的な状況とこのときの状態を想定して性能を選択・設定する必要がある．

　道路盛土における設計状況に応じた性能は，以下の観点から選択されている．

(1) 常時の作用による盛土の性能

　盛土の構築中や構築直後においては，盛土そのものや照明やガードレールといった付帯構造物等の荷重により，盛土および基礎地盤に損傷が生じず**安定している必要がある**．また供用中には，時間の経過とともに基礎地盤あるいは盛土自体の圧縮（圧密）変形が生じるが，これにより通行性といった使用性に支障を与えることを防止する必要がある．このため，常時の作用に対しては**盛土の重要度にかかわらず「性能1」を要求している**．

　また，**基礎地盤が軟弱な場合**でも，計画的な補修によりその影響を軽減することが可能なため，**同様に性能1が要求される**．

　したがって性能1といっても，設計時点であらかじめ想定されるような供用後の盛土の沈下やこのための計画的な補修は織り込み済みの性能1であることに留意する．

(2) 降雨の作用による盛土の性能

　想定する降雨の作用により，盛土のり面にガリ侵食（雨水が直接土を削り取ること）や浅い崩壊が生じることはある程度許容されるが，大きなすべり崩壊により使用性に支障を与えることを防止するため，**盛土の重要度にかかわらず性能1を要求している**．

　ここでも降雨によるのり面のガリ侵食や浅い崩壊は許容し，通行に支障をきたす，すなわち路面に影響するような大きな盛土の部分的な崩壊を防ぐことを性能1としている．

(3) 地震の作用による盛土の性能

　膨大なストックを有する土構造物の耐震化対策には相当のコストを要することを考慮し，**地震の大きさと重要度に応じて性能1～3を要求している**．重要な盛土のレベル2地震時に「性能2」を規定しているが，これは一般に盛土は橋梁・トンネル等の他の道路構造物と比較して**修復性に優れるものの**，山地部の高

4.1節　どんな盛土を設計するのか

盛土等早期復旧が困難な盛土や緊急輸送路で迂回が困難な盛土では，**損傷を早期の復旧が可能な範囲にとどめておく必要があるためである**．

　ここで，盛土が他の橋梁等の構造物と比較して「修復性に優れる」とは，盛土が完全に崩壊している（安全性も満足しない）場合を除いて，もともと土を盛り上げた構造物なので，修復する場合にも土を運搬し盛り足すことで**比較的容易に補修できるためである**．また，地震後の応急復旧においても，多少の段差の発生に対して舗装を上乗せ（オーバーレイ）する程度のことで緊急車両を通行させたりすることもできる．

　このような修復性のもとで，性能2や3で対象としている損傷とは，路面にまで影響し通行に支障をきたすような比較的大きな部分崩壊を対象としている．したがってこれらの性能の違いは，**地震後に発生する段差量と応急復旧に要する時間から設定される**．

　なお，**重要な盛土**とは，損傷した場合に**交通機能に著しい影響を及ぼす**，災害時の緊急輸送路に指定されている，あるいは**隣接する施設に重大な影響を及ぼす盛土**である．重要な盛土以外を普通の盛土として扱う．

●性能を満足する限界状態

(1) 盛土

　盛土は，**基礎地盤や盛土の構成要素の限界状態を超えないことを確認することにより**，盛土の性能が満足するものとみなす．**表4.3**に道路盛土におけるそれぞれの性能に対する構成要素の限界状態と一般的な照査項目について示す．

　ここで，性能2や3の照査の対象となる限界状態の変形量は，盛土の特性によって異なるため，盛土の構造形状，想定される被災パターンと修復の難易，立地条件と周辺の影響，道路の社会的役割等を総合的に勘案し，対象盛土ごとに設定する．ただし，道路の一例として，性能2の応急復旧による緊急車両の通行が可能な路面の変形量が20 cm，安全性の限界状態ともなる性能3の限界状態の変形量は60 cm程度が提案されているものもあり，これらをイメージするとわかりやすい．

　なお，これまでは道路の盛土について述べたが，鉄道ではこんなに変形しては列車が脱線してしまうため，より厳しい限界状態が対象とされることは容易に想像することができる．したがって，構造物の要求性能とその限界状態は構造物の使用目的によって異なることを改めて留意していただきたい．

表 4.3 盛土の要求性能に対する構成要素の限界状態と一般的な照査項目（道路盛土）

性　能	構成要素	限界状態と一般的な照査項目
性能 1	基礎地盤	限界状態：基礎地盤の力学特性に大きな変化が生じず，盛土や路面から要求される変位にとどまる限界の状態 照査項目：円弧すべり安定計算での安全率
	盛　土	限界状態：盛土の力学特性に大きな変化が生じず，路面から要求される変位にとどまる限界の状態 照査項目：円弧すべり安定計算での安全率
性能 2	基礎地盤	限界状態：復旧に支障となるような過大な変形や損傷が生じない限界の状態 照査項目：ニューマーク法などから得られる変形量
	盛　土	限界状態：損傷の修復を容易に行いうる限界の状態 照査項目：ニューマーク法などから得られる変形量
性能 3	基礎地盤	限界状態：隣接する施設へ甚大な影響を与えるような過大な変形や損傷が生じない限界の状態 照査項目：ニューマーク法などから得られる変形量
	盛　土	限界状態：隣接する施設へ甚大な影響を与えるような過大な変形や損傷が生じない限界の状態 照査項目：ニューマーク法などから得られる変形量

(2) 擁壁を用いる場合の道路盛土

擁壁を用いる場合の道路盛土は，表 4.4 に示す擁壁と盛土の構成要素が限界状態を超えないことを確認することにより，盛土の性能が満足するものとみなす．

ここで重要なことは，**擁壁は盛土を構成する一部**であり，擁壁としての限界状態を示しているが，擁壁が対象限界状態を満足していたとしても，盛土そのものが限界状態（性能）を満足しないのでは意味はない．

このため，擁壁の設計にあたっては擁壁だけでなく，盛土の性能を絶えず念頭に置いて設計することが重要となる．

4.1節　どんな盛土を設計するのか

表 4.4　盛土の要求性能に対する構成要素の限界状態と一般的な照査項目（擁壁）

性能	構成要素	限界状態と一般的な照査項目
性能1	擁壁, 基礎地盤, 背面盛土	限界状態：擁壁が安定であるとともに, 基礎地盤および背面盛土の力学特性に大きな変化が生じず, かつ, 擁壁を構成する部材および道路から要求される変位にとどまる限界の状態 照査項目：擁壁の安定照査による安全率
	擁壁部材	限界状態：力学特性が弾性域を超えない限界の状態 照査項目：断面力照査による応力度
性能2	擁壁, 基礎地盤, 背面盛土	限界状態：復旧に支障となるような過大な変形や損傷が生じない限界の状態 照査項目：動的解析などから得られる変形量
	擁壁部材	限界状態：損傷の修復を容易に行いうる限界の状態 照査項目：断面力照査による応力度や非線形応答解析などから得られる変形量
性能3	擁壁, 基礎地盤, 背面盛土	限界状態：隣接する施設へ甚大な影響を与えるような過大な変形や損傷が生じない限界の状態 照査項目：動的解析などから得られる変形量
	擁壁部材	限界状態：部材の耐力が大きく低下し始める限界の状態 照査項目：断面力照査による応力度や非線形応答解析などから得られる変形量

Column

"盛土の応急復旧"

　盛土は土構造物であるがゆえ, 他の構造物と比較して復旧が容易であることを本文で述べた. 具体的な例を挙げると, 例えば単に路面が陥没した場合には単に簡易舗装だけで, また数十 cm の段差が発生した場合にも必要に応じて土のうを用いた簡易舗装により, 数時間で緊急車両を通行させることができる. 仮に路面まで及ぶ比較的大きな崩壊が発生した場合でも, 下図に示すような復旧により, 2～3 日程度で交通を開放することも可能である.

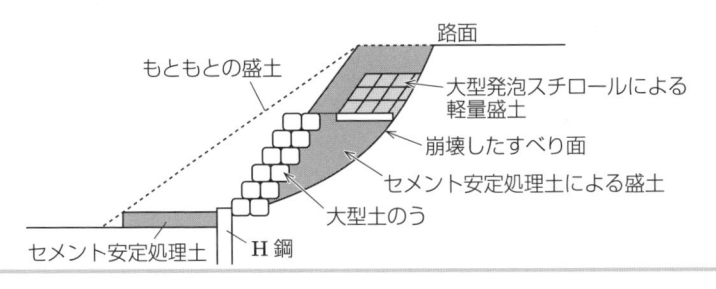

4.2節 盛土の設計

> **Point!**
> ① 円弧すべり安全率が設計状況に応じた所定の値以上あれば大きな変状は起こさないとみなす.
> ② 大規模地震時では，ニューマーク法で盛土の残留変状を推定できる.

地震を想定した設計にはニューマーク法が便利！

盛土は，**求められる性能を満足するように設計しなければならない**．具体的には，対象とする各設計状況において，盛土の状態が設計状況に応じた各限界状態を超えないことを照査し，これを満足することで所定の性能を満足するものとみなす．

●設計状況

盛土の設計では，対象とする設計状況において同時に作用する可能性が高い荷重の組合せのうち，盛土に最も不利となる組合せに対し盛土の挙動を推定する必要がある．**表4.5**に道路盛土の場合の各設計状況に対する荷重の組合せを示す．

ここで，個別の荷重は2.3節の設計荷重を参照する．なお，降雨の影響において，どの程度の降雨を考えればよいかは地域によって異なるため，地域の降雨状況を考慮して適切な値を設定する．

表4.5 荷重の組合せの例

設計状況		荷重の組合せ
常時の作用	施工時	自重（＋載荷重）※
	供用時	自重（＋載荷重）※
降雨の作用	供用時	自重＋降雨の影響
地震の作用	レベル1地震時	自重＋地震の影響
	レベル2地震時	自重＋地震の影響

※載荷重は，盛土への影響や施工条件等を踏まえて必要に応じて考慮する．

●性能1の照査

(1) 照査方法

性能1は，**図4.1**に示す**円弧すべり計算法**により照査する．円弧すべり計算法とは，盛土が崩壊するときに図4.1のように円弧で囲まれた土塊がすべるように

4.2節　盛土の設計

崩壊することが多いことから，これを再現するように考えられた計算方法である．

具体的には，円弧で囲まれた部分を剛体と仮定し円弧上を土塊がすべる力とこれに抵抗する力を比較し，すべる力が抵抗よりも小さければ安定していると判断するもので，その比を**安全率**とする．

これらの力は土塊を図4.1のように細かく分割し，道路盛土の場合には常時や降雨の作用時には式（4.1）を，地震の作用時には地震の影響を考慮するための設計震度を用いた式（4.2）を用いてそれぞれの力と安全率を推定している．なお，円弧すべりの計算では，円弧の中心を試行錯誤して最も小さい安全率が得られる円弧とその安全率が対象盛土の**安全性**とする．

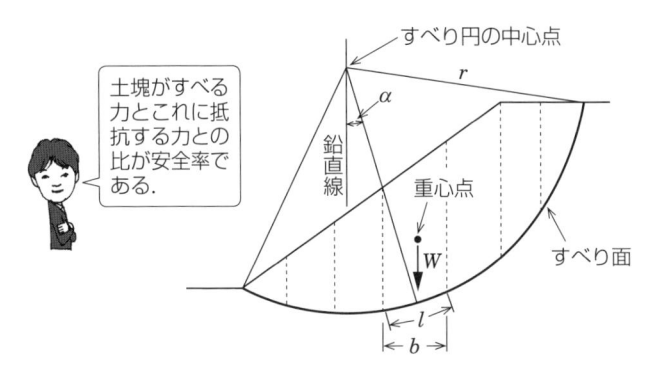

図 4.1　円弧すべり面を用いた安定計算法
（出典：『道路土工盛土指針』2010/04）

$$F_s = \frac{\sum [c \cdot l + (W - u \cdot b)\cos\alpha \cdot \tan\phi]}{\sum (W \cdot \sin\alpha)} \tag{4.1}$$

$$F_s = \frac{\sum [c \cdot l + \{(W - u \cdot b)\cos\alpha - k_h \cdot W \cdot \sin\alpha\}\tan\phi]}{\sum \left(W \cdot \sin\alpha + \dfrac{h}{r} \cdot k_h \cdot W\right)} \tag{4.2}$$

ここに，F_s：安全率, c：土の粘着力（kN/m²）, ϕ：土のせん断抵抗角（度）, l：分割片で切られたすべり面の長さ（m）, W：分割片の全重量（kN/m）で載荷重を含む, u：間隙水圧（kN/m²）, b：分割片の幅（m）, α：分割片で切られたすべり面の中点とすべり面の中心を結ぶ直線と鉛直線のなす角（度）, k_h：設計水平震度で表2.2により推定する, h：各分割片の重心とすべり円の中心との鉛直距離（m）, r：すべり円弧の半径（m）．

円弧すべり計算法を用いた性能1の照査は，**表4.6**に示す各設計状況に応じた所定の安全率を満足することにより，**性能1を満足するものとみなしてよい**と

している．これは，これまでの実績から所定の安全率を満足した盛土が対象となる設計状況において，**性能1で問題となるような変状を発生していないことが確認されている**ためである．

表 4.6　各設計状況に応じた性能1で確保すべき円弧すべり安全率

	常時の作用		降雨の作用	地震の作用
	施工時	供用時		
安全率	1.2 (1.1)※	1.2	1.2	1.0

※盛土材料として含水比の高い細粒土を用いる場合や，軟弱地盤上の盛土で詳細な土質試験を行い適切な動態観測による情報化施工を適用する場合

(2) 土のせん断強さの設定

構造物を設計する際に重要なことの1つとして，構造物の挙動を評価するためには適切に対象構造物を**モデル化**しなければならない．盛土の場合には，盛土形状や周辺地形はもちろんのこと，盛土と基礎地盤のせん断強度を適切に評価できるかどうかが設計に大きく影響を及ぼす．

設計に用いる**土のせん断強さ**は，検討対象時期に応じた土の強度定数を適切なせん断試験を用いて設定する必要がある．例えば，透水性の低い細粒度は破壊するときに非排水状態で破壊するため，非排水強度（土水一体での土のせん断強度）が対象せん断強度となるが，原地盤へ最初に盛り立てるときには原地盤は圧密されていないので**非圧密非排水強度**（UU 試験から得られる強度）が安定計算の対象となる．

一方，ある高さまで一度盛土して一定期間放置し圧密にともなう強度増加を考慮しながらの盛土，すなわち後述する**軟弱地盤**での**緩速施工**を行う場合には，対象圧密を考慮した**圧密非排水強度**（$CU, \overline{CU}$ 試験から得られる強度）が対象となる．

また，透水性の高い粗粒土や不飽和度は，盛土にともない短時間で圧密を終了するとともに排水状態で破壊するため，**圧密排水強度**（CD 試験から得られる強度）を用いて有効応力に基づいた計算をすることが望ましい．これは供用後のある時期での盛土の安定を計算する場合にも同様である．

このように盛土の安定は，施工方法や時期に応じて対象となるせん断強度が異なるため，設計者はどんな状況の盛土の安定性を検討するのかにより，適切なせん断強度を用いる必要がある．

表 4.7 に一般的に行われている土質材料，検討対象時期に応じた土のせん断強

⑤　死荷重＋風荷重
⑥　施工時荷重

　これらのうち，施工荷重を除いた荷重や作用の載荷状況を**図 3.9** に示す．ここで，上部構造の鉛直荷重（死荷重や活荷重）は支承に載荷されるが，上部構造が受ける水平荷重については，**橋軸直角方向では地震による慣性力が上部構造の重心位置，風荷重は上部構造の投影面，橋軸直角方向では地震による慣性力と温度による作用とも支承の位置に載荷される**ことに留意されたい．なお，「施工時荷重」は**施工方法と施工の状態により変化する**ため，施工計画において実態を考慮して各橋梁ごとに検討することとし，ここでは特に触れない．

　なお，活荷重の衝撃の影響は，支承や RC 橋脚のはりの設計には考慮するが，それ以外の下部構造の設計では考慮しない．

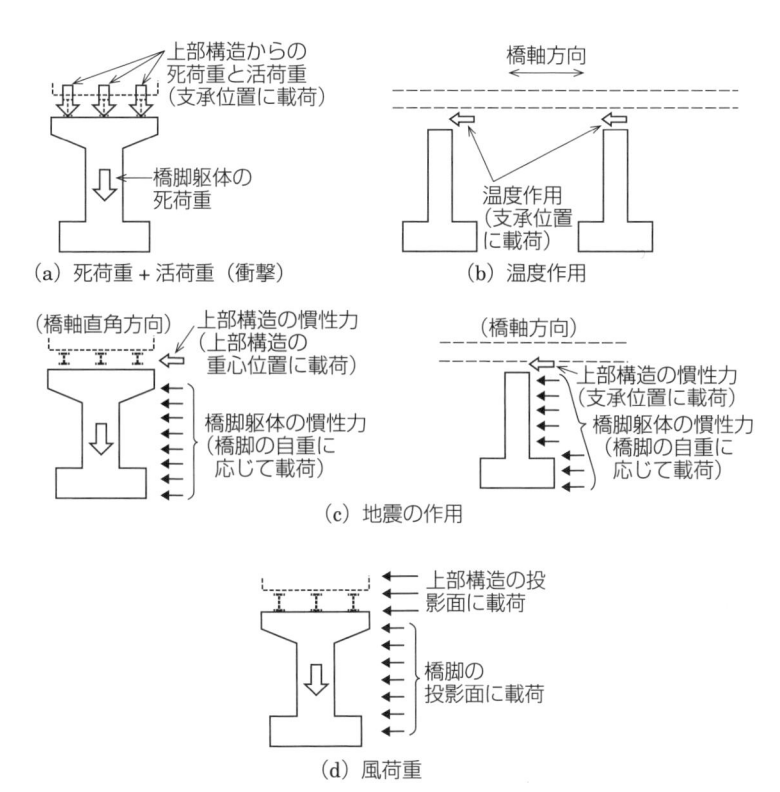

図 3.9　荷重や作用の載荷状況

橋脚の安定

橋脚の安定とフーチングの設計は，**橋軸方向や橋軸直角方向**といった荷重や作用が載荷される方向に応じて，荷重や作用によって生じる**図 3.10** に示すようなフーチング底面の鉛直力，水平力およびモーメント荷重を算出し，直接基礎の場合には 4.5 節，杭基礎の場合には 3.5 節に示す方法で，所定の限界状態と安全率を満足することを照査する．

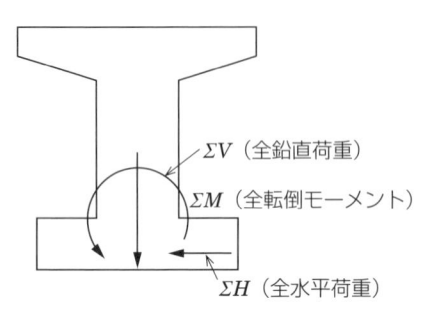

図 3.10　フーチング底面の作用荷重

(ΣV（全鉛直荷重），ΣM（全転倒モーメント），ΣH（全水平荷重））

張出部の設計

張出部は，設計状況①の死荷重（はりと上部構造の自重）と活荷重の鉛直荷重の組合せ，および設計状況④のうち，はりと上部構造の自重に地震による慣性力の影響を考慮した水平荷重のみの荷重の組合せに対し設計する．

(a) 鉛直荷重に対する設計　　(b) 水平荷重に対する設計

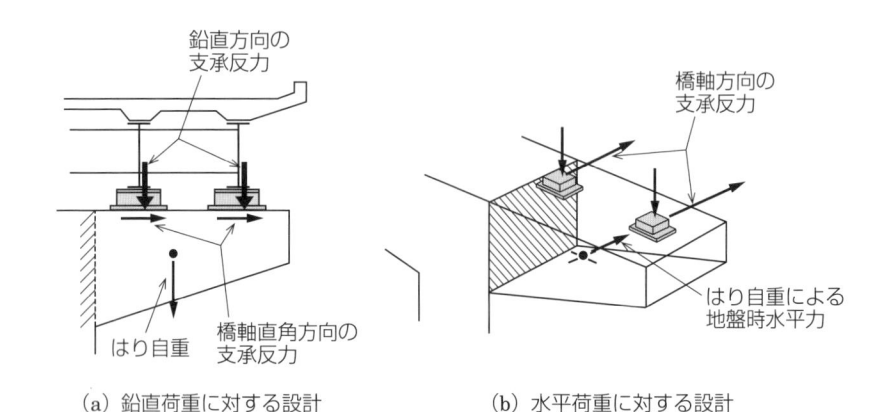

図 3.11　張出部の鉛直荷重に対する設計

3.3節　橋脚の設計

(1) 張出部断面力の算出

「鉛直荷重」に対する橋脚の張出部の断面力は，図 3.11（a）に示すように，柱の前面における鉛直断面を設計断面とする**片持ばり**とし，**支承から伝達される荷重と張出部の自重**に対し算定する．

「水平荷重」に対する橋脚の張出部の断面力についても，図 3.11（b）に示すように，柱から張出す部分を**張出ばり**とし，**支承から伝達される上部構造の慣性力と張出部の慣性力**に対し算定する．

(2) 張出部断面の設計

本シリーズ『コンクリート』により**断面力から鉄筋の引張・圧縮応力度やコンクリートの圧縮応力度を算出**し，これらが許容応力度を超えない場合に，**対象断面は「性能 1」を満足している**とみなしている．

●柱の設計

橋脚の柱は，一般に④の地震の影響を考慮した設計状況が決定ケースとなる．このため，ここでは地震の影響を考慮した設計方法について解説する．地震の影響を考慮した設計では，まず橋の固有周期（構造物特有の揺れ方）を推定し，次にこの結果から 2.3 節により設計震度を設定，これに上部構造と橋脚の自重を乗じて地震にともなう水平方向の慣性力（水平荷重）を算出して行う．

(1) 固有周期の算出

地震時の慣性力を設定する際の**設計震度**は，2.3 節で述べた通り，**固有周期**すなわち**対象とする構造物固有の揺れ方**により異なる．

ここで構造物の揺れの周期とは，図 3.12（a）に示すように，構造物が左右に揺れ元の位置に戻るまでの時間（秒）を 1 周期といい，この周期は構造物の剛性や減衰特性により異なる．すなわち，構造物ごとに異なった周期を持つことから構造物の**固有周期**と呼ばれている．例えば図 3.12（b）に示すように高さの異なる 3 つの構造物があった場合，柱の断面剛性や減衰特性が同じ場合には，低いほど周期は短く，高いほど周期は長い．

(a) 1 周期

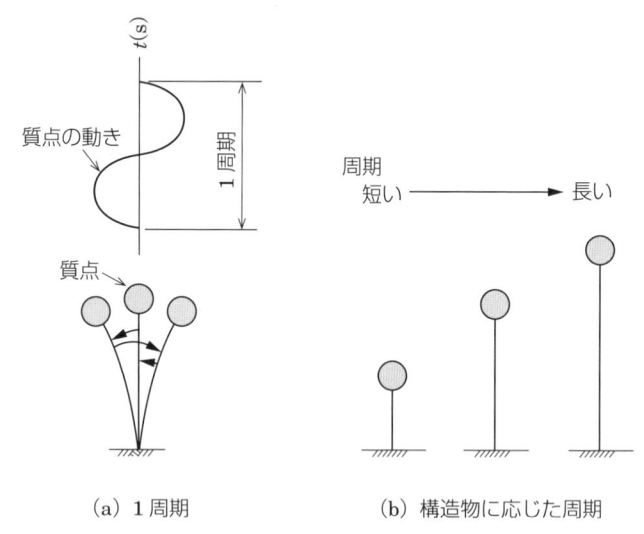

(b) 構造物に応じた周期

図 3.12 構造物の周期

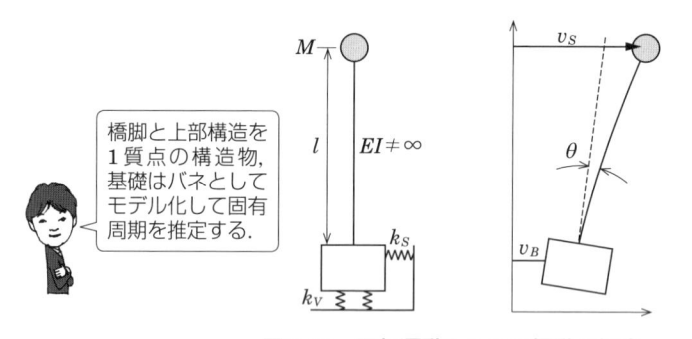

橋脚と上部構造を1質点の構造物，基礎はバネとしてモデル化して固有周期を推定する．

図 3.13 回転運動とたわみ振動の概念

道路橋では，この際の固有周期を**図 3.13**に示す1質点系の構造を仮定して，式（3.4）により推定する．

$$T = 2\pi \sqrt{\frac{W}{g \cdot k}} \cong 2.01\sqrt{\delta} \tag{3.4}$$

ここで，T：**図 3.14**に示すような設計振動単位の固有周期（s），W：質点の重量（kN），k：構造全体系のバネ定数（kN/m），g：重力加速度（9.8 m/s^2），δ：上部構造の慣性力作用位置における変位（m）．

3.3節　橋脚の設計

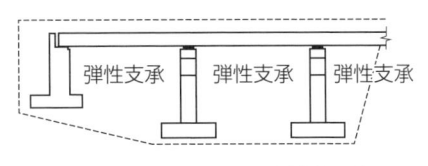

(a) 地震時水平力分散構造の橋

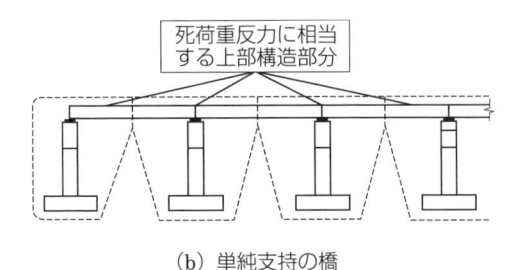

(b) 単純支持の橋

図 3.14　設計振動単位
(出典：『道路橋示方書・同解説　Ⅴ耐震設計編』2012/03)

なお，図 3.14 では弾性支承による地震時水平力分散構造の連続桁の橋と単純支持の橋といった一般的な橋の振動単位を示している．弾性支承とはいわゆるゴムの支承であり，橋全体が1つの振動単位となる．これに対し，単純支持の橋（単純桁をバタバタと橋脚間に置いたような橋）では，それぞれの下部構造とこれが支持する上部構造の負担分が振動単位となる．

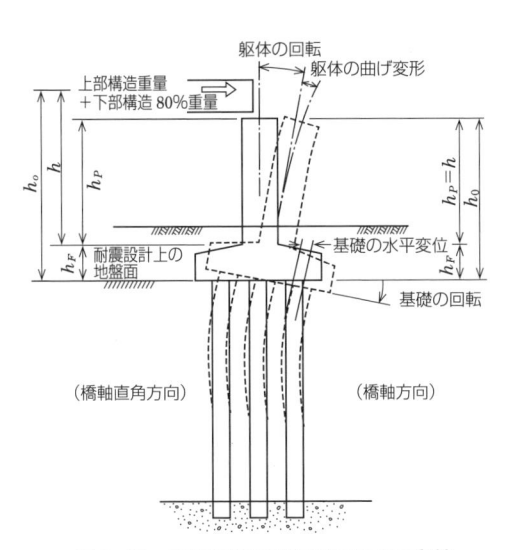

図 3.15　固有周期の推定に用いる変位

上部構造の慣性力作用位置における変位は，耐震設計上の地盤面より上にある下部構造の重量の80％と，それが支持している上部構造の全重量に相当する力を頭部の質点に作用させたときの変位であり，図**3.15**に示すように，基礎構造物の水平変位，回転角，下部構造軀体の曲げ変形，回転変形をすべて合わせた値であり，式（3.5）で表される．

$$\delta = \delta_p + \delta_0 + \theta \cdot h_0 \tag{3.5}$$

ここで，δ_p：下部構造軀体の曲げ変形（m），δ_0：基礎の水平変位（m），θ：基礎の回転角（rad），h_0：耐震設計上の地盤面から上部構造の慣性力の作用位置までの高さ（m）．

下部構造軀体の曲げ変形は，下部構造軀体が等断面の場合には式（3.6）で推定することができる．

$$\delta_p = \frac{W_u \cdot h^3}{3EI} + \frac{0.8 W_p \cdot h_p^3}{8EI} \tag{3.6}$$

ここで，W_u：対象とする下部構造軀体が支持する上部構造部分の重量（kN），W_p：下部構造軀体の重量（kN），EI：下部構造軀体の曲げ剛性（kNm²）．

基礎の水平変位や回転角の推定方法については，3.5節「基礎の設計」による．

なお，固有周期は橋軸方向と橋軸直角方向とでは異なるとともに，ここでの変位の算出は固有周期推定用で，設計成果の変位とは異なるので留意する．

(2) 設計震度と慣性力の算出

橋脚の固有周期から図2.10（a）で設計震度を推定し，上部構造と下部構造軀体の質量に設計震度を乗じてそれぞれの慣性力を推定する．

(3) 柱の設計断面力の算定

図3.11の設計状況④の載荷状態（死荷重とこれに慣性力を乗じた水平荷重）から，柱を片持ばりとして柱の**図3.16**に示すようなモーメントやせん断力を算定する．

(4) 柱断面の設計

柱基部の断面は，図3.16の基部のモーメントやせん断力に対し，本シリーズ『コンクリート』により軸力と曲げを受ける部材として，断面力から鉄筋の引張・圧縮応力度やコンクリートの圧縮応力度を算出し，これらが許容応力度を超えない場合に，**対象断面は「性能1」を満足しているとみなしている**．

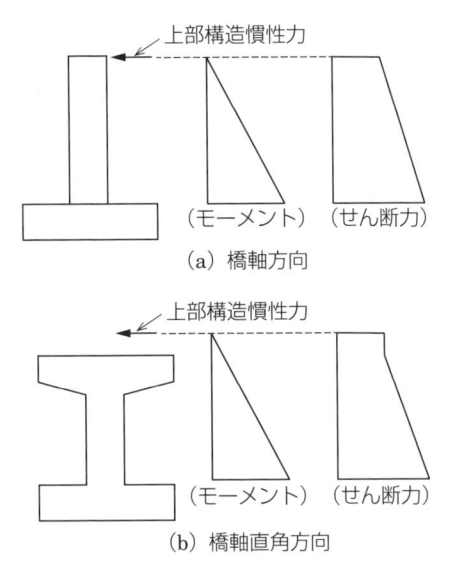

3.3節　橋脚の設計

(a) 橋軸方向

(b) 橋軸直角方向

図 3.16　柱の設計断面力

【3.1】橋脚柱基部の断面力の算出

下図に示すように，地震時水平荷重の載るRC橋脚橋軸方向の柱基部の曲げモーメントおよびせん断力を算出せよ．

曲げモーメント
$$M = 2\,000\,\text{kN} \times 9.5\,\text{m} + 100\,\text{kN/m} \times 2\,\text{m} \times (2\,\text{m} \times 1/2 + 7.5\,\text{m}) + 40\,\text{kN/m}$$
$$\times 7.5\,\text{m} \times 7.5\,\text{m} \times 1/2 = 21\,825\,\text{kNm}$$

せん断力
$$S = 2\,000\,\text{kN} + 100\,\text{kN/m} \times 2\,\text{m} + 40\,\text{kN/m} \times 7.5\,\text{m} = 2\,500\,\text{kN}$$

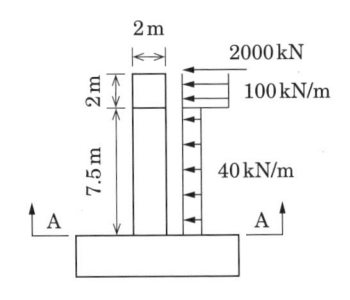

3.4節 橋台の設計

> 橋軸直角方向の設計はいらないぞ！

Point!
①橋台の設計は，橋軸方向に対して行う．
②橋台の設計では土圧の影響も考慮して設計する．

●橋台

本節では，一般的な橋梁で最も多く用いられている図 3.17 に示す **RC 逆 T 式橋台**を想定し，橋台の安定と竪壁の設計方法について解説する．なお，橋台の地震時の設計では，基礎地盤が液状化するといった特殊な場合を除いて，一般に「レベル 1 地震時」についてのみ行う．

これは，橋台背面には盛土があり，このための減衰が大きいことや変状の方向が前面側へ限定され落橋には直結しないことなどによる．また，一般に橋台の設計では，橋軸方向の設計のみ行い，橋軸直角方向の設計は行わない．これは，橋台が負担する橋軸直角方向の荷重が小さいとともに，橋台が土圧に抵抗する壁構造であり，橋軸直角方向の剛性が高いことから，橋軸直角方向は安定上も断面耐力上も十分安定していると考えられるためである．

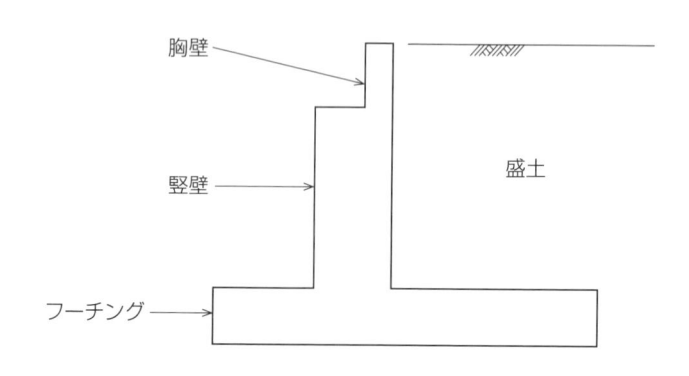

図 3.17 逆 T 式橋台

3.4節　橋台の設計

●橋台の設計状況

橋台の設計状況は，2.3節で例示した通り，次の4種類を考慮する．
① 死荷重＋活荷重＋土圧
② 死荷重＋土圧
③ 死荷重＋土圧＋地震の影響
④ 施工時荷重

これらのうち，施工荷重を除いた荷重や作用の載荷状況を図3.18に示す．ここで，橋台背面フーチング上の活荷重の有無は橋台の安定性と関連し，この活荷重は基礎の滑重力の抵抗を大きめに，転倒の回転モーメントを小さめに評価するためこれらの照査では考慮せず，支持力照査にのみ考慮することとしている．

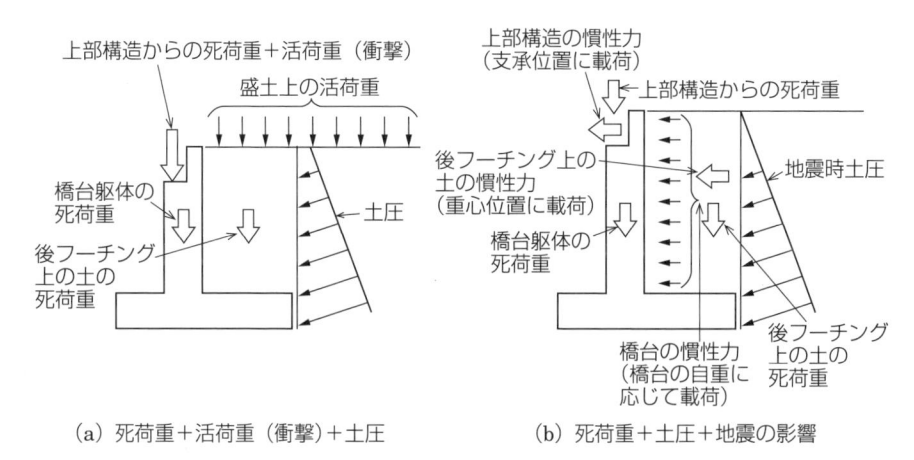

図3.18　荷重や作用の載荷状況

●橋台の安定

橋台の安定とフーチングの設計は，橋軸方向の荷重や作用によって生じる図3.19に示すようなフーチング底面の鉛直力，水平力，およびモーメント荷重を算出し，直接基礎の場合には4.5節，杭基礎の場合には3.5節に示す方法で，所定の限界状態と安全率を満足することを照査する．

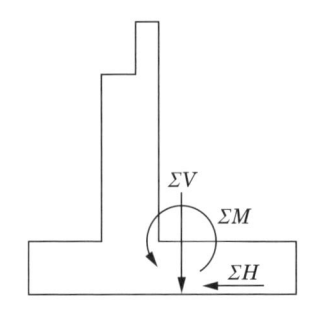

図 3.19　フーチング底面の作用荷重

●竪壁の設計

(1) 竪壁の設計断面力の算定

橋台の竪壁の設計も基本的には 4.5 節に示す方法で，橋台の死荷重とともに橋台が負担する上部工の死荷重と慣性力などを考慮し，**図 3.20** に示すようなモーメントやせん断力を算定する．

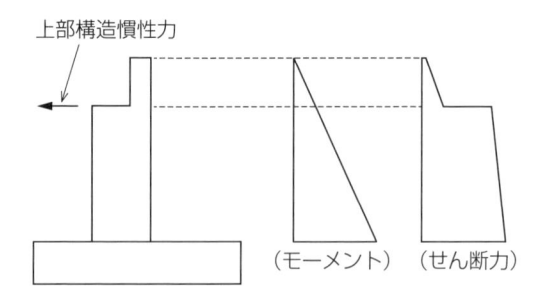

図 3.20　竪壁の設計断面力

(2) 竪壁断面の設計

本シリーズ『コンクリート』により断面力から鉄筋の引張・圧縮応力度やコンクリートの圧縮応力度を算出し，これらが許容応力度を超えない場合に，**対象断面は「性能 1」を満足しているとみなしている**．

3.5節 基礎の設計

Point!
①基礎の安定は，鉛直支持力と水平支持力から推定する．
②杭基礎は弾性床上のはりモデルで設計する．

対象とする基礎

橋梁の基礎を図 3.21 に示すが，**直接基礎，杭基礎，柱状体基礎**に大きく分類され，それぞれの基礎の概要を図 3.22 に示す．

「直接基礎」とは，フーチングから直接良質な支持層へ橋梁の荷重を伝達する基礎のことをいい，別名「ベタ基礎」ともいう．一方，「杭基礎」や「柱状体基礎」とは，**4 本以上の組杭**，あるいは **1 本の大きな断面の柱状体**を用いて良質な支持層へ橋梁の荷重を伝達する基礎のことである．

図 3.23 に橋梁基礎の活用状況を示すが，**杭基礎と直接基礎でそのほとんどを占めている**ことがわかる．そこで本節では，利用実績の最も多い**杭基礎の支持力と杭断面の設計**について解説する（直接基礎の設計については 4.5 節参照）．

なお，上記で「良質な支持層」とは，道路橋の場合，**標準貫入試験の N 値が粘性土で 20 程度以上**（一軸圧縮強度 q_u が 0.4N/mm^2 程度以上），**砂質土で 30 程度以上**の地層を良質な支持層としている．

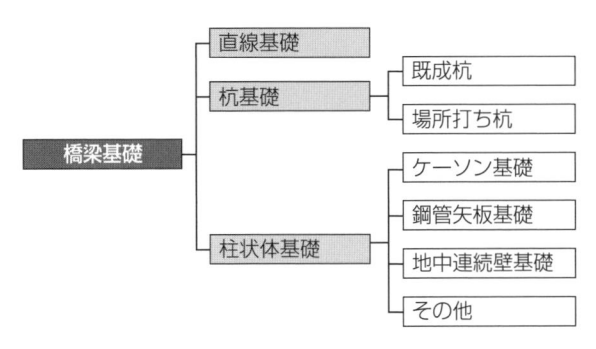

図 3.21　橋梁基礎

- 橋梁基礎
  - 直線基礎
  - 杭基礎
    - 既成杭
    - 場所打ち杭
  - 柱状体基礎
    - ケーソン基礎
    - 鋼管矢板基礎
    - 地中連続壁基礎
    - その他

第 3 章　橋の設計

(a) 直接基礎

(b) 杭基礎

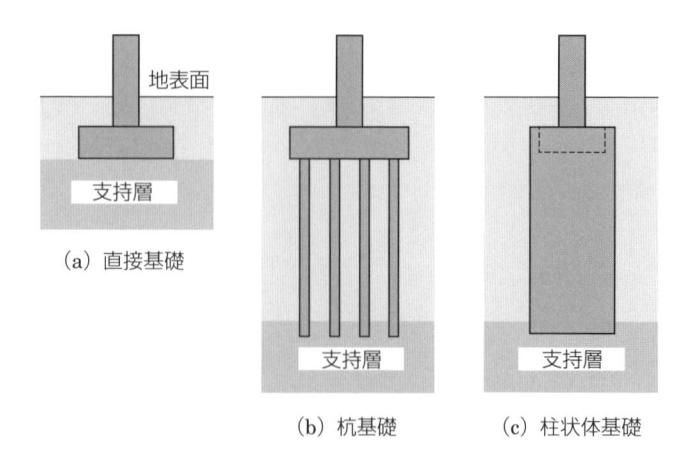

(c) 柱状体基礎

図 3.22　直接基礎，杭基礎，柱状体基礎

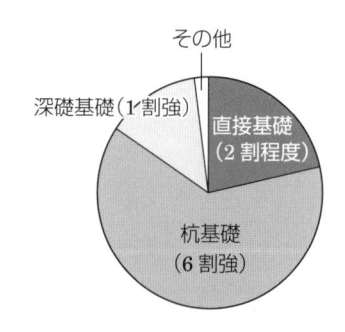

図 3.23　橋梁基礎の利用状況

●1 本の杭の押込み支持力

1 本の杭の押込み支持力は，図 **3.24** に示すように，杭頭の押込み力に対し杭先端の支持力と杭周面の摩擦力で分担して得られる．

1 本の杭の許容押込み支持力と極限押込み支持力は，式（3.7）と式（3.8）から推定する．ここで，極限支持力の式（3.8）の前半部分が**杭先端の支持力**であり，後半部分が**杭周面の摩擦力**である．

$$R_a = (\gamma/n)(R_u - W_s) + W_s - W \tag{3.7}$$

$$R_u = q_d A + U \sum L_i f_i \tag{3.8}$$

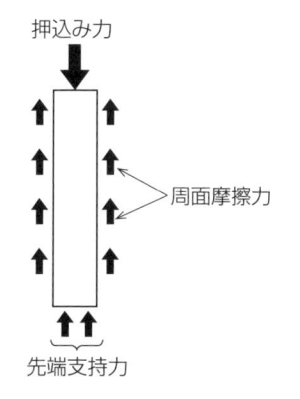

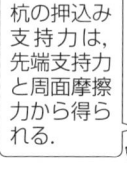

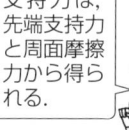

図 3.24 杭の押込み支持力

ここで，R_u：杭頭における極限支持力（kN），n：安全率（常時の場合は 3，地震時の場合は 2），W_s：杭で置き換えられる部分の土の有効重量（kN），W：杭および杭内部の土の有効重量（kN），A：杭先端面積（m²），q_d：杭先端における単位面積あたりの極限支持力度（kN/m²），U：杭の周長（m），L_i：周面摩擦力を考慮する層厚（m），f_i：周面摩擦力を考慮する層の最大摩擦力度（kN/m²），γ：極限支持力推定法の相違による安全率の補正係数（現地で載荷試験を実施した場合には 1.2，その他の場合は 1.0）．

なお，許容支持力の推定式（3.7）で，極限支持力から杭で置き換えられる部分の土の重量を差し引いたものに安全率を考慮し，その後その重量を足し合わせているのは，**杭を構築する前に土の重量で支持力が不足していないことは確認できているため，安全率を考慮する必要はない**，としたものである．

● 1 本の杭の引抜き支持力

1 本の杭の引抜き支持力は，式（3.8）における後半部分の周面摩擦力のみを考慮し，これを**安全率（常時の場合は 6，地震時の場合は 4）**で除し杭の重量を加算したものを一般に**許容引抜き支持力**としている．

● 杭の応答値の推定

(1) 解析モデル

橋脚や橋台から伝達される荷重，すなわち図 3.10 や図 3.19 に示したフーチング底面の作用荷重に対し，**図 3.25** に示す骨組みモデルにより杭基礎の応答を推

定する．なお，地震時の照査は，橋脚基礎の場合に「レベル1」と「レベル2」地震時に対して行うが，ここでは「レベル1」の照査について解説する．したがって，常時やレベル1地震時に対する性能は「性能1」で損傷を許容しないため，限界状態は降伏，あるいは可逆的特性を有する範囲で，図3.25におけるすべての抵抗や杭本体の曲げ特性は**弾性体**として応答を推定する．

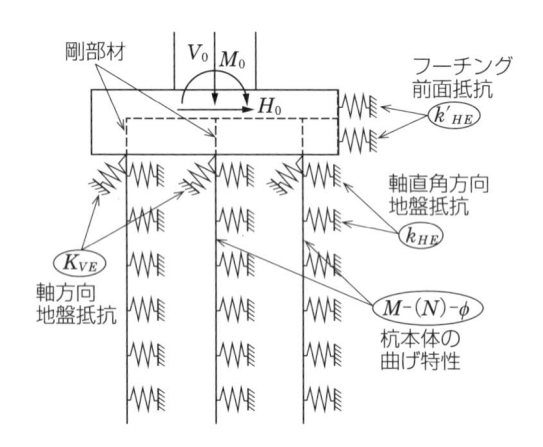

図 3.25　杭基礎の応答推定モデル

(2) 杭軸方向の地盤抵抗

杭頭に仮定する軸方向の地盤抵抗を評価するバネ定数（K_V，kN/m）とは，**図 3.26**に示すように杭の鉛直載荷試験から得られた杭頭での荷重沈下関係から設定する抵抗特性であり，式 (3.9) から推定する．杭頭の荷重と沈下の関係から推定するものであるため，このバネは図3.25に示すように杭頭に設置している．

$$K_V = \alpha \frac{E_p A_p}{L} \tag{3.9}$$

ここで，E_p：杭体のヤング係数（kN/m²），A_p：杭体の断面積（m²），L：杭長（m），α：杭種や施工法に応じた軸方向地盤抵抗バネの補正係数で，道路橋の場合にはこれまでの多くの鉛直載荷試験の結果から以下の値を用いている．

- 打込み杭（打撃工法）：$\alpha = 0.014(\text{L/D}) + 0.72$
- 打込み杭（バイブロハンマ工法）：$\alpha = 0.017(\text{L/D}) - 0.014$
- 場所打ち杭：$\alpha = 0.0031(\text{L/D}) - 0.15$ (3.30)
- 中掘り杭：$\alpha = 0.010(\text{L/D}) + 0.36$

- プレボーリング杭：$\alpha = 0.013(L/D) + 0.53$
- 鋼管ソイルセメント杭：$\alpha = 0.040(L/D) + 0.15$
- 回転杭：$\alpha = 0.013(L/D) + 0.54$（1.5 倍径），$\alpha = 0.010(L/D) + 0.36$（2.0 倍径）

なお，地震時のK_{VE}は，常時のK_Vと同じ値とする．これは，K_Vの地震時の特性がよくわかっていないためである．

(a) 杭の鉛直載荷試験　　(b) 杭軸方向のバネ定数

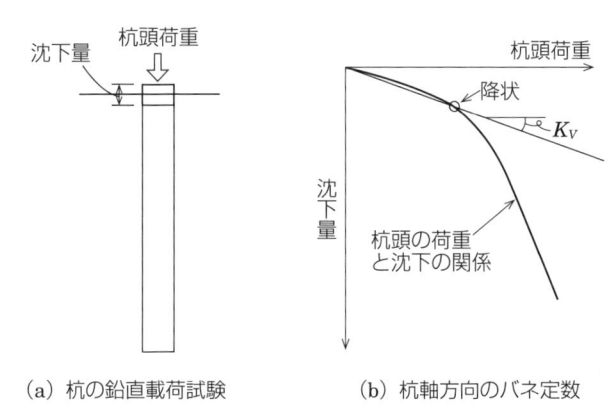

図 3.26　杭軸方向の地盤抵抗

(3) 杭軸直角方向の地盤抵抗

杭の軸直角方向の地盤抵抗を評価するバネ定数（k_H）とは，**図 3.27** に示すように，杭の水平載荷試験で得られる荷重と変位の関係のうち**基準変位量**（許容変位）に対する杭頭荷重を式（3.10）に示す弾性床上のはりの基本式から再現するよう仮定した**離散バネ**であり，式（3.11）〜（3.14）から推定する．

$$EI\frac{dy^4}{d^4x} + k_H D = 0 \tag{3.10}$$

$$k_H = k_{H0}(B_H/0.3)^{-3/4} \tag{3.11}$$

$$k_H = (1/0.3)\alpha E_0 \tag{3.12}$$

$$B_H = \sqrt{D/\beta} \tag{3.13}$$

$$\beta = \sqrt[4]{k_H D/4EI} \tag{3.14}$$

ここで，EI：杭の曲げ剛性（kN·m^2），y：杭頭の変位量（m），x：杭頭からの深さ（m），D：杭径（m），k_H：水平方向地盤反力係数（kN/m^3）で地震時のk_{HE}は常時の2倍とする，k_{H0}：直径0.3 mの剛体円板による平板載荷試験の値に相当する水平方向地盤反力係数（kN/m^3），B_H：載荷作用方向に直交する基礎

の換算載荷幅（m），α：地盤反力係数の推定に用いる係数で表3.3による，E_0：表3.5に示す方法で測定または推定した設計の対象とする位置での地盤の変形係数（kN/m^2）．

表3.5　E_0とα

次の試験方法による変形係数 E_0(kN/m^2)	α
ボーリング孔内で測定した変形係数	4
供試体の一軸または三軸圧縮試験から求めた変形係数	4
標準貫入試験の N 値より $E_0 = 2\,800 N$ で求めた変形係数	1

(4) フーチングの前面抵抗

フーチングの前面抵抗を評価するバネ定数（k_H'）は，基本的には式（3.11）から推定するが，換算載荷幅は**フーチングの高さと奥行きから得られる面積の平方根**とする．

(5) 杭本体の曲げ剛性

杭本体の曲げ剛性は，杭体を弾性体として扱うため杭体の**曲げ剛性 EI** をそのまま用いる．

杭基礎の安定

各設計状況において，橋脚や橋台から伝達される鉛直荷重（V_0），水平荷重（H_0），モーメント荷重（M_0）を図3.21のモデルに入力し得られた杭基礎の応答について以下の照査を行う．ここでの**照査すべてを満足した場合には，対象とする杭基礎は「性能1」を満足する**とみなしてよい．

(1) 鉛直支持力照査

鉛直支持力照査は，杭頭の軸方向バネ反力が各設計状況における**許容押込み支持力，あるいは許容引抜き支持力を超えないこと**を照査する．

(2) 水平支持力照査

水平支持力照査は，**杭頭の水平変位が許容変位を超えないこと**を照査する．ここで「許容変位」とは，**杭径の1%もしくは15 mm以上50 mm以下**であり，水平方向地盤反力係数を線形と仮定した際の**図3.27**に示す基準変位量（＝許容変位）である．

すなわち，杭の挙動がこの**基準変位量（許容変位）**以下であれば，実際には非線形な地盤反力を**安全側に評価**することとなり，この仮定から安全余裕を考慮している．

している．ここで安定照査の滑動・転倒・支持力破壊などの挙動は，実は同時に起こりうるもので実際の挙動は複合的な動きを示すが，これまでの擁壁設計の実績により，これらを個別に検討してそれぞれが満足していれば，安定に関わる性能を満足するものとみなしている．

もちろん盛土を構成する擁壁では，盛土としての「性能1」を満足する必要があるが，これについては4.3節において，**図4.15**に示すように円弧すべり計算法により擁壁をモデル化して，円弧が擁壁を通らないすべりで安定照査を行えばよい．

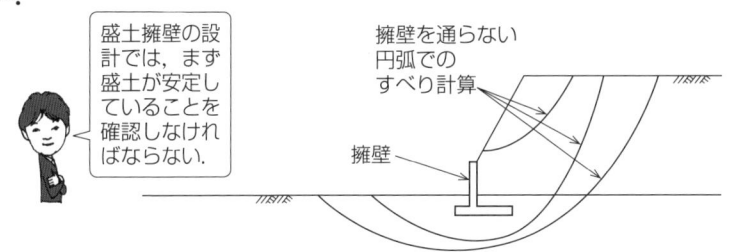

図4.15 擁壁をモデル化した円弧すべりによる安定照査

なお，ここでは直接基礎を例として解説するが，基礎地盤の支持力が問題となる場合には杭基礎を用いることもあるが，その場合は3.5節を参照するとよい．

(1) 荷重の載荷方法

安定照査を行う場合の自重の考え方の例を**図4.16**，照査項目に応じた載荷重のかけ方を**図4.17**に示す．ここで載荷重は，照査において不利になるように載荷する．すなわち，載荷重を後フーチングの上に載荷すると，支持力には不安定側に働くが，滑動や転倒には安定側に働くため，この部分の載荷重は支持力照査のみに考慮する．

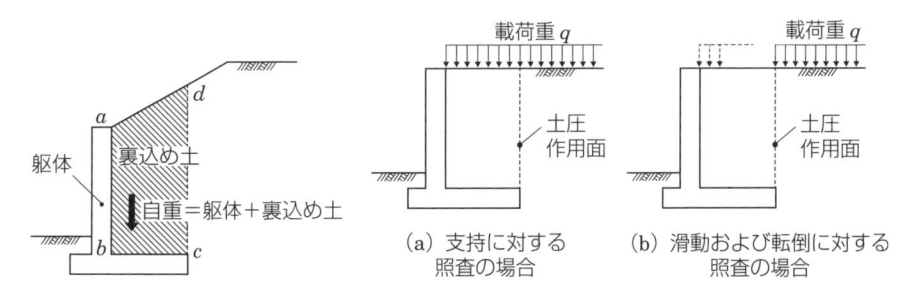

図4.16 自重の考え方　　**図4.17 照査項目に応じた載荷重のかけ方**

（いずれも出典：『道路土工擁壁工指針』2012/07）

次に擁壁形状に応じた土圧の作用面を**図4.18**に示す．ここで土圧の作用面は，後フーチングがある場合にフーチング端部を**仮想背面**として**土圧の作用面**とする．これは，土圧により転倒や滑動しようとする場合に，後フーチングの土も一緒に動くことを想定している．

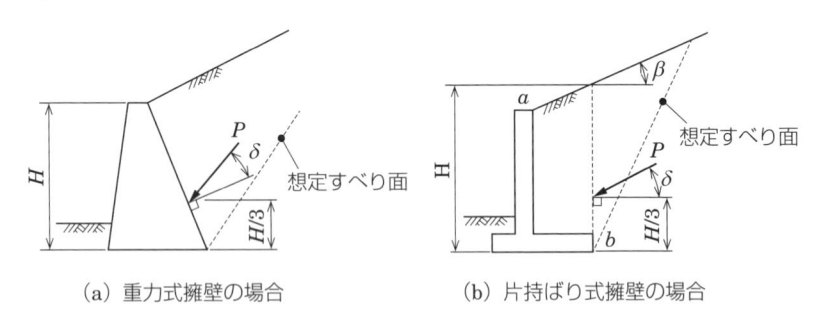

(a) 重力式擁壁の場合　　(b) 片持ばり式擁壁の場合

図4.18　擁壁形状（かかと版の有無）に応じた土圧の作用面
(出典：『道路土工擁壁工指針』2012/07)

(2) 滑動照査

滑動に対する照査とは，式（4.15）に示すように，土圧や地震時の慣性力などの水平方向の荷重が擁壁を前面側へ押し出そうとするのに対し，**擁壁が十分な抵抗力を有していることを確認するもの**である．

$$F_s = \frac{V_0 \cdot \mu + c_B \cdot B'}{H_0} \tag{4.15}$$

ここに，F_s：安全率，V_0：擁壁底面における全鉛直荷重（kN/m）で，擁壁に作用する各荷重の鉛直成分（自重・載荷重・土圧の鉛直成分など）の合計値，H_0：擁壁底面における全水平荷重（kN/m）で，擁壁に作用する各荷重の水平成分（土圧の水平成分・自重の地震時慣性力など）の合計値，μ：擁壁底面と地盤との間の摩擦係数（$\mu = \tan\phi_B$とする），ϕ_B：擁壁底面と地盤との間の摩擦角（度），c_B：擁壁底面と地盤との間の付着力（kN/m），B'：荷重の偏心を考慮した擁壁底面の有効載荷幅（m）（$B' = B - 2e$とする），B：擁壁底面幅（m），e：擁壁底面の中央から荷重の合力の作用位置までの偏心距離（m）（**図4.19**を参照）．

ここで，安全率が**表4.10**に示す設計状況に応じた安全率を満足することにより，対象擁壁は滑動に関する「性能1」の限界状態を満足するものとみなしてよい．所定の安全率を満足できない場合には，擁壁底面幅を増加させて対応することを基本とするが，地形条件等によりやむを得ない場合には，基礎の根入れを深くして前面地盤の受働土圧に期待したり，底面に突起を設けるなどにより対応す

ることがある．

表 4.10　各設計状況に応じた性能 1 で確保すべき滑動安全率

	常時の作用	降雨の作用	地震の作用
安全率	1.5	1.5	1.2

(3) 転倒照査

転倒に対する安定は，図 4.19 に示すように，つま先を支点として擁壁を転倒させようとする**転倒モーメント**と，これを抑止しようとする**抵抗モーメント**に対する合力の作用位置の擁壁底面の中心からの**偏心距離**により照査する．

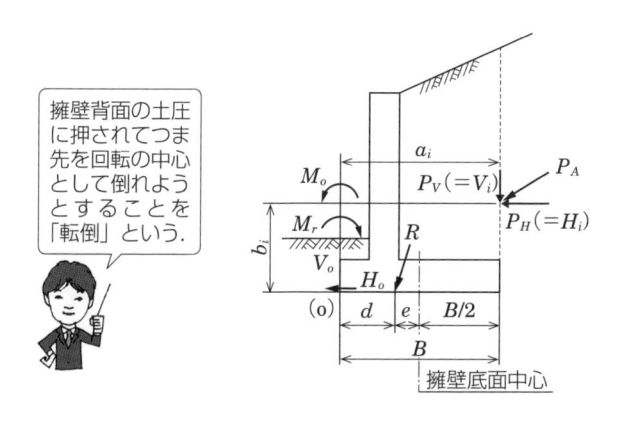

図 4.19　転倒照査モデル
（出典：『道路土工擁壁工指針』2012/07）

ここで，図 4.19 における擁壁底面のつま先（点 o）から合力の作用位置までの距離 d は式（4.16），擁壁底面の中央から合力の作用位置までの偏心距離 e は式（4.17）で表される．

$$d = \frac{M_r - M_0}{V_0} = \frac{\sum V_i \cdot a_i - \sum H_i \cdot b_i}{\sum V_i} \tag{4.16}$$

$$e = \frac{B}{2} - d \tag{4.17}$$

ここに，d：擁壁の底面のつま先（点 o）から合力作用位置までの距離（m），M_r：擁壁の底面のつま先（点 o）回りの抵抗モーメント（kN・m/m）（自重，載

荷重および土圧の鉛直成分などの鉛直荷重によるモーメントの合計値)，M_0：擁壁の底面のつま先（点 o）回りの転倒モーメント（kN·m/m）（地震時の慣性力や土圧の水平成分などの水平荷重によるモーメントの合計値)，V_0：擁壁底面における全鉛直荷重（kN/m)，V_i：擁壁に作用する各荷重の鉛直成分（kN/m)，a_i：擁壁の底面のつま先（点 o）から各荷重の鉛直成分 V_i の作用位置までの水平距離（m)，H_i：擁壁に作用する各荷重の水平成分（kN/m)，b_i：擁壁の底面のつま先（点 o）から各荷重の水平成分 H_i の作用位置までの鉛直距離（m)，e：擁壁底面の中央から合力の作用位置までの偏心距離（m)，B：擁壁の底面幅（m)．

ここで，擁壁底面の中央から合力の作用位置までの偏心距離が表 4.11 に示す設計状況に応じた値を下回ることにより，**対象擁壁は転倒に関する「性能 1」の限界状態を満足するものとみなしてよい**．

表 4.11　各設計状況に応じた性能 1 で超えてはならない偏心距離（m）

	常時の作用	降雨の作用	地震の作用
e	$B/6$	$B/6$	$B/3$

(4) 支持力照査

支持力の安定は，式（4.18）を満足することにより，**対象擁壁は支持力に関する性能 1 の限界状態を満足するものとみなしてよい**．

$$\frac{V_0}{B'} \leq q_a = \frac{q_u}{n} \tag{4.18}$$

ここに，B'：荷重の偏心を考慮した擁壁底面の有効載荷幅（m）で，$B' = B - 2e$ とする，q_a：性能 1 の照査に用いる許容支持力度（kN/m^2)，q_u：荷重の偏心傾斜を考慮した極限支持力度（kN/m^2）で，式（4.19）により推定する，n：許容支持力の設定のための安全率で，設計状況に応じて表 4.12 に示す値を用いる．

表 4.12　設計状況に応じた性能 1 の照査に用いる許容支持力を設定する安全率

	常時の作用	降雨の作用	地震の作用
n	3	3	2

$$q_u = \alpha \cdot \kappa \cdot c \cdot N_c \cdot S_c + \kappa \cdot q \cdot N_q \cdot S_q + \frac{1}{2} \cdot \gamma_1 \cdot \beta \cdot B' \cdot N_\gamma \cdot S_\gamma \tag{4.19}$$

ここに，α, β：基礎の形状係数（**表 4.13** 参照），κ：根入れ効果に対する割増係数（$\kappa = 1 + 0.3(D_f'/B')$），$D_f'$：支持地盤に根入れした深さ（m），$c$：地盤の粘着力（kN/m^2），$q$：支持力を算出する上載荷重（kN/m^2）で，$q = \gamma_2 \cdot D_f$，$D_f$：基礎の有効根入れ深さ（m），$\gamma_1$, γ_2：支持地盤および根入れ地盤の単位体積重量（kN/m^3）（地下水以下では水中単位体積重量を用いる），S_c, S_q, S_γ：支持力係数の寸法効果に関する補正係数（$S_c = (c/c_0)^\lambda$, $S_q = (q/q_0)^\lambda$, $S_\gamma = (B'/B_0)^\lambda$ とし，c_0, q_0 は 10 kN/m^2 で B_0 は 1.0 m，(c/c_0)，(q/q_0) は 1 以上 10 以下，(B'/B_0) は 1 以下とする），λ：寸法効果の程度を表す係数（$-1/3$ としてよい），N_c, N_q, N_γ：荷重の傾斜を考慮した支持力係数（**図 4.20〜4.23** より荷重傾斜 $\tan\theta (= H_0/V_0)$ に応じて設定する）．

表 4.13 形状係数

	帯　状	正方形	長方形
α	1.0	1.3	$1 + 0.3 \cdot B'/L'$
β	1.0	0.6	$1 - 0.4 \cdot B'/L'$

※ L' は奥行方向の有効載荷幅で，$L' = L - 2e$ とする．

　支持力を求める基本は，本シリーズ『地盤工学』に示す「荷重の傾斜を考慮しない支持力」の通りだが，**実構造物の設計ではほとんどのケースで荷重は傾斜している**ため，荷重の傾斜を考慮した実務式について解説した．また，詳細な土質試験を実施した場合には，寸法効果も同時に考慮しないと支持力を過大評価するおそれがあるため，実務式ではこれも考慮している．

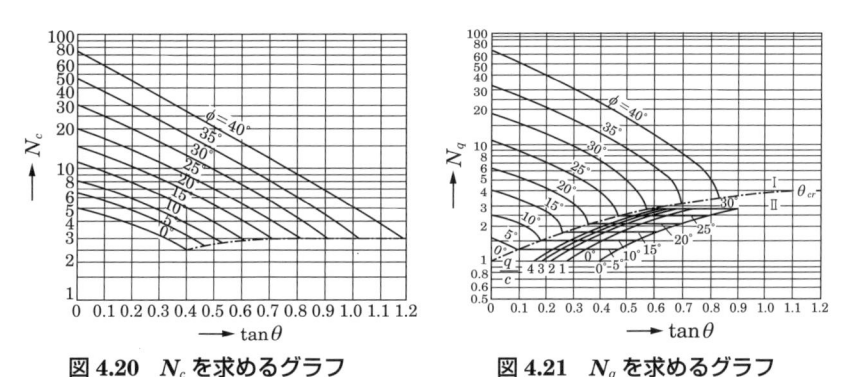

図 4.20　N_c を求めるグラフ　　図 4.21　N_q を求めるグラフ
（いずれも出典：『道路橋示方書・同解説 IV下部構造編』2012/03）

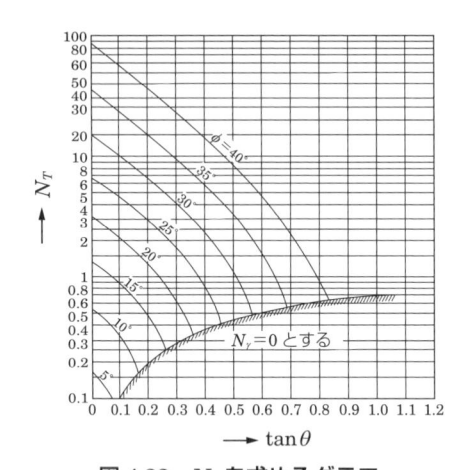

図 4.22　N_γ を求めるグラフ
(出典:『道路橋示方書・同解説 Ⅳ下部構造編』2012/03)

(5) 支持力の簡易照査

 比較的小規模な擁壁で，詳細な土質調査が行われない場合には，これまでの実績により，式 (4.20) を満足すれば**擁壁の支持力に関する「性能1」の限界状態を満足する**ものとみなしてよい．

$$q_1, q_2 \leq q_a \tag{4.20}$$

 ここに，q_1, q_2：**図 4.23** に示す擁壁底面端部における鉛直地盤反力度（kN/m²）（合力作用位置の偏心が底面中心部から $B/6$ 以内のときは式 (4.21) と (4.22) により，$B/6$ から $B/3$ のときは式 (4.23) から推定），q_a：詳細な土質調査が行われない場合の基礎地盤の許容支持力（**表 4.14** から設定してよい）．

$$q_1 = \frac{V_0}{B} \cdot \left(1 + \frac{6e}{B}\right) \tag{4.21}$$

$$q_2 = \frac{V_0}{B} \cdot \left(1 - \frac{6e}{B}\right) \tag{4.22}$$

$$q_1 = \frac{2V_0}{3d} \tag{4.23}$$

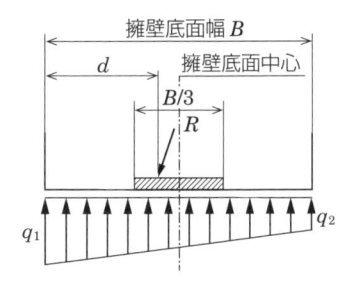

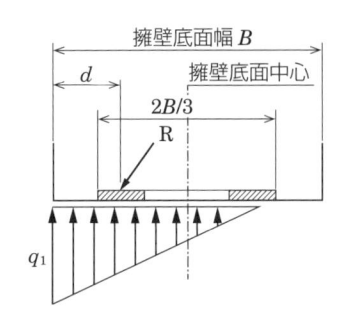

4.4 節　盛土擁壁の設計

(a) 荷重の合力 R の作用位置が擁壁底面幅中央の $B/3$ の範囲にある場合（台形分布）

(b) 荷重の合力 R の作用位置が擁壁底面幅中央の $B/3$ から $2B/3$ の範囲にある場合（三角形分布）

図 4.23　合力の作用位置と地盤反力度の関係
(出典：『道路土工擁壁工指針』2012/07)

(6) 竪壁の設計

竪壁の設計断面力は，図 4.24 に示す通り，常時と地震時の荷重の水平成分のみを対象とし，底版との結合部を固定端とする**片持ばり**として算出する．

竪壁の断面設計では，本シリーズ『コンクリート』により断面力から応力を算出し，鉄筋の引張・圧縮応力やコンクリートの圧縮応力が許容応力を超えない場合に，**対象断面は「性能 1」を満足している**とみなしている．

表 4.14　地盤の許容鉛直支持力度の目安（常時・降雨時）

基礎地盤の種類		許容鉛直支持力度 q_a (kN/m^2)	目安とする値 一軸圧縮強度 q_u (kN/m^2)	N 値
岩　盤	亀裂の少ない均一な硬岩	1 000	10 000 以上	－
	亀裂の多い硬岩	600	10 000 以上	
	軟岩・土丹	300	1 000 以上	
礫　層	密なもの	600	－	－
	密でないもの	300		
砂質土	密なもの	300	－	30〜50
	中位なもの	200		20〜30
粘性土	非常に硬いもの	200	200〜400	15〜30
	硬いもの	100	100〜200	10〜15

※地震時の場合には，常時・降雨時の許容支持力の 1.5 倍とする．

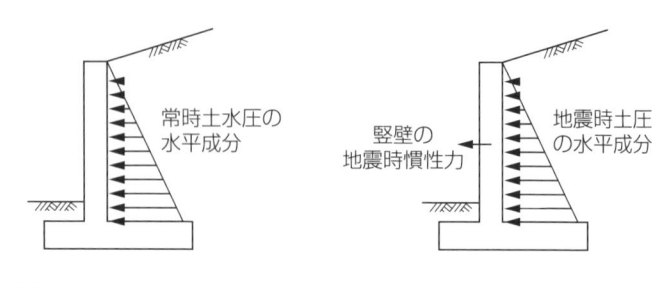

(a) 常時・降雨時の荷重状態　　　　（b) 地震時の荷重状態

図 4.24　逆 T 型擁壁の竪壁の断面計算における荷重状態
（出典：『道路土工擁壁工指針』2012/07）

（7）底版の設計

底版つま先版の設計断面力は，図 4.25 に示すように，つま先の自重と地盤反力を荷重とした竪壁の結合部を固定端とする片持ばりとして算出する．ただし，曲げモーメントせん断力の詳細位置は図 4.26 に示す通りとする．

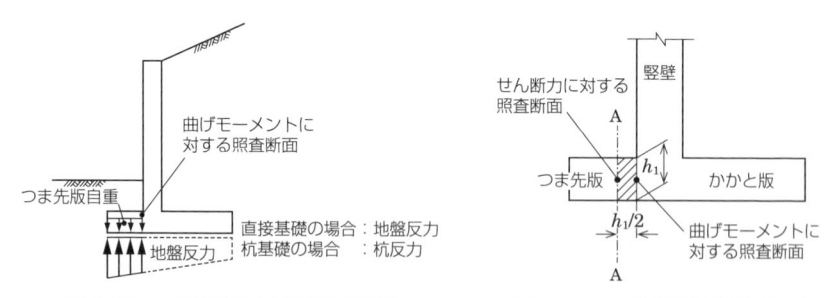

図 4.25　つま先版に作用する荷重　　**図 4.26　つま先版の照査位置**
（いずれも出典：『道路土工擁壁工指針』2012/07）

底版かかと版の設計断面力は，図 4.27 に示すように，載荷重，裏込め土自重，かかと版自重，地盤反力を荷重とした**竪壁の結合部を固定端とする片持ばりとして算出する**．ここで，主働土圧の鉛直成分 P_v は，これと同値な三角形分布の鉛直土圧に置き換えて設計上考慮する．また，曲げモーメントせん断力の詳細位置は図 4.28 に示す通りとする．

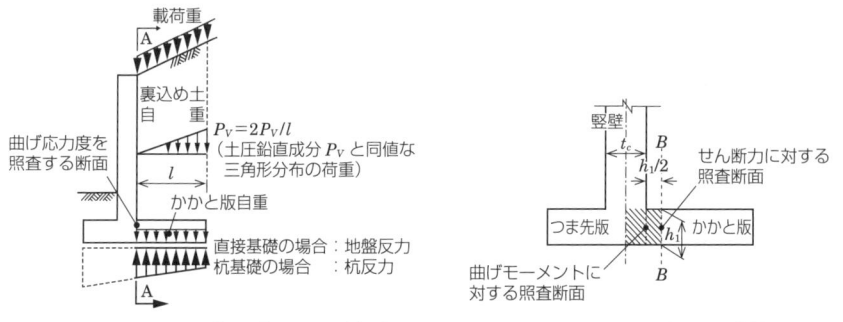

図 4.27　かかと版に作用する荷重　　図 4.28　かかと版の照査位置
（いずれも出典：『道路土工擁壁工指針』2012/07）

(8) 底版つま先版とかかと版の断面設計

　底版つま先版，かかと版に作用する曲げモーメントやせん断力などの断面力，断面計算による鉄筋の曲げ引張応力度や負担するせん断応力度，コンクリートの曲げ圧縮応力度やせん断応力度については，本シリーズ『構造力学』と『コンクリート』を参照して算出する．ここで得られた各断面の鉄筋やコンクリートの応力度が許容応力度を満足した場合に，**擁壁における断面計算に関する「性能 1」の限界状態を満足するとみなす**．

●性能 2，3 の照査

　擁壁は盛土を構成する一要素であり，盛土の性能を満足することが重要であるため，レベル 2 地震時には盛土の性能 2，3 の照査において擁壁もモデル化し，ニューマーク法などにより路面の変状量が所定の限界状態を満足することを確認しなければならない．

　一方，盛土の性能 2，3 に対応した擁壁自体の限界状態の照査は，例えば動的 FEM 解析などの詳細な解析により擁壁に生じる変状や損傷について照査を行うことが理想だが，解析の再現性が十分確認されていないこと，擁壁の裏込め材料の力学特性が明確ではないこと，擁壁の場合には基礎地盤の調査も十分に行われないことが多いことなどから，その**実用性は低い**と考えられている．

　このため，盛土の性能 2，3 に対応した擁壁自体の限界状態の照査は，当面，表 2.2 に示すレベル 2 地震時の設計震度を用いて「性能 1」の照査に準じた照査を行えば，**致命的な損傷は生じないものとして設計上扱われている**．

4.5節 補強土壁の設計

Point!
① 盛土の間に補強材を設置することで土の塊を擁壁のようにすることができる．
② 土の塊が崩れようとするのを補強材の引張力で抑える．

盛土をより強固なものに！

　補強土壁とは，盛土内に敷設された鋼材やジオテキスタイルなどの補強材と盛土材との間の摩擦抵抗力，あるいは支圧抵抗力によって盛土の安定性を補い，この間の盛土の塊を重力式擁壁のように用いる壁をいう．図4.29に補強土壁の構造と各部の名称を示す．また，補強土壁には補強材や壁面材の材質や形状の異なるいくつかの構造形式があり，その代表的なものを図4.30に示す．

補強材を設置することでその部分の土の塊を重力式擁壁のように用いることができる．

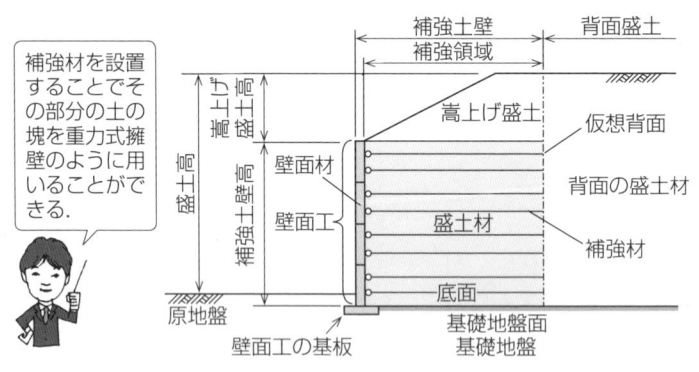

図4.29　補強土壁の構造と各部の名称
(出典：『道路土工擁壁工指針』2012/07)

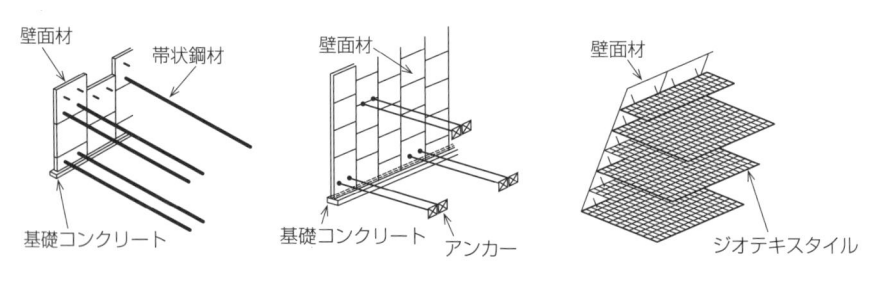

(a) 帯鋼補強土壁　　(b) アンカー補強土壁　　(c) ジオテキスタイル補強土壁

図4.30　代表的な補強土壁の構造形式
(出典：『道路土工擁壁工指針』2012/07)

補強土壁は，コンクリート擁壁と同様に盛土を構成する要素として，盛土に求められる性能を満足するよう設計しなければならない．具体的には，対象とする各設計状況において，盛土と補強土壁の状態が各限界状態を超えないことを照査し，これを満足することで盛土が所定の性能を満足するものとみなす．これらのうち，本節では補強土壁の設計に関するものを抜粋して解説する．

なお，補強土壁の場合には，耐荷性能に加え補強材の耐久性についても満足する必要がある．この点については，例えば鋼補強材に亜鉛メッキで表面処理するなど，対象補強材が供用期間内において耐荷性能に影響を及ぼさないように対応を図ることで，これを満足するものとみなしてよい．

設計状況

補強土壁の設計で考慮する設計状況は，擁壁と同等とみなしてよく，**表 4.9** を参照するとよい．

性能 1 の照査

補強土壁の性能 1 の照査では，盛土としての安定，補強土壁の安定，および壁面工に対するのり面の崩落について検討を行う．ここで，盛土としての安定は，4.3 節において，補強土壁をモデル化した安定照査を行えばよい．また，補強土壁の安定としては，**図 4.31** に示すように，補強材で補強された領域をマスとして重力式擁壁と仮定した安定を検討するため，滑動，転倒，および支持力について 4.5 節に基づいて照査を行えばよい．そこで，ここでは壁面工に対するのり面の崩落についての照査を解説する．

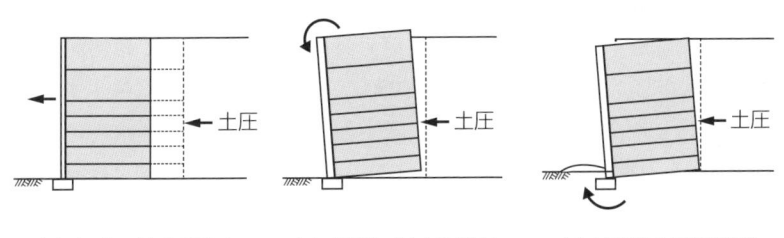

(a) 滑動に対する照査　(b) 転倒に対する照査　(c) 支持に対する照査

図 4.31 補強土壁の安定照査（性能 1）
（出典：『道路土工擁壁工指針』2012/07）

第4章 盛土の設計

壁面工に対するのり面の崩落は，**図4.32**に示すように，壁面材に作用する土圧によって発生する補強材の引張力に対して，補強材の破断，引抜き，壁面材の破壊および壁面材と補強材の連結部の破断に対する安全性について検討を行う必要がある．

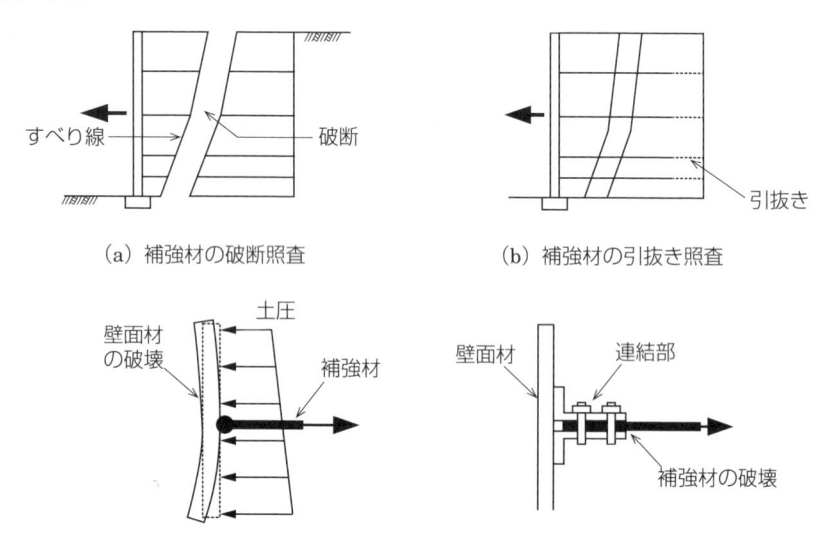

(a) 補強材の破断照査

(b) 補強材の引抜き照査

(c) 壁面材の破壊および連結部の破断照査

図4.32　壁面工に対するのり面の崩落についての照査（性能1）
（出典：『道路土工擁壁工指針』2012/07）

補強材の破断や引抜きに対する安全性は，**図4.33**に示すように，壁面に作用する土圧の合力 P_h とつり合う補強材に発生する引張力 ΣT_{regi} に対し，補強材の破断や安定領域側での補強材の破断あるいは引抜きが生じないことを照査する．

ここで，補強材の破断については，補強材に発生する引張力 T_{regi} が，補強材の設計引張強さを上回らないことを満足すれば，破断についての性能1を満足するものとみなしてよい．補強材の引抜きについては，補強材に発生する引張力 T_{regi} が，仮定したすべり面より奥側の安定領域側に位置する補強材の設計引抜き抵抗力 T_{pi} を上回らないことを照査する．設計引抜き抵抗力 T_{pi} は，補強材を設置した深さ Z_i での土被り圧（$\gamma \cdot Z_i$）に対し，摩擦で抵抗力を発揮する補強材では補強材の長さと幅から，支圧力で抵抗力を発揮する補強材では支圧板の寸法や形状等から得られる引抜抵抗に安全率を考慮して設定する．

壁面材の破壊については，壁面材に作用する土圧に対しこれに抵抗する補強材を支点としたはりを仮定し，壁面材のコンクリートや鋼材等に生じる応力が許容

応力を上回らないことを照査する.

壁面材と補強材との連結部における破断については，補強材に作用する引張力 T_{reqi} が，壁面材と補強材との連結部の設計強度 T_{BW} を上回らないことを照査する.

以上，これらをすべて満足した場合に，**対象補強土壁は壁面工に対するのり面崩落の面から盛土の性能 1 を満足する**ものとみなしてよい．なお，補強土壁の各種構造形式に用いられる補強材や壁面材を含めた構成部材はメーカーごとに異なり，それぞれに耐久性を踏まえた実験などから許容値等を設定しており，設計にあたっては対象盛土に応じて最も効果的で経済的な補強土壁形式，および補強材等の部材を選定する.

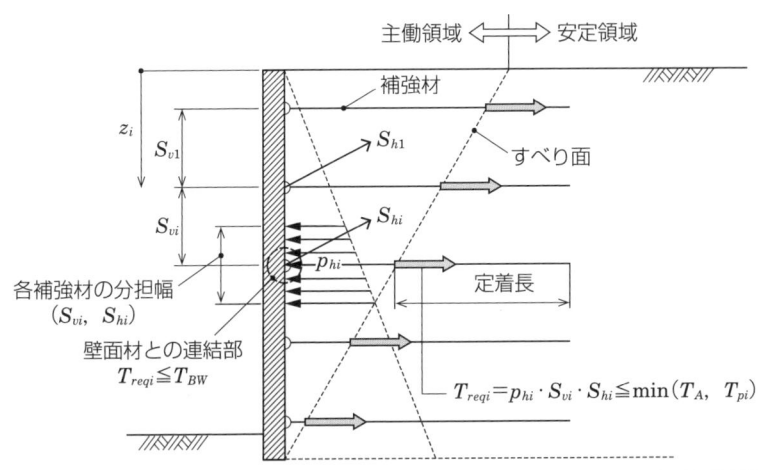

※ここに，p_{hi}：壁面材に作用する水平土圧（kN/m²），S_{vi}, S_{hi}：補強材の鉛直および水平配置間隔（m），z_i：補強土壁天端からの深さ（m），T_{regi}：各補強材に作用する引張力（kN/m），T_{pi}：各補強材の引抜き抵抗力（kN/m），T_A：補強材の設計引張強さ（kN/m），T_{BW}：壁面材と補強材との連結部の設計強度（kN/m）

図 4.33 補強材に作用する引張力の考え方
(出典：『道路土工擁壁工指針』2012/07)

●性能 2，3 の照査

補強土壁も擁壁と同様に盛土を構成する一要素であり，盛土の性能を満足することが重要であるため，レベル 2 地震時には盛土の性能 2，3 の照査において擁壁もモデル化し，ニューマーク法などにより路面の変状量が所定の限界状態を満足することを確認しなければならない．

一方，盛土の性能 2，3 に対応した補強土壁自体の限界状態の照査は，例えば動的 FEM 解析などの詳細な解析により擁壁に生じる変状や損傷について照査を行うことが理想だが，解析の再現性が十分確認されていないことや補強土壁の場

第4章 盛土の設計

合には基礎地盤の調査も十分に行われないことが多いことなどから，その実用性は低いと考えられている．また，大規模地震の影響を受けた補強土壁の損傷が小さいといった実績もある．このため，盛土の性能2，3に対応した補強土壁自体の限界状態の照査は，当面，レベル2地震時の設計震度を用いて性能1の照査に準じた照査を行えば，限定された損傷にとどまり盛土の性能2を満足するものとして設計上扱われている．

例題 補強土の滑動・転倒・支持力の照査

下図に示すような，補強材を設置した範囲（高さ：4.5m，幅：3m）を土の擁壁と仮定した滑動・転倒・支持力に関する安定を照査せよ．なお，ここで土の単位体積重量 (γ) = 18 kN/m³，せん断抵抗角 (ϕ) = 30°，粘着力 (c) = 0 kN/m²，擁壁底面と地盤との摩擦係数 (μ) = 0.6 とする．また，背面の主働土圧の合力 (P_A) = 55 kN/m で，土圧を三角形分布とした重心の高さ 1.5m に載っているものとする．

例題の解答

滑動照査

$$V_0 = 18 \times 3.0 \times 4.5 = 243 \text{ kN/m}$$

$$F_s = \frac{V_0 \cdot \mu + c_B \cdot B'}{H_0} = \frac{243 \times 0.6}{55.0}$$

$$= 2.65 > 1.2 \quad OK$$

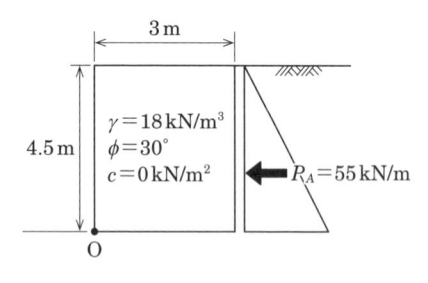

転倒照査

$$d = \frac{M_r - M_0}{V_0} = \frac{243 \times 1.5 - 55 \times 1.5}{243}$$

$$= 1.16 \text{ m}$$

$$e = \frac{B}{2} - d = \frac{3.0}{2} - 1.16 = 0.34 \text{ m} \leq \frac{B}{6} = 0.5 \text{ m} \quad OK$$

支持力照査

$$q_1 = \frac{V_0}{B} \cdot \left(1 + \frac{6e}{B}\right) = \frac{243}{3} \times \left(1 + \frac{6 \times 0.34}{3}\right) = 136.1 \text{ kN/m}^2 \leq 200 \text{ kN/m}^2 \quad OK$$

※ここで支持地盤は，中位な砂質土とした．

4.6節 その他の盛土の設計

Point!
① 勾配が1：0.6より緩い補強土は補強盛土として扱う．
② 軽い材料で盛土する場合には有利なことと課題とを同時に検討する．

　これまで一般的な盛土と盛土を構成する擁壁などについて解説してきた．ここで，擁壁や補強土壁は盛土の用地の制約がある場合に用いられるが，用地を狭めれば狭めるほど擁壁の高さが高くなり，盛土費用も増大することは容易に想定される．この際，盛こぼし盛土と擁壁を用いた盛土との中間的な位置づけとして，**補強盛土**があり，用地の制約に応じて補強盛土とすることが合理的な場合がある．

　また，軟弱地盤上の盛土対策として**軽量盛土**は有効な手法の1つであり，これまでにも多く用いられている．そこで本節では，補強盛土と軽量盛土の工法と設計の概要について解説する．

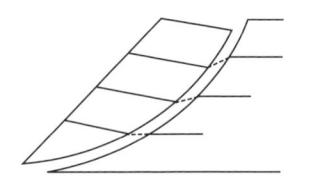

(a) ジオテキスタイルの破断および伸びの検討

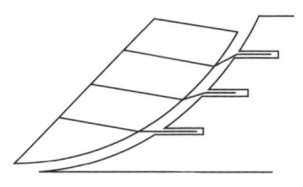

(b) ジオテキスタイルの引抜けに対する検討

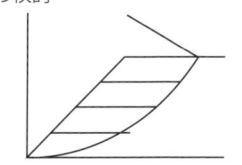

(c) 補強領域の外側を通るすべり面の検討

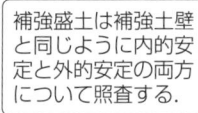

補強盛土は補強土壁と同じように内的安定と外的安定の両方について照査する．

図4.34　補強盛土の破壊モード
(出典：『道路土工擁壁工指針』2012/07)

●補強盛土の設計

　補強盛土は4.6節の補強土壁の補強材を用いてのり面の安定性を向上し，壁面

材を用いずにのり面の急勾配化を可能（ただし，1：0.6まで）とした盛土である．

補強盛土の設計状況や対象とする限界状態は 4.3 節の盛土の設計と同じだが，図 **4.34** に示す通り，①補強領域内を通るすべり破壊，②補強領域外を通るすべり破壊，③補強材を敷設した土塊の抜け出しの 3 つの破壊モードについて検討する必要がある．これらのうち，②は 4.3 節の一般盛土と同じ照査となり，③は 4.6 節に示す補強土壁と同じ照査のため，ここでは①について解説する．

補強領域内を通るすべり破壊の照査では，補強材の引張力を考慮した式（4.34）から推定される安全率が，表 **4.6** に示した盛土に求められる安全率を満足することにより，当該すべり破壊に対する盛土の性能 1 を満足するものとみなしてよい．

$$F_s = \frac{M_R + r \cdot \sum (T_i \cdot \cos\theta + T_i \cdot \sin\theta \cdot \tan\phi)}{M_D} \tag{4.34}$$

$$M_R = r \cdot \sum [c \cdot l + \{(W - u \cdot b)\cos\alpha - k_h \cdot W \cdot \sin\alpha\}\tan\phi] \tag{4.35}$$

$$M_D = r \cdot \sum \left(W \cdot \sin\alpha + \frac{h}{r} \cdot k_h \cdot W \right) \tag{4.36}$$

ここに，F_s：安全率，M_R：無補強時の土塊の抵抗モーメント（kN/m・m）（式（4.35）で推定する），M_D：無補強時の土塊の滑動モーメント（kN/m・m）（式（4.36）で推定する），θ：ジオテキスタイルとすべり線の交点とすべり線中心を結ぶ直線が鉛直線となす角度（度），T_i：各ジオテキスタイルの引張力（kN/m），c：土の粘着力（kN/m^2），ϕ：土のせん断抵抗角（度），l：分割片で切られたすべり面の長さ（m），W：分割片の全重量（kN/m），u：間隙水圧（kN/m^2），b：分割片の幅（m），α：各分割片で切られたすべり面の中点とすべり円の中心を結ぶ直線と鉛直線のなす角度（度），k_h：設計水平震度，h：各分割片の重心とすべり円の中心との鉛直距離（m），r：すべり円弧の半径（m）．

なお，性能 2 や 3 の照査で，補強領域内を通るすべりによる変形量をニューマーク法で推定する場合には，式（4.34）から限界震度を推定して行うものとする．

●軽量盛土の設計

代表的な軽量盛土工法を表 **4.15** に示し，各工法の概要を以下に解説する．

4.6節 その他の盛土の設計

表 4.15 代表的な軽量盛土工法

軽量盛土材料の種類	単位体積重量 (kN/m³)	特　徴
発泡スチロールブロック	0.12～0.3	超軽量性，合成樹脂発泡体
気泡混合軽量土	5～12 程度	密度調整可，流動性，自硬性，発生度利用可
発泡ビーズ混合軽量土	7 程度以上	密度調整可，土に近い締固め・変形特性，発生度利用可
発泡ウレタン	0.3～0.4	形状対応性，自硬性
水砕スラグ等	10～15 程度	粒状材，自硬性
火山灰土	12～15	天然材料（しらす等）

(1) 発泡スチロールブロック

発泡スチロールブロックとは，単位体積重量が 0.12～0.30 kN/m³ の軽量ブロック（標準寸法：2m×1m×0.5m）を積み重ねて盛土とするもので，人力でも運搬が可能で施工性に優れた工法である．ただし，軽いことから施工中や供用後に水浸のおそれがある場合には，浮力に対する検討と対策が必要となる．また，その材料特性により，火気を近づけることやガソリンなどの接触，および長時間の紫外線照射は避ける必要がある．

(2) 気泡混合軽量土

気泡混合軽量土とは，土に水とセメント等の固化材を混合して流動化させたものに気泡を混合し，単位体積重量が 5～12 kN/m³ の軽量な流動材料をコンクリート同じように現地で打設し硬化させることにより，一軸圧縮強度 1000 kN/m² までの硬質の盛土とする工法である．ただし，現地で硬化させる工法のため，コンクリート同様に強度と密度を事前に配合試験にて十分に確認する必要があるとともに，打設時の材料分離などに留意した施工管理が要求される．また，土に有機物等硬化を阻害するものが混入する場合には，固化材の選定に注意を要する．

(3) 発泡ビーズ混合軽量土

発泡ビーズ混合軽量土とは，土砂にスチレン系などの樹脂を直径 1～10 mm に発泡した粒子や成形発泡材料を粉砕したものなど，超軽量な発泡ビーズ（粒子）を混合して単位体積重量が 7 kN/m³ 程度以上の軽量土を土と同じように転圧して盛土する工法である．

また，水と固化材を加えてスラリー状にして盛土することもできる．ただし，材料が土と類似し土と同じように盛土することが特徴であるため，材料特性が土と大きく異ならないための固化材の調整といった検討が必要となる．

第4章 盛土の設計

　ここで示した工法の他にも，**発泡ウレタン，水砕スラグ，火山灰土**を用いるものなどが開発され，すでに実際の盛土に用いられているなど，軽量盛土の開発と合理的活用は増加している．

　設計としては，図 **4.35** に示すように，**発泡スチロールブロック**や**気泡混合軽量土**といった側壁（擁壁）が必要となるものについては，**軽量盛土基礎地盤**の安定とともに擁壁の挙動が盛土の性能に直結するため，4.5 節に基づき擁壁の設計を行う．**発泡ビーズ混合軽量土**など一般盛土に近い盛土の場合には，4.3 節に基づき盛土の設計を行う．なお，先にも述べたが，軽量盛土全般として**盛土材料が軽量であるがゆえの水浸に対する浮力の検討が重要となる**．

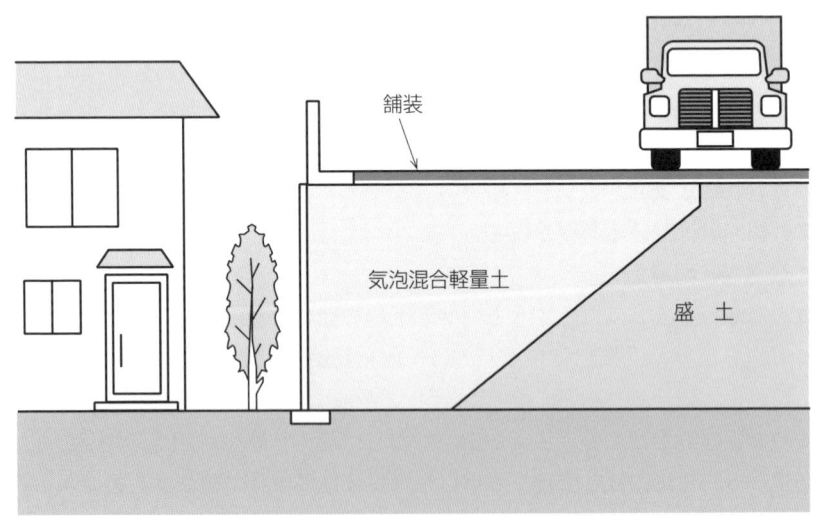

図 4.35　道路拡幅に用いられる気泡混合軽量盛土のイメージ

"どんどん高く,高〜くなる道路盛土"

　道路盛土というと,普通はだいたい 10 m 程度ぐらいまでが多く用いられている.しかしながら,近年は土地利用や平野部での軟弱地盤対策などを考えると,高速道路のようにインターチェンジのみの接続だけを考えればよい場合,なるべく山岳部を通りトンネル比率を高めた方が安価に道路を構築できるため,**山岳部に構築する高層道路**が増えている.

　これにともなってトンネルからの接続部において,高盛土の計画も増加しており,例えば第二東名高速道路では下図（a）に示すような高さ 50 m 級の盛土がいくつもあり,加瀬沢盛土区間では最大高さ 90 m の道路盛土も存在している.このような盛土では土の敷均しと転圧の効率化から,下図（b）に示すような 300 kN 級の大きな振動ローラによる厚層施工(仕上り厚さ 60 cm,通常のおよそ倍である)が行われたり,GPS を取り付けた転圧経路の確認などから品質管理を行ったりしている.

(a) 第二東名高速道路の高盛土

(b) 300 kN 級の振動ローラ

(出典:横田聖哉・中村洋丈「高速道路における土工技術の変遷」『建設の施工企画』2009/03)

第5章

切土の設計

　本章では，作るのではなく「削り取る」切土の設計法について解説する．「切土に求められる性能とは何か」，「その性能を満足するためにどんな検討を行うか」など，切土の安定，のり面の保護，および切土擁壁の設計について学習する．

5.1節 どんな切土を設計するのか

> **Point!**
> ①切土は自然の地盤でものを作るようなもので調査とともに経験や判断が重要である．
> ②自然地盤で作る切土でも暗に考慮する性能は存在する．

切土の設計も設計者は「**どんな切土を作るのか**」をまず認識し，これを満足する設計を目指すといった基本的な理念は他の構造物と同じである．しかしながら，切土は橋や盛土とはちょっと異なり，切土ならではの**特殊性**を有している．実は切土の要求性能を明記している**設計基準というのは見当たらない**．これも切土の特殊性に起因している．

それでは切土の特殊性とは何なのか，「切土に**要求性能はないのか**」という疑問が生じるが，本節ではこの点について解説する．

●切土の特殊性

切土は 1.4 節でも述べたように，**自然の斜面を切り取り**，そこに道路や鉄道を通行させるものである．すなわち，切土は品質管理可能な材料を用いて構築する**構造物ではなく**，自然の地盤や岩が切土を形成する材料の品質であり，それを踏まえて切土の勾配やのり面保護など，切土の構造を設計することとなる．

このため，自然の地盤や岩の品質を調査により確認するが，**相手が自然である**ことから十分な調査というのが難しく，地盤の層厚変化，内在するすべり面，岩の節理など，自然斜面の完全な品質の把握は不可能といっても過言ではない．

したがって切土の設計では，調査は無論行うものの，山国である日本でこれまで多くの山岳道路を切土して構築してきた実績，対象現場をよく知る**地質技術者の経験やこれに基づく判断が最も重要な要素となる**．この点が他の構造物と大きく異なる，すなわち切土の特殊性なのだということを認識しなければならない．

●切土の要求性能

切土という品質の把握が困難な材料を用いて構築する構造物でも，目的を持って構築される土木構造物である限り，**要求性能**はもちろんある．切土の要求性能を**表 5.1，5.2** に示す．

ただし，これは設計を行う際に**暗に考慮されている要求性能**である．その理由は先に述べた通り，地盤調査は行うもののその品質の把握が困難な自然斜面を切土するにあたり，これまでの実績と地質技術者の判断から，「この現場の切土はこうしておけばいい」といったことから設計されるものであり，数学的な安全性の裏づけが困難なためである．

とはいっても，これまでの切土の自然災害が他の構造物と比較して多いかというとそうではなく，「実績」と「判断」で設計される切土ではあるが，他の構造物と同様に要求性能は満足されているものと考えられる．この点については，わが国の豊富な実績と優秀な地質技術者を誇るべきであろう．

したがって，読者が今後切土の設計を行う際，切土の設計基準を見て切土の要求性能が記述されていなくとも，それはないのではなく，設計技術者の中では暗に考慮されており，**結果としてその性能は満足されている**ということをご理解いただきたい．

表 5.1 設計状況と要求性能（暗に考慮）

設計状況（荷重や作用の組合せ）	性能 1	性能 2
常時	○	
降雨時	○	
レベル 1 地震時	○	
レベル 2 地震時		○

表 5.2 性能の観点（暗に考慮）

耐震性能	安全性	供用性	修復性
性能 1：健全性を損なわない性能	人命を損失するような変状を起こさない	通常の通行性を確保	通常の維持管理程度の補修
性能 2：損傷が限定的で，機能回復が速やかに行いうる性能	人命を損失するような変状を起こさない	機能回復が速やかに可能	応急復旧で機能回復

5.2節　切土の安定

> **Point!**
> ①切土の勾配は地山の土質や切土高さに応じてこれまでの実績から設計する．
> ②地すべりや崩壊跡地等では崩壊等の再現から安定解析により設計する．

● のり面勾配の設計

　切土は自然の地盤（以下，地山）が切土を構築している材料であり，切土そのものでもある．したがって，地山の調査結果が切土する材料の品質で，切土の安定に大きな影響を及ぼす．しかしながら，地山は不均質な土砂・岩塊，節理・断層等の地質的不連続面や風化・変質部を含むために極めて複雑で不均一な構成となっている．

　しかも，降雨や地震あるいは経年的な風化によって，**切土のり面**は施工後徐々に不安定となっていくものである．このため切土のり面において，精度の高い地盤定数を求め優位な安定計算ができるのは，均一な土砂等を除き，ほとんどないと考えてよい．

表5.3　切土に対する標準のり面勾配

地山の土質		切土高	勾配
硬岩			1：0.3～1：0.8
軟岩			1：0.5～1：1.2
砂	密実でない粒度分布の悪いもの		1：1.5～
砂質土	密実なもの	5m以下	1：0.8～1：1.0
		5～10m	1：1.0～1：1.2
	密実でないもの	5m以下	1：1.0～1：1.2
		5～10m	1：1.2～1：1.5
砂利または岩塊混じり砂質土	密実なもの，または粒度分布のよいもの	10m以下	1：0.8～1：1.0
		10～15m	1：1.0～1：1.2
	密実でないもの，または粒度分布の悪いもの	10m以下	1：1.0～1：1.2
		10～15m	1：1.2～1：1.5
粘性土		10m以下	1：0.8～1：1.2
岩塊または玉石混じりの粘性土		5m以下	1：1.0～1：1.2
		5～10m	1：1.2～1：1.5

（出典：『道路土工切土工・斜面安定工指針』2009/06）

したがって，現在の切土の設計においては，これまでの実績から設定した**表5.3**に示すのり面勾配の標準値を参考とし，地質調査，周辺の地形・地質条件，過去の災害履歴および同種ののり面の安定の実態等の調査，ならびに技術的経験等に基づき，のり面勾配を決定している．

なお，ここでの標準勾配は，施工時ののり面無処理状態，施工後は植生工程度ののり面保護工の実施を前提として提案されている．

ここで，表5.3に示す硬・軟岩の区別は**掘削の難易性**から**判断**されたもので，主として岩片のせん断強さと割目の多少および緩みの程度に左右される．また，表に示す値の幅は，自然地盤が割目や不均一性に富み，かつ，それらの把握が困難で不確定要素が多いため，画一的に決めることが難しいことによる．

特に軟岩は，砂質・泥質・凝灰質等のさまざまな岩質にまたがる堆積岩類，蛇紋岩等の破砕や変質を受けて脆弱化した岩，あるいは風化岩等，非常に多岐な地質が含まれ，さらにはこれらの軟岩の中には風化によってのり面の劣化が急速に進みやすいものもあるため，広い範囲で**標準のり面勾配**が示されている．

したがって，のり面勾配の選定にあたっては，調査結果とともに十分な技術的経験に基づいて適切に選定する必要がある．すなわち最終的なのり面勾配は，対象とする地山を知る経験豊富な地質技術者や設計者の判断に委ねられるのである．

●特殊な場合の切土の設計

地すべり地や崩壊跡地等では，切土したのり面対策が行われることがある．このような場合では，現時点で活動中すべりの実績，あるいは崩壊した事実があることから，この実態や事実に基づいて盛土と同じようにすべり解析から安定性を検討し必要な対策を講じる．具体的には，現在すべりが活動あるいは崩壊しているので，すべり解析の安全率は1.0を若干下回っているという仮定のもとに，地山の地盤定数を仮定して対策工を設計する．

ここでは**地すべり地**を対象とし，この際の設計方法について解説する．

(1) 設計方法

解析法としては，地すべりブロックの主側線上で設定したすべり面を対象とし，簡便法に基づいて**図5.1**に示すように地すべり土塊の断面をいくつかのスライスに分割し，式(5.1)から安全率を推定する．

$$F_s = \frac{\sum[c \cdot l + (W - u \cdot b)\cos\alpha \cdot \tan\phi]}{\sum W \cdot \sin\alpha} \tag{5.1}$$

ここで，F_s：安全率，c：粘着力 (kN/m^2)，ϕ：せん断抵抗角（度），l：各分

割片で切られたすべり面の弧長（m），u：間隙水圧（kN/m²），b：分割片の幅（m），W：分割片の重量（kN/m），α：分割片で切られたすべり面の中点とすべり円の中心を結ぶ直線と鉛直線のなす角（度）．

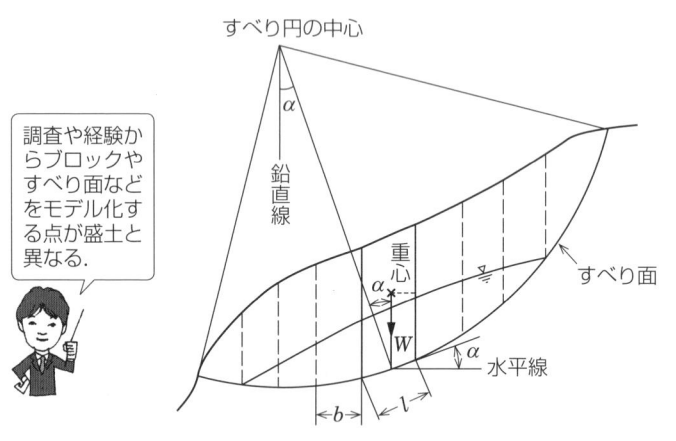

図 5.1　地すべり安定計算に用いるスライス分割の例
（出典：『道路土工切土工・斜面安定工指針』2009/06）

(2) 設計にあたっての留意点
(a) 最初の検討断面
　地すべり土塊はいくつかのブロックに分かれ，相互に関連して活動する場合があり，まずはこのブロック分割を行い各ブロックの中で**最も地すべりの可能性の高い順から検討をはじめる**．
(b) すべり面の位置と形状
　すべり面の位置と形状は，各ボーリング調査やテストピット等で確認，または想定されたすべり面の最深部を結んで定める．現在活動中の地すべりの場合は，パイプひずみ計や孔内傾斜計の観測によって求めたすべり面と地表面に現れた亀裂等を結ぶすべり面を想定する．
(c) 間隙水圧
　すべり面に沿った間隙水圧は，すべり面付近の間隙水圧系の測定結果により得られた最も大きな水圧を採用する．
(d) すべり面の土のせん断強度
　現在活動中の地すべりのすべり面のせん断強度は，式（5.1）から安全率を 0.95～1.0 の範囲で推定し，すべり面の平均的な強度定数 c, ϕ を設定する．

具体的には，設定した安全率に対して $c=0$ とおいて $\tan\phi$ を求め，次に $\tan\phi$ を 0 として c を求め，**図 5.2** に示すような $c-\tan\phi$ 関係図から現時点を再現する c, ϕ を決定する．この関係図を用いる際，**表 5.4** に示す経験値から c を仮定して，$\tan\phi$ を決定してもよい．

> 地すべりブロックが動いている実態から地盤の強度定数を推定する．

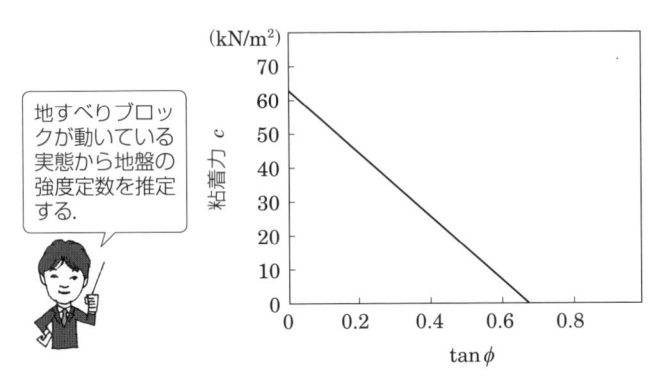

図 5.2　地すべり面形状をもとに逆算法で求めた $c-\tan\phi$ 関係図の例
（出典：『道路土工切土工・斜面安定工指針』2009/06）

表 5.4　c の経験値

すべり面の平均鉛直層厚（m）	粘着力（kN/m²）
5	5
10	10
15	15
20	20
25	25

（出典：『道路土工切土工・斜面安定工指針』2009/06）

現時点の状況を再現した後対策工を計画し，式（5.1）の**安全率が 1.2 以上確保できる場合には，計画対策工は切土の耐荷性能に十分な安全余裕があるもの**とみなしている．

5.3節　のり面保護工の設計

Point!
①のり面保護工は地盤や水の状態などから実績に基づいて設計する．
②一般的なのり面保護工の設計の流れとともに現地での特殊性に配慮する．

　切土したのり面をそのまま放置すると，風雨や乾湿により，土砂ののり面は侵食され小さな崩壊を繰り返してやがては大きな崩壊へとつながり，岩盤のり面は風化や亀裂の進行からやがては**岩盤崩壊**を引き起こすこととなる．したがって切土のり面は，このようなことがないよう適切に保護しておくことが重要である．しかしながら，これら風雨やこれにともなうのり面の侵食・風化は自然現象であり，のり面の保護を計算から設計することは難しい．

　このため**のり面保護工**は，構造物工の**擁壁**といった抗土圧構造物を除いて，のり面の長期的な安定確保や自然環境の保全・修景の観点から，植生やモルタル吹き付けなど実績に基づいて設計されるものが多い．そこで本節では，これら実績に基づく**切土のり面の保護工の選定**について概説する．設計に計算が必要な抗土圧構造物については，5.4節で述べる．

●のり面保護工の選定

　1.4節で紹介した各種のり面保護工から，現場に適したのり面保護工の選定にあたっては，のり面の岩質，土質，土壌硬度，pH等の地質・土質条件，湧水や集水の状況，気温や降水量等の立地条件や植生等の周辺環境について把握し，のり面の規模やのり面勾配等を考慮するとともに，経済性，施工性，施工後の維持管理のことまで考慮して選定しなければならない．具体的には以下に示す点に留意して選定する．

(1) のり面勾配

　のり面勾配の観点では，軟岩や粘性土で **1：1.0〜1.2**，砂や砂質土で **1：1.5 より緩い場合**には一般に**安定勾配**とされ，**図5.3**に示すような植生工のみで対応可能である．ただし，湧水や侵食が懸念される場合には，**図5.4**に示すような簡易なのり枠工や柵工を併用する．安定勾配が確保できない場合や表層の不安定化が懸念される場合には，**図5.5**に示すような地山補強土工等を併用しなければな

らない．岩盤以外で **1：0.8 より急な場合**は，植生工のみや緑化基礎工を併用した場合でも，侵食や崩壊を防止することは困難な場合が多いため，最初に構造物工の適用を検討し，可能ならば植生工の併用について検討するのがよい．

図 5.3　植生工の例

（a）棚工
（提供：丸ス産業株式会社）

（b）のり枠工
（提供：青協建設株式会社）

図 5.4　棚工・のり枠工の例

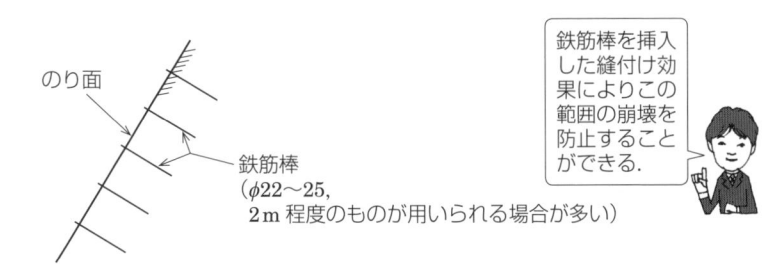

のり面

鉄筋棒
（ϕ22〜25，
　2m 程度のものが用いられる場合が多い）

鉄筋棒を挿入した縫付け効果によりこの範囲の崩壊を防止することができる．

図 5.5　鉄筋挿入による地山補強土工の例

(2) 侵食されやすいのり面

砂質土等の侵食されやすい土砂からなる切土のり面では，一般に**植生工のみ**を適用する場合が多い．ただし，湧水や表流水による侵食の防止が必要な場合には，のり枠工や柵工等の緑化基礎工と植生工を併用する．湧水の処理は，その程度に応じてかご工，中詰にぐり石（径が150～200 mm程度の石）を用いたのり枠工や柵工を用いるが，地下排水工を枝状に配置しておくとのり面保護工の背面の侵食防止に効果的である．

(3) 湧水の多いのり面

湧水が多いのり面では，地下排水溝や水平排水孔等の地下排水施設を積極的に導入するとともに，のり面保護工として図5.7に示すような**井げた組擁壁**，ふとんかご（じゃかごともいう），中詰にぐり石を用いたのり枠等の開放型の保護工を適用するのがよい．

落石のおそれのあるのり面のうち，礫混じり土砂や風化した軟岩等では小規模な落石が発生するので，植生工と併用して図5.8に示すような浮石を押さえる落石防止網を設置したり，路面への落石を防止する落石防護柵を設置する．割目が多く湧水のない軟岩の場合，自然環境とは馴染まないが，図5.9に示すようなモルタル，コンクリート吹付工が適している．

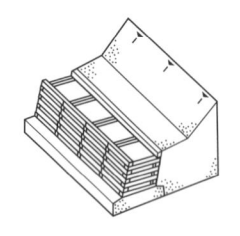

(a) 井げた擁壁 　　　　　　(b) ふとんかご（じゃかご）

図5.6　井げた擁壁・ふとんかご（じゃかご）の例

(a) 落石防止網 　　　　　　(b) 落石防護柵

図5.7　落石防止網や落石防護柵の例

図 5.8　モルタル吹付けのり面の例
（提供：青協建設株式会社）

(4) 寒冷地ののり面

寒冷地においてシルト分の多い土質ののり面では，凍上や凍結融解作用によって植生が剥離したり滑落することが多いため，のり面勾配をできるだけ緩くしたり，のり面排水口を行うことが望ましい．

(5) 硬いのり面

密実な砂質土，硬い粘性土，および泥岩（土丹）のような硬いのり面に対して植物を導入する場合は，導入植物に適した土壌養分を有する材料で安定した植生基盤を造成できるのり面緑化工を採用する．

(6) 土壌 pH が 4 以下ののり面

のり面の**土壌 pH が 4 以下**の場合，湖沼の底泥が隆起した古い地層等で切土により急激に空気にさらされるなど短期間で極めて強い酸性に変わるような場所では，何らかの対処をしなければ植物の生育が困難である．

このため，植生工の基盤材にゼオライト，セメントや石灰等を混入して吸着や中和を図るか，のり面の基岩に起因する強酸性水が植生基盤に滲出しないように排水対策や半透水性ソイルセメントによる遮水対策等を講じる必要がある．これらが困難な場合には，植生工は行わずにブロック張工等の密閉型の構造物工を採用する．

以上の留意点に基づく選定フローを図 5.9 に示す．

第 5 章　切土の設計

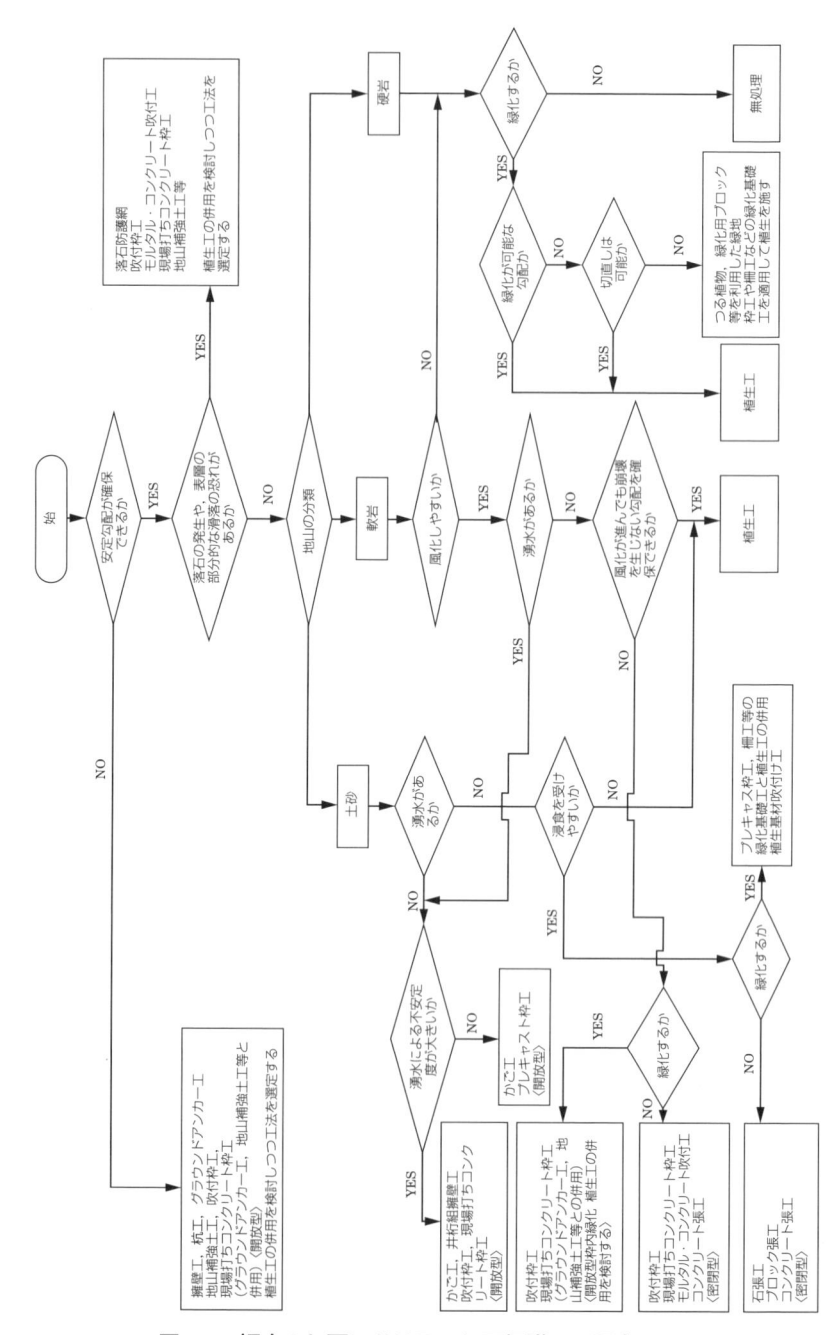

図 5.9　切土のり面におけるのり面保護工の選定フロー
（出典：『道路土工切土工・斜面安定工指針』2009/06）

5.4節　切土擁壁の設計

Point!
① もたれ式擁壁の設計は試行くさび法で作用土圧を設定する．
② もたれ式擁壁の設計は地盤にもたれる特性を考慮して設計する．

●対象切土擁壁

切土擁壁はもたれ式擁壁が用いられることが多いため，本節ではもたれ式擁壁の設計について解説する．もたれ式擁壁の構造と名称を図 5.10 に示す．

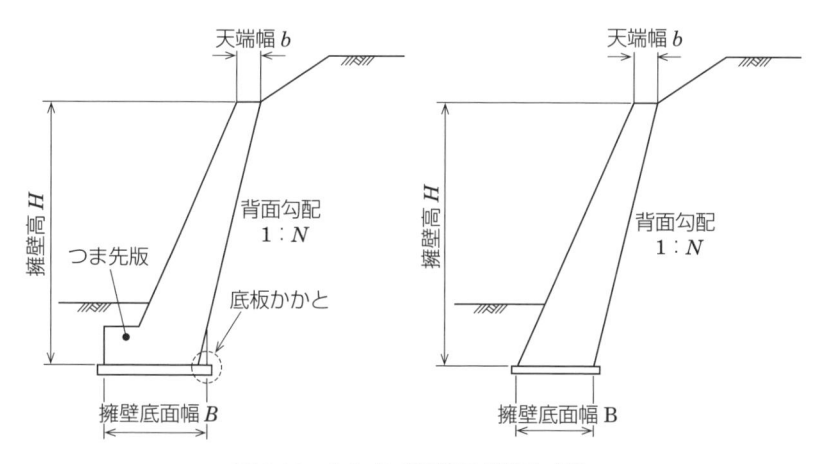

図 5.10　もたれ式擁壁の構造と名称
（出典：『道路土工擁壁工指針』2012/07）

●もたれ式擁壁の設計

もたれ式擁壁は，地山または切土部にもたれた状態で本体自重のみで土圧に抵抗する形式の擁壁であり，盛土擁壁とは異なり，擁壁背面のすべり面が地山に影響される．そこで，もたれ式擁壁の設計に用いる背面側の主働土圧は，この地山の影響を考慮した**試行くさび法**という方法を用いて算出する．

(1) 試行くさび法による土圧

試行くさび法とは，擁壁背面の地山の状況に応じてすべり面を色々と試行し，

153

ここで得られる**最大土圧を設計土圧とする方法**である．具体的には，すべり面が図 **5.11** に示すように途中で切土のり面等と交わる場合，擁壁のかかとから引いたすべり面が切土のり面等と交わった点から切土のり面等に沿って折れ曲がるようなすべりが生じると考え，すべり面と水平をなす角度を色々と試行して付式（21）から主働土圧の合力を算出し，この中から最大土圧を抽出して設計土圧とする．

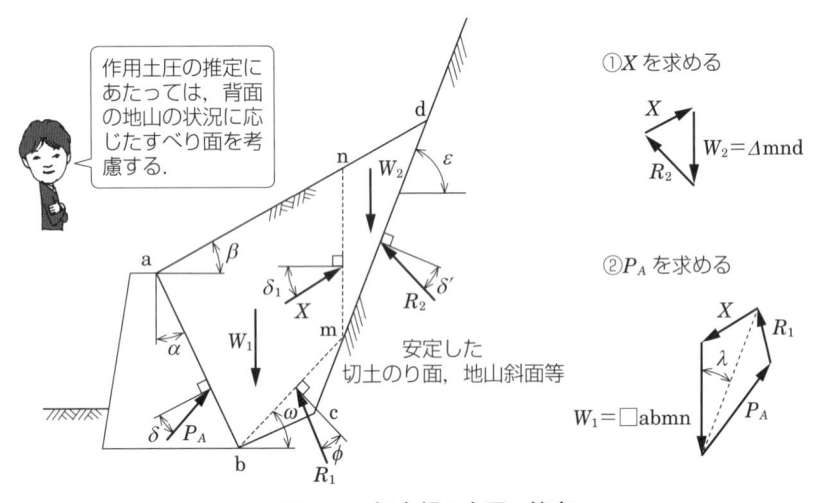

図 5.11　切土部の土圧の算定
（出典：『道路土工擁壁工指針』2012/07）

(2) 安定照査

もたれ式擁壁の安定は，土圧は試行くさび法による土圧を用い，4.4 節に示す方法で照査する．ただし，合力の作用位置 d がつま先から擁壁底面幅 B の 1/2 より背面側にある場合，すなわち背面地盤にもたれようとする場合には，鉛直地盤反力度を図 **5.12（a）** に示す変位と壁面に作用する土圧，および地盤反力度との関係から推定する．

ここで，この際の壁面に作用する土圧は図 **5.12（b）** に示すように，壁面の変位に応じた**側圧**となる．すなわち，背面側に変位しようとする壁の背面には受働土圧を最大値として静止土圧よりも大きな土圧が作用し，前側に変位しようとする壁の背面には主働土圧を最小値として静止土圧よりも小さな土圧が作用する．ただし，一般に擁壁が前側に移動しようとすると，すぐに**主働土圧**となることが知られているので，この場合の土圧は最初から主働土圧を仮定することが多い．

5.4節 切土擁壁の設計

　このような仮定に対し，実際の設計では便宜上図 **5.12 (c)** に示すような土圧として**鉛直地盤反力度**を推定する．具体的な計算モデルは，次のように設定する．
　擁壁底面の鉛直地盤反力度は，もたれ式擁壁を基礎地盤と背面地盤に支持された構造体と考え，図 **5.13** に示すように擁壁本体を剛部材と仮定し，付式 (22)，(23) から底面の地盤バネと背面の地盤バネを考慮した**弾性支承上の剛体モデル**として推定する．

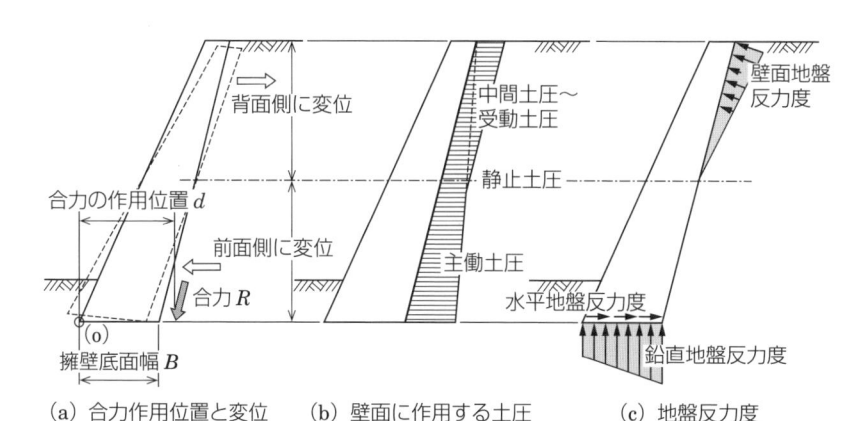

図 5.12　もたれ式擁壁の変位，壁面に作用する土圧，地盤反力の関係
(出典:『道路土工擁壁工指針』2012/07)

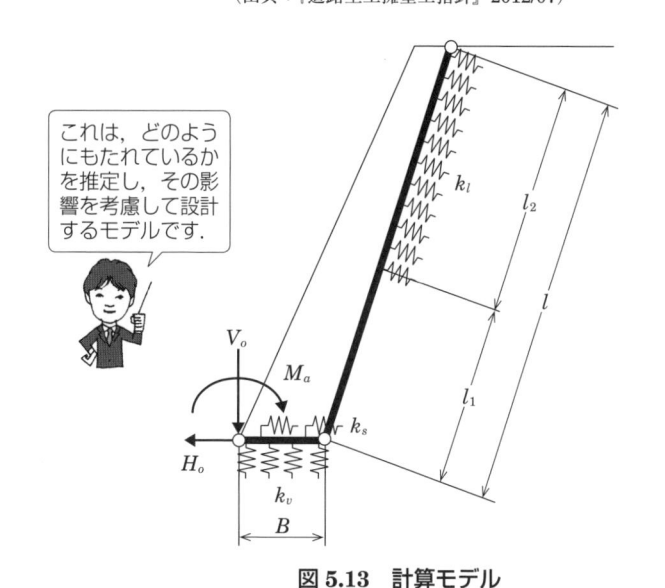

(a) 合力作用位置と変位　　(b) 壁面に作用する土圧　　(c) 地盤反力度

これは，どのようにもたれているかを推定し，その影響を考慮して設計するモデルです．

図 5.13　計算モデル
(出典:『道路土工擁壁工指針』2012/07)

第 5 章 切土の設計

図 5.13 において，V_o：擁壁底面における全鉛直荷重（kN/m），H_o：擁壁底面における全水平荷重（kN/m），M_a：擁壁底面のつま先回りの作用モーメント（kNm/m，$M_a = M_r - M_o$），M_r：擁壁底面のつま先回りの抵抗モーメント（kNm/m），M_o：擁壁底面のつま先回りの転倒モーメント（kNm/m），l_1：擁壁底面から壁面地盤反力度が発生する位置までの区間長（m），l_2：壁面地盤反力度が発生する区間長（m），k_v：底面地盤の鉛直地盤反力係数（kN/m³）で付式（22）から推定，k_s：底面地盤のせん断地盤反力係数（kN/m³）で付式（23）から推定，k_t：背面地盤の壁面直角方向地盤反力係数（kN/m³）で式（3.10）から推定するが換算載荷幅は l_2 と擁壁延長との積で得られる面積の平方根とする．なお，ここで V_o, H_o, M_a は，試行くさびで求めた土圧を用いて算出する．

もたれ式擁壁の躯体は，図 5.13 から得られた背面地盤力と試行くさび法で得られた主働土圧により，**図 5.14** に示すように，照査断面位置を固定端とする片持ばりとして設計する．つま先版がある場合には，これを考慮した図 5.13 のモデルから得られる応力をそのまま用いて設計する．

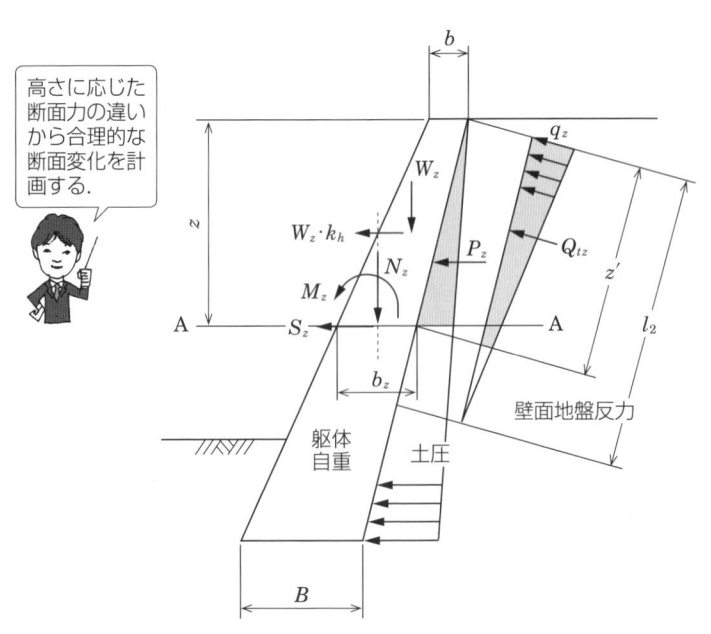

図 5.14　躯体に作用する荷重と断面力の考え方
（出典：『道路土工擁壁工指針』2012/07）

5.4節 切土擁壁の設計

　図5.14において，A–A：躯体の照査断面位置，z：擁壁天端から照査断面位置までの高さ（m），W_z：高さzの位置における躯体自重（kN/m），$W_z \cdot k_h$：地震を考慮する場合の高さzの位置における躯体自重による慣性力（kN/m），P_z：高さzの位置における土圧（kN/m），Q_{lz}：高さzの位置における壁面地盤反力（kN/m），z'：高さzの位置における壁面長（m），b_z：高さzの位置における躯体幅（m），N_z：高さzの位置における軸力（kN/m），M_z：高さzの位置における躯体中心での曲げモーメント（kNm/m），S_z：高さzの位置におけるせん断力（kN/m）．

"もたれ式擁壁以外の切土擁壁"

　切土の場合でも，もたれ式擁壁以外の重力式擁壁や片持ばり式擁壁などが用いられる場合があるが，この場合でも切土面を考慮した試行くさび法による主働土圧を用いて設計を行う．土圧以外の擁壁の安定計算方法は盛土擁壁で説明した方法で行う．

　なお，コンクリートブロック積み（石積み）擁壁の場合には，下図に示すように各コンクリートブロックの段において，合力の作用位置が裏込めコンクリートを含めた範囲のB/6の範囲となるように擁壁の勾配を決める．

　この計算方法は，昔のお城の掘割や城壁の石積みとも共通するもので，お城の石積みは多少反り返っているが，これは合力の作用位置が合理的に安定する範囲にくるような形状となっており，作るのは大変でも完成した際の安定性が高い職人技である．

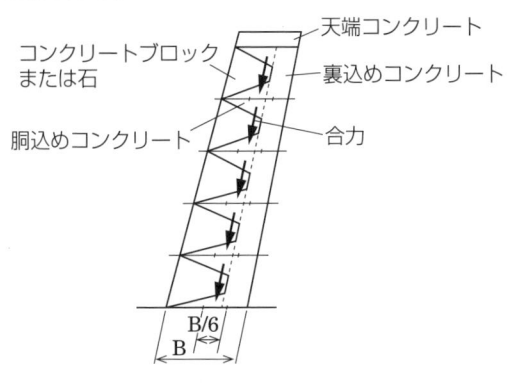

ブロック（石）積み擁壁の推力線

"山は動いている"

　切土の設計のコラムに，"山は動いている"と書くのは縁起でもないという方がいるかもしれない．しかしながら，山が動いているのは事実である．ここでは，下図のように，地すべりや斜面崩壊が発生した際の対策として切土が用いられることも多いため，「山は動いている」という話をする．

　わが国の山は高山帯を除くと，ほとんどに木が生え，木の下には土の層がある．この土はそこにとどまっているのではなく，高いものは低い方へ動く道理で，いつも少しずつ下に向かって動いている．動きがゆっくりしているので私たちは気が付かないだけなのである．これが雨や地震で急に大量の土砂が動くと，そこにあった家や道路などが壊されて災害となる．このような災害は，山の斜面上を土砂が動くことによって起こる自然現象なので，山がある限り，あるいは山がなくならない限り，いつか必ず起こるものなのである．

　この認識のもとで，特に山国に住むわが国の土木技術者は，それでも人命や社会経済に影響を及ぼすような災害が起きないよう，自然に逆らい続けている．それ自体大それたことなのだが，それでも懸命に戦っている．それが土木技術者なのである．

(a) 災害時
(提供：株式会社中日コンサルタント)

(b) 切土による復旧後
(提供：丸ス産業株式会社)

斜面災害と切土による復旧の例

第 **6** 章

山岳トンネルの設計

> 本章では，山を貫通するトンネルの設計法について解説する．「トンネルに求められる性能とは何か」，「その性能を満足するためにどんな検討を行うか」など，トンネル支保構造の設計について学習する．

6.1節 どんな山岳トンネルを設計するのか

Point!
① 円形の穴を地中に掘るとアーチアクションにより構造的には安定する．
② トンネルでの設計では壊れない性能を目指す．

　山岳トンネルの設計も，設計者は「どんなトンネルを作るのか」をまず認識し，これを満足する設計を目指すといった基本的な理念は他の構造物と同じである．しかしながら，山岳トンネルは切土と同様に橋や盛土とはちょっと異なり，山岳トンネルならではの**特殊性**を有している．実は山岳トンネルの要求性能を明記している**設計基準**というのも見当たらない．

　そこで本節では，山岳トンネルの特殊性とは何なのか，山岳トンネルにとっての要求性能とは何かについて解説する．

● 山岳トンネルの特殊性

　山岳トンネルは，周辺の地山と一体となって安定を保持する構造物である．すなわち，山岳トンネルは**抗土圧構造物（土圧に抵抗する構造物）**でありながらも，周辺の地山は完全な敵ではなく味方にもなっているのである．この点が擁壁などの他の抗土圧構造物とは異なる点であり，山岳トンネルの設計を学習する人はまず理解しなければならない．

　周辺の地山が敵ではなく味方にもなるとは，山岳トンネルでは地山の中に「馬蹄形（馬の蹄の形）」や円形の穴を掘るが，そうすると掘削にともない周辺の地山が緩むにつれて，緩んだ地山の外側に**アーチアクション**が形成されて地山が安定するのである．

　ここでいうアーチアクションとは，**図6.1（a）**に示すように例えば地中に円形の穴を掘った場合，周辺の地盤が掘った穴に落ちようとする**力が外周方向に再配分**され，周辺の地盤が崩れにくくなる現象をいう．このことは，**図6.1（b）**に示すように地中をくさび状に分割して考えた場合，くさび状の周辺の地盤が穴の中心に向かって落ちようとするが，結果として隣の土塊との押し合う力によって均衡が保たれると考えればわかりやすい．

　ただし，アーチアクションが形成されても，水などにより掘削した表面がボロ

ボロと崩れてくるとその範囲が徐々に広がり，やがては**断面の完全崩壊**につながってしまうこともある．このためトンネルの設計では，掘削断面の表面の崩壊を押さえつつ掘削にともなう緩みで形成されるアーチアクションを活用し，安定したトンネル断面を構築する構造を設計する．この構造を**支保構造**という．

一方，山岳トンネルが周辺の地山と一体となった構造物であることを述べたが，周辺の地山は自然の地盤であり，切土と同じように事前に調査を行うもののトンネルを構成する地山という材料の品質を把握することは困難である．

このため，山岳トンネルの支保構造の設計においても，これまで多くのトンネルを構築してきた実績に基づき，経験的な手法により設計を行っている．

ただし，山岳トンネルの支保構造は，後述する吹付けコンクリートやロックボルトといった施工途中でも厚さや本数を変えられるもので構成されるため，施工中の状況に応じて適宜設計を変更して最もその地山条件に合った設計とすることを前提としている．この点も他の構造物と比較して異なる点である．

(a) アーチアクション　　　　　　(b) メカニズム

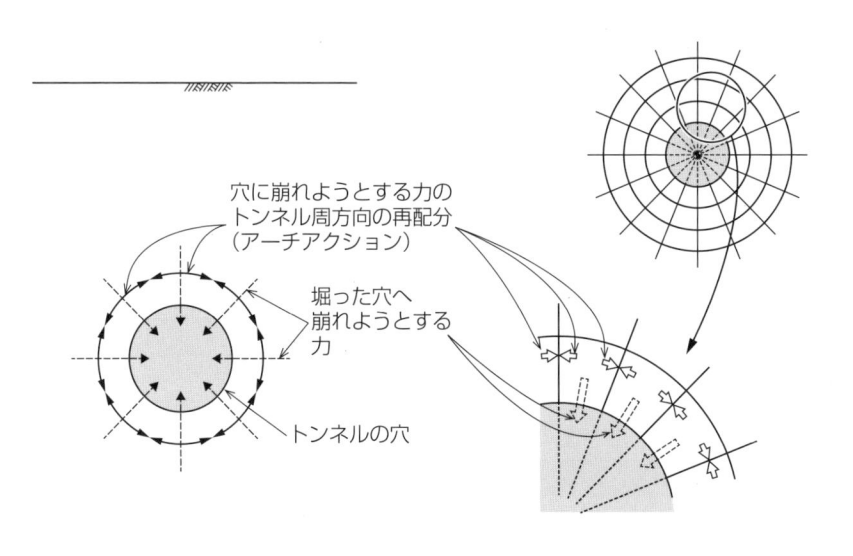

図 6.1　アーチアクション

第6章 山岳トンネルの設計

● 山岳トンネルの要求性能

　山岳トンネルはこれまでの実績に基づいて経験的な手法で設計するが，それでも目的を持って構築される土木構造物である限り，要求性能はもちろんある．山岳トンネルの要求性能を**表 6.1**，**6.2** に示す．ただし，この性能は，切土と同様に暗に考慮しているもので設計基準等には示されないが，設計技術者はこの性能を目指しており，かつ，これまで構築してきたトンネルはこの性能を満足している．

　ここで，すべての設計状況に対して「性能1」，すなわち健全性を損なわない性能を要求しているが，これには3つの理由がある．

　1つ目は他の構造物と異なり，内部を通行する車や鉄道の頭の上にも構造物があり，これが少しでも落下したりすると大事故につながりかねない危険性があるためである．最近，トンネルのコンクリートの劣化により，一部のコンクリートが剥落して大問題となったことは記憶に新しい．

　2つ目としては，馬蹄形や円形断面のトンネルは全断面圧縮力が作用し，構造的に安定した断面である反面，このような断面でどこかが損傷して抜け落ちたりすると一変して全体崩壊につながりかねないためである．

　3つ目は2つ目と逆のようでもあるが，冒頭で述べた通り，山岳トンネルはアーチアクション効果を活用し，かつ構造的にも安定しているため，このような性能の設定が可能な構造物であるためである．

表 6.1　設計状況と要求性能（暗に考慮）

設計状況（荷重や作用の組合せ）	性能1
常　時	○
レベル1地震時	○
レベル2地震時	○

表 6.2　性能の観点（暗に考慮）

耐震性能	安全性	供用性	修復性
性能1：健全性を損なわない性能	人命を損失するような変状を起こさない	通常の通行性を確保	通常の維持管理程度の補修

6.2節 支保構造の設計

Point!
① 支保構造は吹付けコンクリート，ロックボルト，鋼アーチ支保工で構成される．
② 各支保部材はアーチアクションが適切に機能するよう配置する．

支保構造

　昔はトンネルの内側から支柱などで掘削した表面が崩れないように**地山を押さえながら掘削し，最後にトンネルの壁をコンクリートで構築**し安定を確保してきた．この当時は，掘削にともなう地山の安定を確保する仮設的な構造を**支保工**，その後のトンネルの壁を**覆工**と分けて扱ってきた．

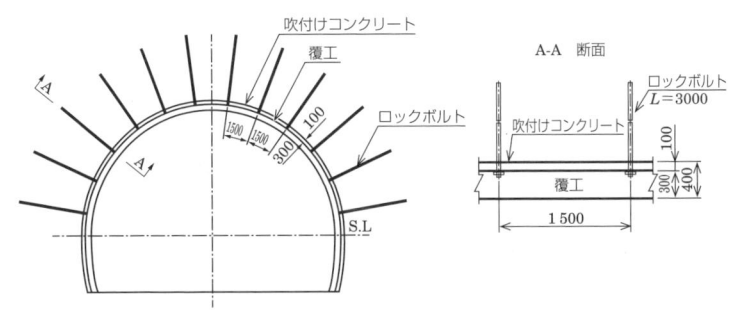

(a) 支保パターン CI の支保構造の例

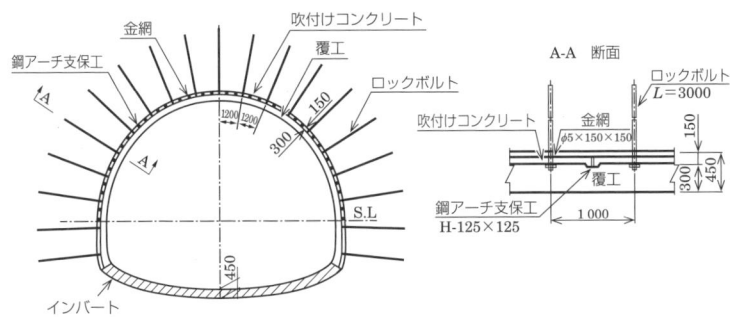

(b) 支保パターン DI-a の支保構造の例

図 6.2　支保構造の例
(出典:『道路トンネル技術基準（構造編）・同解説』2003/11)

しかしながら，**NATM 工法**で山岳トンネルを構築するようになり，支保工の考え方が変わってきた．NATM 工法とは，「New Austrian Tunneling Method」の略称で，トンネル支保に対する新しい設計の考え方が取り入れられた．

すなわち，それまでは掘削する時点で周辺の地盤は崩れるものであり，敵としてこれを押さえ込もうと支保工を設計していたのに対し，NATM 工法では掘削表面の崩壊を押さえつつ掘削にともなう緩みで形成される**アーチアクション**を活用することで，周辺地盤を味方にして合理的な支保工を設計しようとした．

このような **NATM 工法**の普及にともない，ロックボルトや吹付けコンクリートなど，**地山と一体となってトンネルの安定を確保するような支保構造**が多く用いられるようになると，設計上，**支保工と覆工を分けえて扱うことは必ずしも適当ではなく**，「力学的には総合したもの」として扱うようになった．

本書でもこの観点より，**支保構造とは覆工を含めたものとして扱う**．図 **6.2** に支保構造の例を示す．

●支保構造の種類

山岳トンネルの支保構造には，主に吹付けコンクリート，ロックボルト，および必要に応じた鋼アーチ支保工が用いられる．ここでは，それらの各支保構造について解説する．

(1) 吹付けコンクリート

吹付けコンクリートとは，**機械でコンクリートを直接掘削面に吹き付けて打設し支保工とするものである**．掘削後ただちに地山に密着するように施工でき，掘削断面の大きさや形状に左右されず容易に施工できることから，最も一般的に用いられる支保部材の 1 つである．吹付けコンクリートには，以下のような効果を見込んでいる．

　①岩盤との付着力，せん断抵抗による支保効果

　　吹付けコンクリートと岩盤との付着力により，図 **6.3 (a)** に示すように，吹付けコンクリートに作用する外力を地山に分散させ，また，トンネル周辺の割目や亀裂にせん断抵抗を与え，キーブロックを保持して抜け落ちを防止し，グラウンドアーチをトンネル壁面近くに形成させる．

　②内圧効果，リング効果

　　比較的厚い吹付けコンクリートが連続した 1 つの部材として地山を支持することにより，図 **6.3 (b)** に示すように，地山の変形を拘束して地山に支保力（内圧）を与え，地山を三軸応力状態（本シリーズ『地盤工学』参照）に近

い状態に保持して，地山の応力開放を抑制する．

③**外力の配分効果**

図 **6.3**（c）に示すように，鋼アーチ支保工やロックボルトに土圧を伝達する部材として挙動する．

④**弱層の補強効果**

地山の凹みを埋めて弱層をまたいで接着することにより，図 **6.3**（d）に示すように，応力集中を防いで弱層を補強する．

⑤**被覆効果**

掘削後すぐに壁面を被覆するため，図 6.3（d）に示すように周辺地山の風化防止，止水，微粒子の流出防止等を図る．

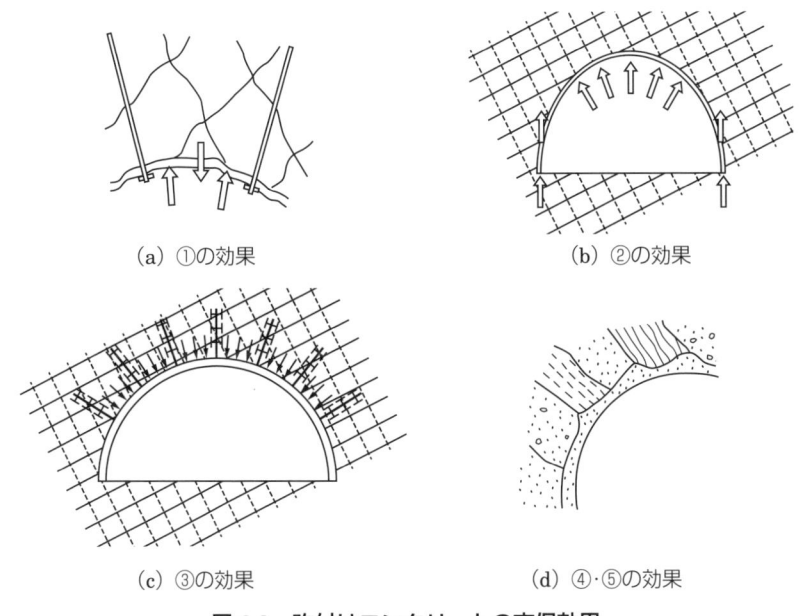

（a）①の効果　　　　　　　（b）②の効果

（c）③の効果　　　　　　　（d）④・⑤の効果

図 6.3　吹付けコンクリートの支保効果
（出典：『道路トンネル技術基準（構造編）・同解説』 2003/11）

(2) ロックボルト

ロックボルトとは，岩盤に孔を開けて鉄筋などの棒部材を挿入してグラウトで定着して支保工とするものである．これまでの実績から有効な支保工であることは疑うべくもないが，その有効性については種々の考え方が提案されているものの，その効果を理論的に解明して設計に反映するまでには至っていない．現在，概念的には以下のような効果があると考えられている．

①縫付け効果（吊下げ効果）

山岳トンネルの掘削では発破（ダイナマイトのこと）などを用いることが多く，このため掘削断面の周囲の表面は緩んでいる．これに対してロックボルトは緩んでいる部分を貫通して定着させるため，図 6.4（a）に示すように緩んでいない地山に固定し，落下を防止する効果がある．

②はりの形成効果

トンネル周辺の層をなしている地山は，層理面で分離して重ねばりとして挙動するが，図 6.4（b）に示すようにロックボルトによって層間を締めつけると，層理面でのせん断応力の伝達が可能となり，合成ばりとして挙動させる効果が生じる．

③内圧効果

図 6.4（c）に示すように，ロックボルトの引張力に相当する力が**内圧**としてトンネル壁面に作用する．これにより，トンネル近傍の地山を三軸応力状態に保つことが可能となる．これは圧縮試験時における拘束力の増大と同じような意味を持ち，地山の強度あるいは耐荷力の低下を防ぐ効果がある．

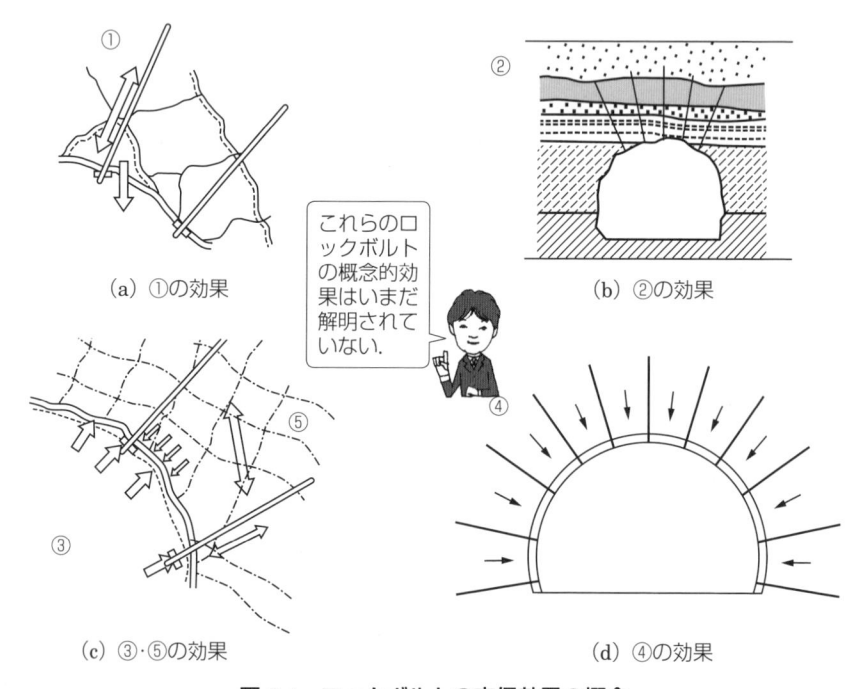

(a) ①の効果

(b) ②の効果

これらのロックボルトの概念的効果はいまだ解明されていない．

(c) ③・⑤の効果

(d) ④の効果

図 6.4　ロックボルトの支保効果の概念
（出典：『道路トンネル技術基準（構造編）・同解説』2003/11）

④ アーチ形成効果

ロックボルトによる内圧効果のため，耐荷力の高まったトンネル周辺の地山は，図 6.4（d）に示すように一様に変形することによって地山のアーチアクションを形成する効果がある．

⑤ 地山改良効果

図 6.4（c）に示すように地山内にロックボルトが挿入されていると，地山自身の有するせん断抵抗力が増大し，地山が降伏した場合でも残留強度が増す効果がある．

(3) 鋼アーチ支保工

鋼アーチ支保工とは，図 6.5 に示すように H 形鋼を掘削断面形状のアーチ型に製作して掘削面を支える支保工とするものである．鋼アーチ支保工は，建て込みと同時に強度を得ることができる特徴を有しているため，自立性の悪い地山の場合で，吹付けコンクリートが十分な強度を発揮するまでの短期間に生ずる緩みに対する安全を確保するための対策として使用する．

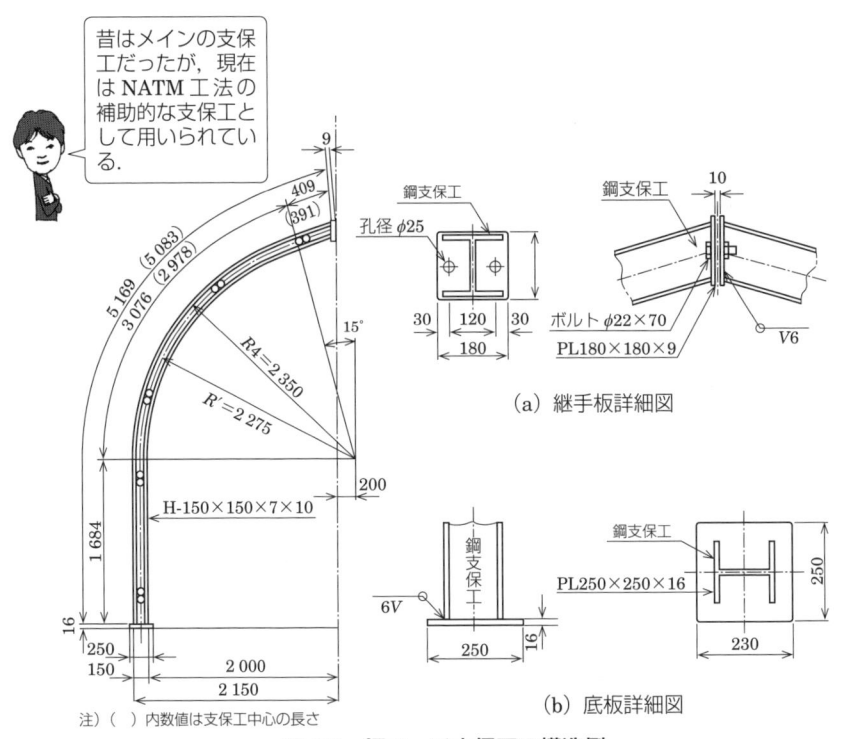

> 昔はメインの支保工だったが，現在は NATM 工法の補助的な支保工として用いられている．

(a) 継手板詳細図

(b) 底板詳細図

注）（ ）内数値は支保工中心の長さ

図 6.5　鋼アーチ支保工の構造例
（出典：『道路トンネル技術基準（構造編）・同解説』2003/11）

第6章 山岳トンネルの設計

●支保構造の設計

(1) 支保構造の選定

支保構造はこれまで述べてきたように，NATM工法の考え方に基づき，これを実現する支保構造を実績と経験による試行錯誤により，吹付けコンクリート，ロックボルト，鋼アーチ支保工，そして最終的な覆工の適切なそれぞれの適用方法を検討しながら用いてきた．その適用範囲と選定方法を以下に示す．

支保構造の適用範囲：支保構造部材の適用範囲を**表6.3**に示すが，支保構造部材は地山の状態に応じて選定する．なお，覆工は必ず構築するため，適用範囲の表からは省いている．ただし，覆工のうち**インバート**については，これを用いる場合と用いない場合とがあるので表に示している．ここでインバートとは，図6.2（b）に示す**覆工の底版部分**のことをいう．

表6.3 地山の状態に応じた支保構造部材の適用範囲

	適用条件と特性	吹付けコンクリート	ロックボルト	鋼アーチ支保工	インバート
1	地山の自立性が比較的良好な地山	○	○	△	−
2	掘削時の変位は小さいが，長期的な安定が損なわれるおそれのある地山	○	○	△	○
3	地山の自立性が悪く，掘削により緩み荷重が想定されるような地山	○	○	○	△
4	掘削時の変位が大きい地山	○	○	○	○

（出典：『道路トンネル技術基準（構造編）・同解説』2003/11）

支保構造の選定：山岳トンネルの支保構造は，表6.3に示した適用範囲を踏まえつつ，これまでの実績に基づいて支保構造を選定している．**表6.4**に内空幅8.5〜12.5m程度の通常の道路トンネル断面のトンネルにおける標準的な支保構造の組合せの例を示す．

表中の**地山等級**とはこれまでの実績に基づく**地山の等級区分**であり，この後説明する．支保パターンの**a**と**b**の区分は，トンネル掘削にともなう変位が小さく切羽（トンネル先端の掘削部分）が安定すると予想される場合は**a**を用いる．表中のインバートの（ ）は，地山等級範囲において第三紀層泥岩，凝灰岩，蛇紋岩などの粘性土岩，風化結晶片岩や温泉余土の場合に用いる厚さを示している．なお，本節の冒頭でも述べた通り，施工中の地山の状況に応じて適宜設計を変更し，最もその地山条件に合った支保構造を選定することが重要である．

表 6.4　標準的な支保構造の組合せの例（内空幅 8.5〜12.5m 程度）

地山等級	B	CI	CII		DI		DII
支保パターン	B	CI	CII-a	CII-b	DI-a	DI-b	DII
標準1掘進長 (m)	2.0	1.5	1.2		1.0	1.0	≥1.0
ロックボルト 長さ (m)	3.0	3.0	3.0		3.0	4.0	4.0
施工間隔 (m) 周方向	1.5	1.5	1.5		1.2		1.2
施工間隔 (m) 延長方向	2.0	1.5	1.2		1.0		≥1.0
施工範囲	上半120°	上半	上・下半		上・下半		上・下半
鋼アーチ支保工 上半部種類	−	−	−	H125	H125		H150
鋼アーチ支保工 下半部種類	−	−	−		H125		H150
鋼アーチ支保工 建込み間隔(m)	−	−	−	1.2	1.0	1.0	≥1.0
吹付け厚 (cm)	5	10	10		15		20
覆工厚 (cm) アーチ・側壁	30	30	30		30		30
覆工厚 (cm) インバート	0	(40)	(40)		45		50
変形余裕量 (cm)	0	0	0		0		10
掘削工法	補助ベンチ付全断面工法または上部半断面工法						

(出典：『道路トンネル技術基準（構造編）・同解説』2003/11)

(2) 地盤の分類

　山岳トンネルでは，これまでの実績に基づいて設計・施工を効率的に行うため，生成時代，地質構造，風化・変質状況，不連続面の状態，地下水の影響といった地山の工学的性質から地山を分類し，これにより支保構造を選定する．

　表 6.5 に山岳トンネルの設計・施工に適用する**地山分類表**を示す．ここでは地山分類を概念的に理解してもらうため，岩石グループと代表岩石名に加えて弾性波速度と RQD（岩のコアをとる際に硬い岩ほど砕かれた状態となる傾向があり，これが何％程度かを示す）の値のみを示す．

　ただし，設計基準等に示される実際の地山分類表には岩質，水による影響，不連続面の間隔や状態，コアの状態，およびトンネル掘削の状況といったように，実務的に詳しく表現されている．また，表中での H，M，L の区分は，岩石の処世的な新鮮な状態での強度により，一軸圧縮強度で $80\,\text{N/mm}^2$ 以上を「H」，$20\,\text{N/mm}^2$ 以上から $80\,\text{N/mm}^2$ までを「M」，$20\,\text{N/mm}^2$ より小さいものを「L」と区分している．

　塊状と層状の区分は，節理面が支配的な不連続面となるものを**塊状**，層理面あるいは片理面が支配的な不連続面を**層状**と区分している．なお，本分類にあてはまらないほど地盤が良好なものを**地盤等級 A**，劣悪なものを**地盤等級 E** とする．

表6.5 地山分類表（抜粋）

地山等級	岩石グループ		代表岩石名	弾性波速度 (km/s)	RQD (%)
B	H 塊状		花崗岩，花崗閃緑岩，石英斑岩，ホンフェルス	4.5-5.5	70位上
	M 塊状		安山岩，玄武岩，流紋岩，石英安山岩	4.5-5.5	
	L 塊状		蛇紋岩，凝灰岩，凝灰角礫岩	4.5-5	
CI	H 塊状		花崗岩，花崗閃緑岩，石英斑岩，ホンフェルス	3.3-4.7	40～70
			中古成層砂岩，チャート	3.9-4.8	
	M 塊状		安山岩，玄武岩，流紋岩，石英安山岩	3.9-4.8	
			第三紀砂岩，礫岩	3.6-4.5	
	L 塊状		蛇紋岩，凝灰岩，凝灰角礫岩	3.4-4.1	
	M 層状		粘板岩，中古成層頁岩	3.9-5.1	
	L 層状		黒色片岩，緑色片岩	4.5-5.5	
			第三紀層泥岩	2.9-3.7	
CII	H 塊状		花崗岩，花崗閃緑岩，石英斑岩，ホンフェルス	2.3-3.7	10～40
			中古成層砂岩，チャート	3.0-4.0	
	M 塊状		安山岩，玄武岩，流紋岩，石英安山岩	2.9-3.8	
			第三紀砂岩，礫岩	2.9-3.3	
	L 塊状		蛇紋岩，凝灰岩，凝灰角礫岩	2.6-3.4	
	M 層状		粘板岩，中古成層頁岩	3.0-4.0	
	L 層状		黒色片岩，緑色片岩	3.4-4.8	
			第三紀層泥岩	1.5-3.1	
DI	H 塊状		花崗岩，花崗閃緑岩，石英斑岩，ホンフェルス	1.5-2.5	10以下
			中古成層砂岩，チャート	2.0-3.1	
	M 塊状		安山岩，玄武岩，流紋岩，石英安山岩	1.5-3.1	
			第三紀砂岩，礫岩	1.5-3.1	
	L 塊状		蛇紋岩，凝灰岩，凝灰角礫岩	1.0-3.0	
	M 層状		粘板岩，中古成層頁岩	2.0-4.0	
	L 層状		黒色片岩，緑色片岩	2.0-3.5	
			第三紀層泥岩	1.0-2.5	
DII	H 塊状		花崗岩，花崗閃緑岩，石英斑岩，ホンフェルス		
			中古成層砂岩，チャート	1.5-3.1	
DI	M 塊状		安山岩，玄武岩，流紋岩，石英安山岩	1.0-3.5	10以下
			第三紀砂岩，礫岩	1.0-3.5	
	L 塊状 M 層状		蛇紋岩，凝灰岩，凝灰角礫岩	1.0-3.0	
			粘板岩，中古成層頁岩	2.0-4.0	
	L 層状		黒色片岩，緑色片岩		
	M 層状		第三紀層泥岩	1.0-2.5	

"「トンネル屋」とは誇り高き呼び名"

橋梁屋やダム屋といったように土木ではよく「○○屋」という呼び方が使われる．トンネルの場合も「トンネル技術者」ではなく「トンネル屋」である．何かを専門としてやり抜いた職人気質が伝わる呼び方である．

特に自然地盤の中を掘り進むトンネルの場合には，設計そのものも自然の地盤を読むとともにこれまでの実績から行われ，何よりも施工しながら実際に出会う地盤や水の状況を確認し，そして「やま」の声を聞いて設計をどんどんと変えていく．経験なくしてできない技である．

青函トンネル（世界一長いトンネル）の建設を描いた映画「海峡」（1982年公開）の中で，開通時に高倉健（当時国鉄のトンネル技術者の役）と森繁久彌（トンネル専門業者の世話役の役）とが喜び合うシーンは今でも忘れられない．互いに「トンネル屋」と呼び合い，語り合う．

青函トンネルの断面図を示す．よくぞこんなトンネルを海底に山岳トンネルで実現したものだと思う．トンネル屋はカッコイイ．

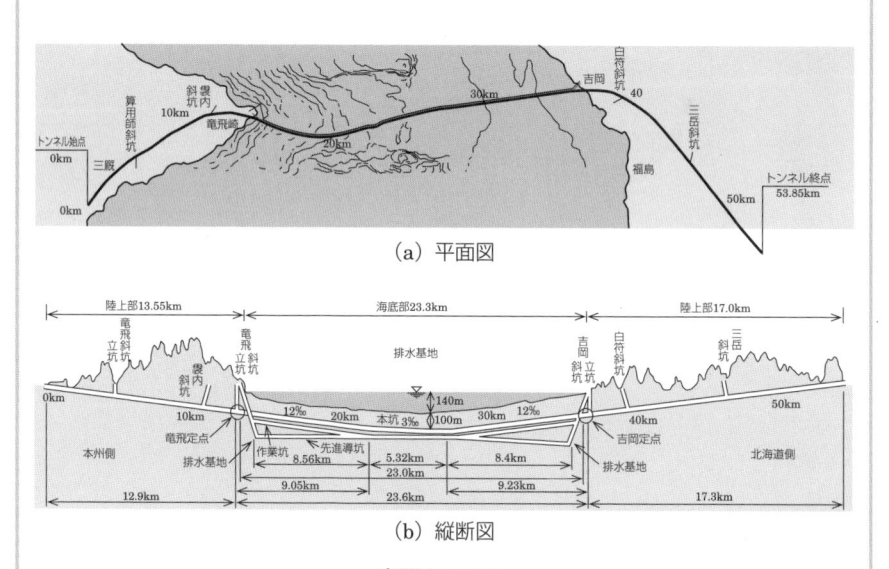

(a) 平面図

(b) 縦断図

青函トンネル
（出典：http://contest.japias.jp/tqj2002/50196/japanese/outline/02.gif）

第7章
仮設構造物の設計

　本章では，本体構造物を作るまで一時的に構築される仮設構造物の設計法について解説する．「仮設構造物にも性能は求められるのか」，あるとしたら，「その性能を満足するためにどんな検討を行うか」など，仮設土留を対象とし，小・中・大規模土留の設計について学習する．

7.1節 どんな仮設構造物を作るのか

Point!
①仮設構造物の要求性能は，利用目的によって大きく異なる．
②利用目的によって対象限界状態も異なる．

●仮設土留の設計

　仮設構造物は本体構造物を構築するまでの間，**一時的に設置する構造物**である．例えば図 **7.1** に杭基礎橋脚の構築手順を示すが，杭を打設した後，フーチングや橋脚の柱を構築するためには，杭の頭が出るところまで掘削する必要がある．

　この際，周辺に何もなければのり面を形成しながら素掘りで掘削すればよいが，掘削するのり面の範囲に他人の土地や家などの構造物があったりするとそのような掘削はできない．周辺の構造物から多少離れていても，それが重要構造物だったりすると，のり面掘削による地盤の緩みから変状が生じるなど，構造物へ及ぼす影響も懸念される．そのような場合に**仮設土留**が用いられる．

　図 **7.1** では，杭の打設後に仮設土留を周囲に打設し，掘削にともなう土の崩壊や変状を防止しながらこの内側を掘削してフーチングや橋脚の柱を構築する．

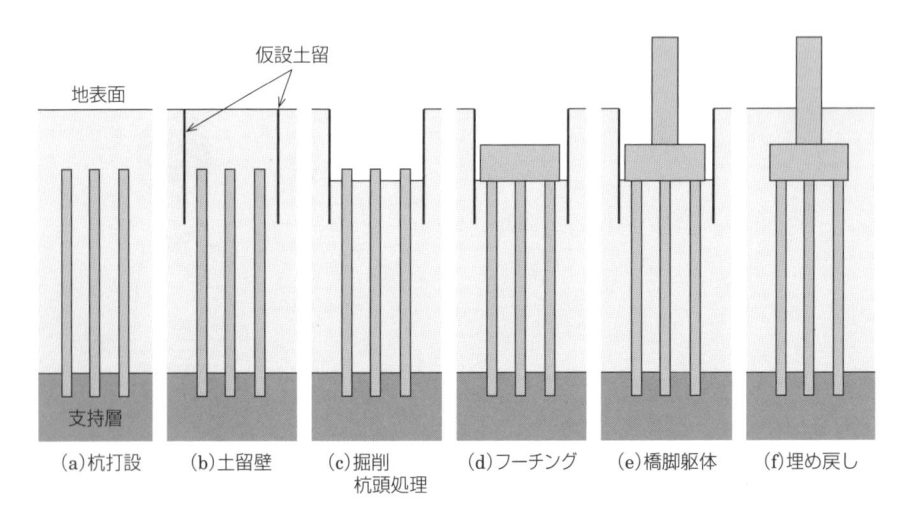

図 7.1　杭基礎橋脚の構築の際に用いられる仮設構造物（土留）

ただし，最終的に橋脚の周囲を土で埋め戻した後は仮設土留は必要なく，可能な場合には撤去される．このように，本体構造物の構築には必要だが，構築後に必要なくなる構造物を**仮設構造物**という．

1.6節で述べた通り，仮設構造物には仮設土留や仮桟橋など複数の構造物があるが，本章では都市部で土木構造物を構築する際にほぼすべてで用いられる**仮設土留の設計**について解説する．

仮設構造物も他の土木構造物と同様に「**どんな仮設構造物を作るのか**」をまず認識し，これを満足する設計を目指さなければならない．しかしながら，仮設構造物の場合には他の構造物と決定的に異なることがある．それは本体構造物ができあがった後は使われない，あるいは撤去されるという点である．

橋梁や盛土では，「どんな構造物を作るか」は税金を納める国民や地域の住民，これを代行する国や自治体の管理者が決めるという話をした．本体構造物ではなく施工にのみ必要な仮設構造物は，この観点でいえば「とにかく安く作って欲しい」ということになり，性能という観点が見逃されがちだが，実際には無視することはできない．仮設構造物はそこで作業する人の命にも関わる構造物であるとともに，何かあった場合には第三者被害にもつながるおそれもある．また，周辺の重要構造物に影響が及ぶ場合には建設許可が下りないし，実際に悪影響を及ぼした場合には損害賠償や補修のための多大な費用を要する事態にもなりかねない．

したがって，「どんな仮設構造物を作るのか」はこれらのことを考慮し，仮設構造物の目的に応じて必要最小限の構造物としなければならない．

本節では，仮設構造物の特殊性と利用目的の観点から，要求性能と限界状態について解説する．

● 仮設構造物の特殊性と要求性能

繰り返しとなるが，仮設構造物はその重要度を認識せず安易に設計すると，思わぬ災害を引き起こし，結果として経済的にも社会的にも重大な問題を招くことがある．このため仮設構造物といえども，要求性能を満足するよう設計しなければならない．

ただし，仮設構造物に求められる性能は，単に施工中の安全性のみが求められるものから，一般交通を供用する場合には本体構造物と同等の性能が求められるなど，その利用目的に応じて多岐にわたるため一概に特定することはできず，設計者は目的に応じた適切な性能をオーナーや関連する管理者と協議して設定する必要がある．

●仮設土留の利用目的と要求性能

仮設構造物はその利用目的によって「どんな仮設構造物を作るのか」が決まる．**仮設土留**の場合には，その主な利用目的として次のようなケースが考えられる．

① 深い掘削で，地下水や地盤条件からのり面掘削（素掘り）が困難な場合，あるいは掘削範囲が広く土地利用や掘削残土の処理などの観点で仮設土留を用いる場合と比較して不経済となる場合．

② 掘削が既存の施設や構造物に近接しており，掘削にともなう近接構造物への影響が懸念される場合．

③ 河川の締切など，掘削にともなって止水する必要がある場合．

(1) 掘削に着目した場合

掘削にあたり周辺に制限を受けるものは何もなく，比較的浅い掘削の場合には，一般に**のり面掘削**が用いられる．例えば，人里から離れた橋梁下部構造の掘削や新たな造成地の函／管渠の掘削などでは，このような例が多数見られる．

しかしながら，掘削が深くなると掘削する面積が大きく土量も増加するため，土留をする方が経済的となったり，崩壊性の高い地盤や地下水の影響からのり面掘削が困難な場合には，①の理由から仮設土留が用いられる．この場合には，常時の設計状況に対し，安全性と本体構造物の施工に影響を及ぼさない離隔の観点での土留の変状が仮設土留の性能として求められる．

(2) 近接構造物に着目した場合

周辺に既設の道路や重要な構造物などがある場合には，これらに及ぼす影響の観点から②の理由により仮設土留が用いられる．この場合には，①で求められる性能に加え，対象となる近接施設／構造物に応じた土留の変状が制限され，この制限値に抑えることが仮設土留の性能として求められる．この際の**限界状態**（制限値）は，関連する管理者と協議の上で設定する．

(3) 止水に着目した場合

③の利用目的では，①や②での性能に加えて**止水性**が仮設土留の性能として要求される．ただし，この場合の止水性能は，現場状況に応じた所定の止水性を有する土留壁を用いることで満足するものとみなしている．

(4) 地震の影響を受ける設計状況では

設計状況が地震時の場合においても要求性能はほぼ常時と同様である．これは，常時状況のみで設計された仮設構造物は，過去の大規模地震においても本体構造物と比較して被害は少ないことから，一般に常時の性能を満足する仮設構造

物は地震時の性能も満足するとして扱われている．

●性能を満足する限界状態

常時の性能を満足するとみなす限界状態は，安全性の観点では掘削底面が安定し，土留を構成する土留壁や支保工の部材が降伏を超えない状態を満足する必要がある．使用性の観点では，土留の変位により本体構造物を構築する離隔が侵されない状態を満足する必要があるが，この点については一般に安全性を満足し所定の離隔を確保していれば同時に満足するものとして扱われている．一方，土留に近接した施設/構造物がある場合には，これらに悪影響を及ぼさない変位量が限界状態として加わることとなる．

常時の性能照査に用いる**安全率**は，各設計の節で具体的に示すが，仮設構造物が一時的な構造物で供用期間が短いことから，土留壁や支保工の部材の応力度照査では，**本体構造物の安全率を 1/1.5 に減じたもの**が用いられる．

土留に近接した施設/構造物がある場合の変状量では，特に安全率を考慮した設計は行われず，動態観測を併用した情報化施工より，対象施設/構造物の安全性と使用性に対する余裕を確保する．

●施　工

具体的には，土留の情報化施工の概要を**図 7.2** に示すが，管理者と協議の上で対象施設/構造物の限界変位を設定し，後述する大規模土留の設計で用いる計算法で土留の変位の推移，および土留の変状にともなう近接施設/構造物の変状の推移を予測し，これを基準値として施工を開始する．

施工にあたっては土留や近接施設/構造物の変状の動態観測を行い，これが基準値を上回る場合には，動態観測値を再現するよう逆解析を行って新たに将来的な変状の推移を予測し，これが限界変位を超えない場合にはこれを新たな基準値として設定して施工を継続する．新たな変状推移の予測が将来的に限界変位を超えると考えられた場合には，早い段階で対策工を計画し，対策後の施工にともなう対象施設/構造物の変状が将来的にも限界変位を超えないと考えられた場合には，これを新たな基準値として対策工を実施後，施工を再開する．このような対応を図ることにより，対象施設/構造物の安全性と使用性に対する余裕を確保する．

第 7 章 仮設構造物の設計

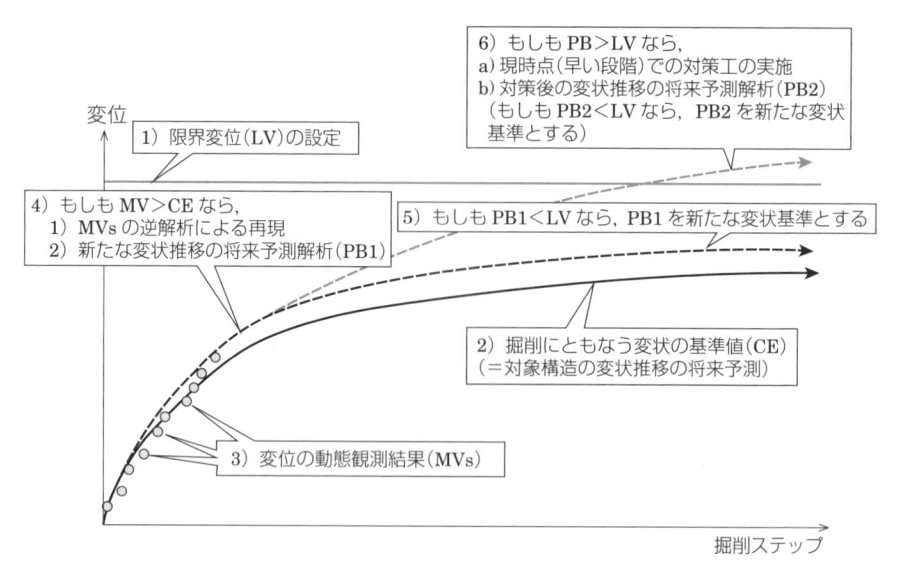

変位

1) 限界変位(LV)の設定

4) もしも MV>CE なら，
 1) MVs の逆解析による再現
 2) 新たな変状推移の将来予測解析(PB1)

5) もしも PB1<LV なら，PB1 を新たな変状基準とする

6) もしも PB>LV なら，
 a) 現時点(早い段階)での対策工の実施
 b) 対策後の変状推移の将来予測解析(PB2)
  (もしも PB2<LV なら，PB2 を新たな変状基準とする)

2) 掘削にともなう変状の基準値(CE)
 (＝対象構造の変状推移の将来予測)

3) 変位の動態観測結果(MVs)

掘削ステップ

図 7.2　仮設土留の近接施設 / 構造物に対する情報化施工の概念

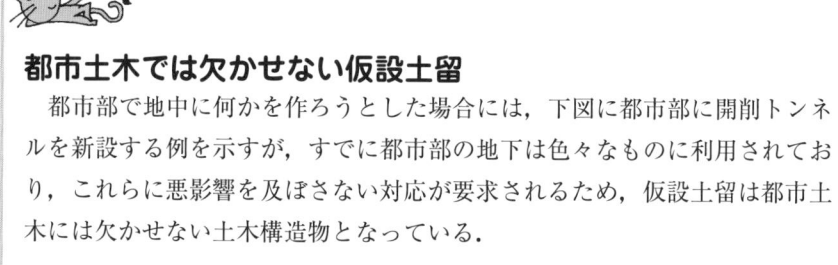

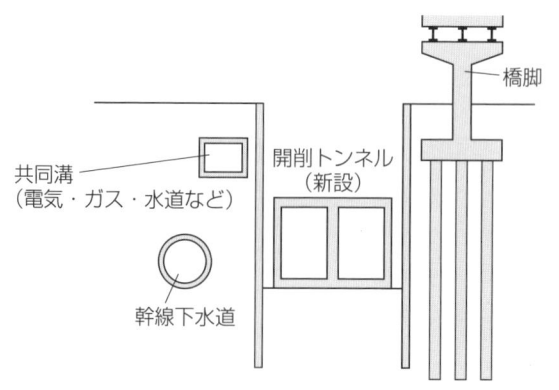

Column

都市土木では欠かせない仮設土留

　都市部で地中に何かを作ろうとした場合には，下図に都市部に開削トンネルを新設する例を示すが，すでに都市部の地下は色々なものに利用されており，これらに悪影響を及ぼさない対応が要求されるため，仮設土留は都市土木には欠かせない土木構造物となっている．

共同溝（電気・ガス・水道など）

幹線下水道

開削トンネル（新設）

橋脚

都市部の輻輳する地中構造物と土留を用いた近接施工（イメージ）

7.2節 掘削底面の安定

Point!
①ボイリングは掘削による液状化現象といえる．
②ヒービングや盤ぶくれは掘削底面が盛り上がって壊れる．

　仮設土留の設計では，掘削の規模に関わらず掘削した底の面（以下，**掘削底面**）の安定を確保することが重要である．掘削の進行にともなって掘削面側と背面側の力の不均衡が増大すると，地盤の状況に応じて**ボイリング**，**パイピング**，**ヒービング**，**盤ぶくれ**といった掘削底面が破壊する現象が発生する．

　ここでは，これら掘削底面の安定を損なう現象を概説するとともに，安定を満足するとみなせる照査方法について述べる．

●ボイリング

(1) ボイリングとは

　ボイリングとは，図7.3に示すように，砂質土地盤のように透水性の大きい地盤で地下水位が高い場合に遮水性の土留壁を用いて掘削すると，掘削の進行にともなって土留壁背面側と掘削面側の水位差が徐々に大きくなる．これは土留の内側で作業をするため，土留の内側の水を掘削底面の高さとなるように排水することから発生する．この水位差のため掘削面側の地盤内に上向きの浸透流が生じ，この浸透圧が掘削面側地盤の有効重量を超えると**砂の粒子が湧き立つ状態となる**ことをいう．

　ボイリングが発生すると掘削底面の安定が失われ，最悪の場合には**土留めの崩壊**も考えられる．したがって，地下水位の高い砂質土地盤を掘削する場合，ボイリング発生の可能性を検討し，根入れ長を長くして根入れ部の有効重量を増加するなどの対策から安定を確保しなければならない．

　なお，ボイリングは喩えていえば掘削にともなう**掘削底面の液状化現象**ともいえる．すなわち，3.5節で説明した地震時の液状化は過剰間隙水圧が地震によるせん断変形からもたらされたが，ボイリングの場合にはそれが掘削と土留内側の排水によって生じる．最終的に地盤が支持力を失う現象は同じで，ボイリングの場合も掘削底面地盤の有効応力が浸透圧により失われて発生する．

第 7 章　仮設構造物の設計

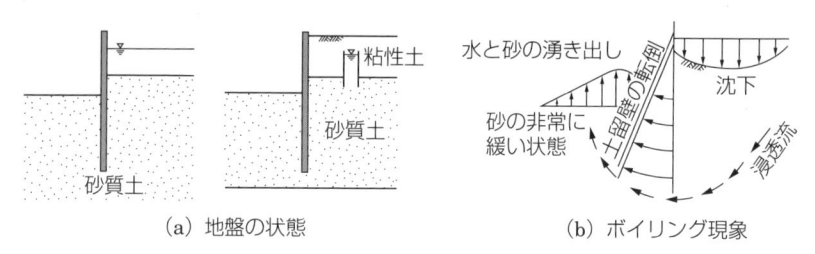

図 7.3　ボイリング現象の概念
(出典：『道路土工仮設構造物工指針』1999/03)

(2) ボイリングの安定照査方法

ボイリングは，土留壁先端位置に発生する過剰間隙水圧は掘削幅等，土留め形状の影響を強く受けることが事故例や実験結果などから知られている．このためボイリングの安定照査は，現在は式 (7.1)～(7.3) と図 7.4，7.5 に示すように，土留めの形状に関する補正係数を乗じた過剰間隙水圧と根入れ長（掘削底面に貫入した土留壁の長さ）の 1/2 に相当する崩壊部分の土の有効重量を用いてボイリングに対する安全率を求めている．

この際，**安全率が 1.2 以上確保**されていれば，対象仮設土留は，ボイリングに対し**安定しているもの**とみなしてよいとしている．

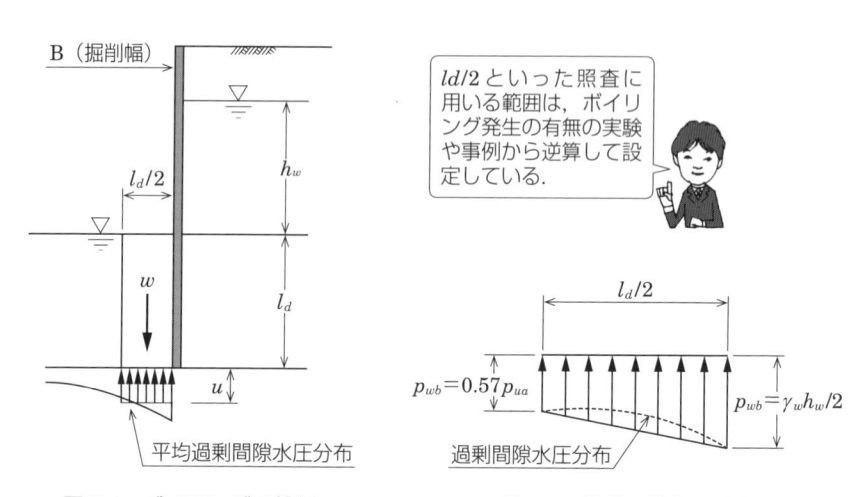

$l_d/2$ といった照査に用いる範囲は，ボイリング発生の有無の実験や事例から逆算して設定している．

図 7.4　ボイリングの検討　　　　図 7.5　過剰間隙水圧分布
(いずれも出典：『道路土工仮設構造物工指針』1999/03)

$$F_s = \frac{w}{u} \tag{7.1}$$

$$w = \gamma' l_d \tag{7.2}$$

なお，土留壁先端位置での過剰間隙水圧を $p_{wa}(=\gamma_w h_w/2)$ とすると，崩壊幅 $l_d/2$ 位置での過剰間隙水圧 p_{wa} は楕円浸透流理論から $p_{wb} \fallingdotseq 0.57 p_{wa}$ となり，平均過剰間隙水圧は，図7.5に示すような台形分布で近似した場合，式（7.3）で表される．

$$u = \lambda \frac{1.57 \gamma_w h_w}{4} \quad (ただし，u \leq \gamma_w h_w) \tag{7.3}$$

ここで，F_s：ボイリングに対する安全率（$F_s \geq 1.2$），w：土の有効重量（kN/m²）で式（7.2）から推定，u：土留壁先端位置に作用する平均過剰間隙水圧（kN/m²），γ'：土の水中単位体積重量（kN/m³）で水の単位体積重量を $\gamma_w = 10$ kN/m² とし土の湿潤単位体積重量 γ から差し引いて推定（海水を考慮する場合には $\gamma_w = 10.3$ kN/m³），l_d：土留壁の根入れ長（m），λ：土留めの形状に関する補正係数で，矩形形状土留めの場合は付式（24）で，円形断面の場合は付式（27）から推定，γ_w：水の単位体積重量（kN/m³），h_w：水位差（m）．

● パイピング

(1) パイピングとは

パイピングとは，図7.6に示すように**ボイリング状態が局部的に発生**し，それが土留壁近傍や中間杭周面のような土とコンクリート，あるいは鋼材等の異質の接触面に沿って上方に浸透し，**パイプ状にボイリングが形成される現象**である．

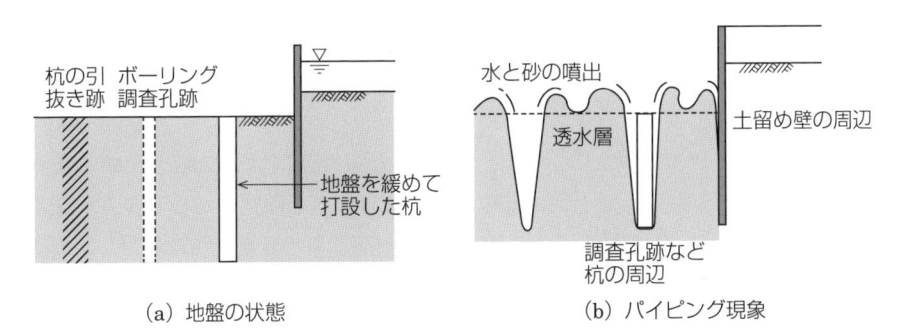

図7.6　パイピング現象の概念
（出典：『道路土工仮設構造物工指針』1999/03）

パイピング自体は局部的な現象だが，やがて広範囲に広がり事故にもつながりかねないため，他の掘削底面の安定と同様にその安定性を照査し，必要に応じて浸透箇所を薬液などで固結するなどの対策により発生を防止する必要がある．

(2) パイピングの安定照査方法

パイピングの照査では，図 **7.7** に示すように浸透流路長と水位差から式（7.4）を満足すれば，対象仮設土留は，パイピングに対し安定しているものとみなしてよいとしている．

$$l_h + l_d \geq 2h_w \tag{7.4}$$

ここで，l_h：背面側の浸透流路長（m），背面地盤に礫層のような透水性の大きな地層がある場合はその層厚を l_h から除去，l_d：掘削底面からの根入れ長（m），h_w：水面から掘削底面までの高さ（水位差）（m）．

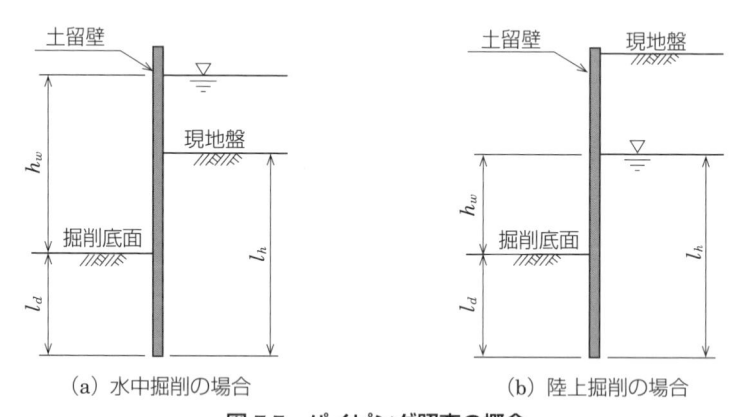

図 7.7 パイピング照査の概念
（出典：『道路土工仮設構造物工指針』1999/03）

●ヒービング

(1) ヒービングとは

ヒービングとは，図 **7.8** に示すように**掘削底面付近に軟弱な粘性土がある場合**，土留背面の土の重量や土留に近接した地表面での上載荷重などにより，掘削底面付近で円弧すべり状に変状し，掘削底面の隆起，土留壁のはらみ出し，周辺地盤の沈下などが生じ，最終的には**土留壁の崩壊**に至る現象である．

このため，該当する地盤で仮設土留を設置する場合にはヒービングの安定性を照査し，根入れ長を長くして土留壁がはらみ出す抵抗を増加するなどの対策から発生を防止する必要がある．

(a) 地盤の状態　　　　　　(b) ヒービング現象

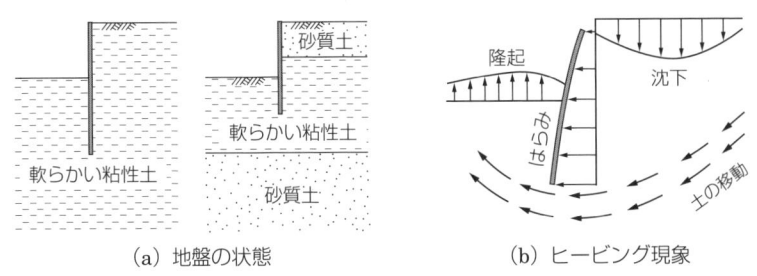

図7.8　ヒービング現象の概念
(出典:『道路土工仮設構造物工指針』1999/03)

(2) ヒービングの安定照査方法

　ヒービングの照査では，図7.9に示すように，最下段切ばりを中心とした任意の半径 x のすべり円を仮定し，奥行方向単位幅あたりについて，①〜②区間の土の粘着力による抵抗モーメント（M_u）と背面側掘削底面深さまで作用する土の重量と上載荷重による滑動モーメント（M_d）とのつり合いから行う．

　この際，式（7.5）で得られる**安全率が1.2以上**確保されていれば，対象仮設土留は，ヒービングに対して**安定しているものとみなしてよい**．

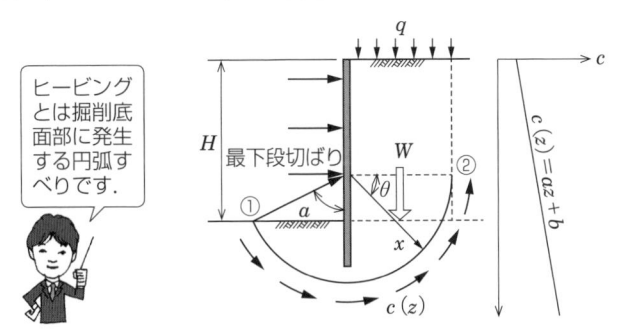

> ヒービングとは掘削底面部に発生する円弧すべりです．

図7.9　ヒービング照査の概念
(出典:『道路土工仮設構造物工指針』1999/03)

$$F_s = \frac{M_r}{M_d} = \frac{x\int_0^{\frac{\pi}{2}+a} c(z)xd\theta}{W\frac{x}{2}} \quad \left(ただし，\alpha < \frac{\pi}{2}\right) \tag{7.5}$$

　ここで，$c(z)$：深さの関数で表した土の粘着力（kN/m^2），x：最下段切ばりを中心としたすべり円の任意の半径（m）で，掘削幅が最大値，W：掘削底面に作用する背面側 x 範囲の荷重（kN），q：地表面での上載荷重（kN/m^2），γ：土の湿潤単位体積重量（kN/m^3），H：掘削深さ（m），F_s：安全率（1.2以上を確保する）．

第7章 仮設構造物の設計

● 盤ぶくれ

(1) 盤ぶくれとは

盤ぶくれとは，図 **7.10** に示すように**掘削底面が難透水層，水圧の高い透水層の順で構成されている場合**，難透水層下面に上向きの水圧が作用し，これが難透水層の重量以上となるとき，掘削底面が浮上がり，最終的には難透水層が突き破られ**ボイリング状の破壊**に至る現象である．特に難透水層の下部の透水層が被圧水層である場合に，この現象が問題となることが多い．

このため，該当する地盤で仮設土留を設置する場合には盤ぶくれの安定性を照査し，根入れ長を現在より下部の難透水層まで延長するなどの対策から発生を防止する必要がある．

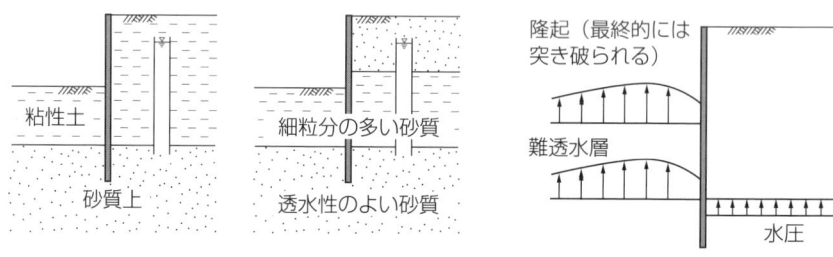

(a) 地盤の状態　　　　　　　　　　　(b) 盤ぶくれ現象

図 7.10　盤ぶくれ現象の概念
(出典:『道路土工仮設構造物工指針』1999/03)

(2) 盤ぶくれの安定照査方法

盤ぶくれの照査は，図 **7.11** と式 (7.6) に示すように，難透水層下面の被圧水圧と難透水層の荷重とのバランスで行い，安全率が **1.1 以上確保**されていれば，対象仮設土留は盤ぶくれに対し**安定しているもの**とみなしてよい．

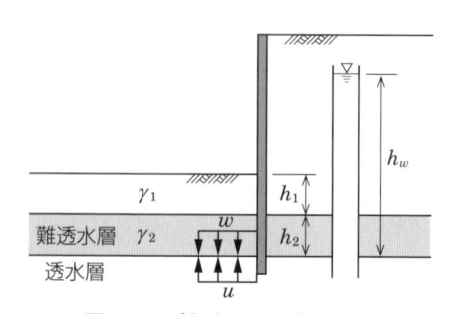

図 7.11　盤ぶくれ照査の概念
(出典:『道路土工仮設構造物工指針』1999/03)

$$F_s = \frac{w}{u} = \frac{\gamma_1 h_1 + \gamma_2 h_2}{\gamma_w h_w} \tag{7.6}$$

ここで, F_s：盤ぶくれに対する安全率（1.1 以上確保）, w：土かぶり荷重 (kN/m^2), u：被圧水圧 (kN/m^2), γ_1, γ_2：土の湿潤単位体積重量 (kN/m^3), h_1, h_2：地層の厚さ (m), γ_w：水の単位体積重量 (kN/m^3), h_w：被圧水頭 (m).

"被圧地下水の例"

掘削底面の粘性土などの難透水層の下に大きな被圧地下水がある場合には，盤ぶくれが発生する大きな要因の1つとなる．このため，掘削する地盤の各層の水頭を調査することは設計上重要となる．被圧地下水の例としては，例えば下図に示すように，掘削底面における砂質土層2が丘の上の地層とつながっている場合，この層の地下水等は周辺の地下水位1の水頭ではなく，これよりも大きい地下水位2の水頭を持っている．

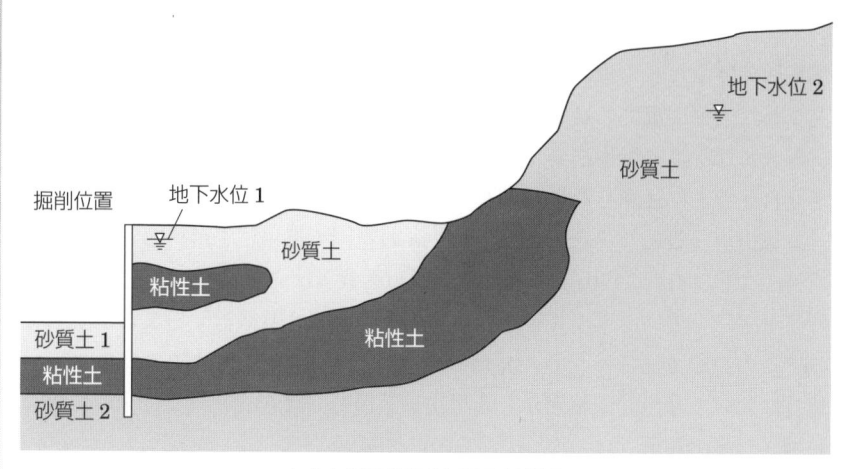

大きな被圧地下水がある場合

7.3節 小・中規模土留の設計

Point!
①中規模土留では慣用法という手法により設計する．
②小規模土留では弾性床上のはりモデルで設計する．

ここでは，橋の橋脚を設置するための掘削など最も利用頻度の高い，**掘削深さが3～10m程度の中規模土留**の設計についてまず解説する．その後で中規模土留に次いで利用頻度の高い掘削深さが**3m程度以下の小規模土留**として，本書では**自立式土留の設計**について述べることとする．なお，仮設土留の設計では，一般に最初に根入れ長を決定し，その後に土留壁の断面を決定する．そして支保工を用いる場合には，土留壁の断面計算の結果を用いて支保工を設計する．本節では，これらのうち「根入れ長」と「土留壁断面」の設計手法について述べる．

●中規模土留の設計

(1) 中規模土留の設計法

中規模土留の設計では，**慣用法**という従来から慣用的に用いられてきた手法を用いて設計する．

慣用法の特徴としては，断面を設計するときの土圧にこれまで数多くの現場で計測された**支保工反力の逆算土圧**を用いることにある．したがって，慣用法を用いる場合には，この断面決定用土圧の規定根拠となった**計測範囲から適用範囲が限定されることに注意しなければならない**．

対象地山が一般的な場合には，3～10mの範囲で慣用法を用いることができるが，3m以下の場合や10mを超える土留めを設計する場合には，**理論土圧（一部計測土圧）**を用いて「小規模土留めや弾塑性法により設計すること」としているのはこのためである．また，N値が2以下や粘着力が$20\,\mathrm{kN/m^2}$程度以下の軟弱地盤においては，計測範囲から慣用法の適用範囲は8m程度までとしている．

(2) 根入れ長の設計

根入れ長とは，**掘削底面以深に設置する土留壁の長さ**であり，掘削深と根入れ長を合計したものが**土留壁全長**となる．根入れ長は，以下に示す4つの検討から最も長いものを根入れ長とする．

① 根入れ部の土圧や水圧に対する安定から必要とされるつり合い根入れ長
② 土留壁の鉛直支持力から必要とされる根入れ長
③ 掘削底面の安定から必要とされる根入れ長
④ 最小根入れ長

① つり合い根入れ長の設計

つり合い根入れ長は，土留壁前背面における土圧と水圧との極限平衡法により，掘削完了時と最下段切ばり設置直前の状態に対し，それぞれの状態の最下段切ばりから下方における**背面側の主働側圧（主働土圧＋水圧）**による作用モーメントと掘削側の**受働側圧（受働土圧＋水圧）**による抵抗モーメントとがつり合う掘削底面以深の長さとする．すなわち，鋼矢板を対象とした場合には，**図 7.12** に示す $P_a \cdot y_a = P_p \cdot y_p$ となるつり合い長さを根入れ長とする．

ここで**安全率は 1.2** とし，ここで得られたつり合い**根入れ長を 1.2 倍**したものを根入れ部の土圧および水圧に対する**安定から必要とされるつり合い根入れ長**とする．ここで用いる土圧はランキン土圧する（その推定は本シリーズの『地盤工学』を参照）．

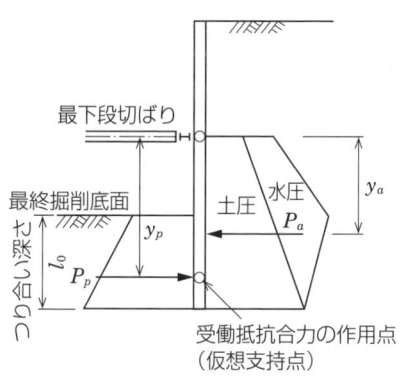

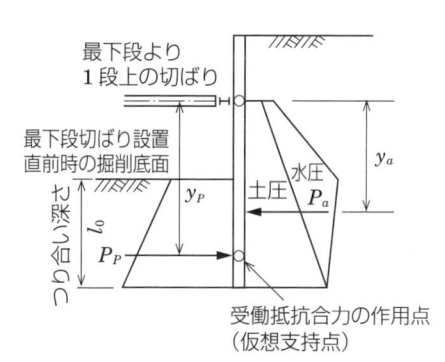

図 7.12 つり合い根入れ長の計算（鋼矢板の場合）
(出典：『道路土工仮設構造物工指針』1999/03)

(a) 掘削完了時の計算（最下段切ばり位置での計算）
(b) 最下段切ばり設置直前の計算（最下段切ばりより1段上の切ばり位置での計算）

また，土留に作用する水圧は**静水圧**とし，水圧分布は土留の根入れ先端位置で土留両側の水圧は等価なものと仮定して，**図 7.13** に示す△**ABD** で表される三

角形分布とする．設計水位は，一般に水中では設置期間に**想定される最高水位**とし，陸上では**地下水位**とする．

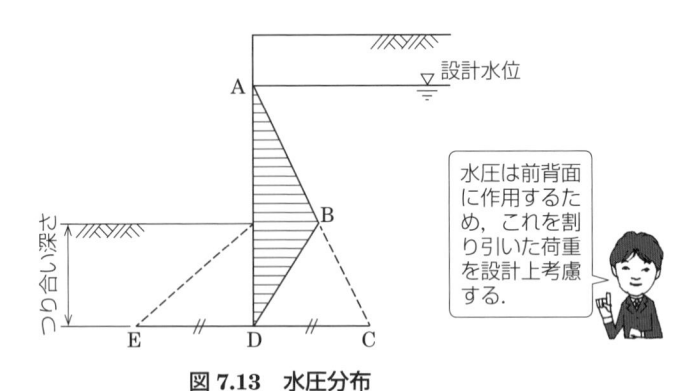

図 7.13 水圧分布
(出典：『道路土工仮設構造物工指針』1999/03)

水圧は前背面に作用するため，これを割り引いた荷重を設計上考慮する．

② 土留壁の支持力に必要な根入れ長

　土留壁の鉛直支持力から必要とされる根入れ長とは，路面覆工からの荷重やグラウンドアンカーの鉛直成分が土留壁に作用する場合には，これに抵抗しうる鉛直支持力を確保するために必要な根入れ長である．このための支持力の計算は 3.5 節における杭基礎の支持力の設計を参照するとよい．

③ 掘削底面の安定に必要な根入れ長

　掘削底面の安定から必要とされる根入れ長は，前節を満足する値を用いる．

④ 最小根入れ長

　最小根入れ長は，**連続した土留壁**（鋼矢板，柱列式や地中連続壁など）の場合で **3m**，**親杭**の場合で **1.5m** としている．

(3) 土留壁の断面設計

　土留壁の断面は，土水圧の大きさとともに掘削と切ばり等の支保工設置の過程を考慮して**最も土留壁が不利となる条件**で設計する．ここで支保工の設置は，支保工を設置するための作業に必要なスペースを確保するため，対象とする支保工よりも 0.5～1.0m 程度余分に掘削した後に設置する．これに対して土水圧は深くなるほど大きくなるため，一般に土留壁が不利となる条件としては，最下段切ばり設置直前が切ばりと掘削面との間が長く，土圧も大きく，あるいは掘削完了時点が最も土水圧が大きいという観点で土留壁の断面設計の対象となる．

7.3節　小・中規模土留の設計

このため**土留壁の設計曲げモーメント**は，掘削完了時における**最下段切ばり**，もしくは最下段切ばり設置直前における**一段上の切ばり**と仮想支持点間を支間とする**単純ばり**として設計する．なお，慣用法による土留壁の断面設計では，**図7.14**に示す慣用法特有の断面決定用土圧を用いて推定する．

鋼矢板を用いた掘削完了時の場合を例とすると，仮想支持点は**図7.15**に示すようにつり合い根入れ長を求める際の合力の作用点とし，最下段切ばりと仮想支持点間を単純ばりとして断面の検討を行う．

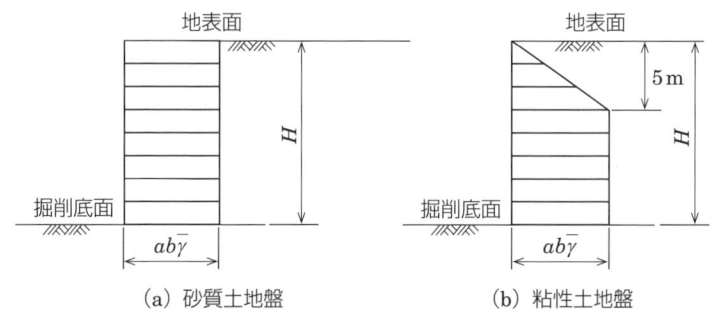

(a) 砂質土地盤　　　(b) 粘性土地盤

掘削深さによる係数 a		地質による係数	
		b 砂質土	c 粘性土
$5\text{m} \leq H$	1	2	$N>5$: 4
$5\text{m} > H > 3\text{m}$	$0.25(H-1)$		$N \leq 5$: 6

図7.14　断面決定用土圧
(出典：『道路土工仮設構造物工指針』1999/03)

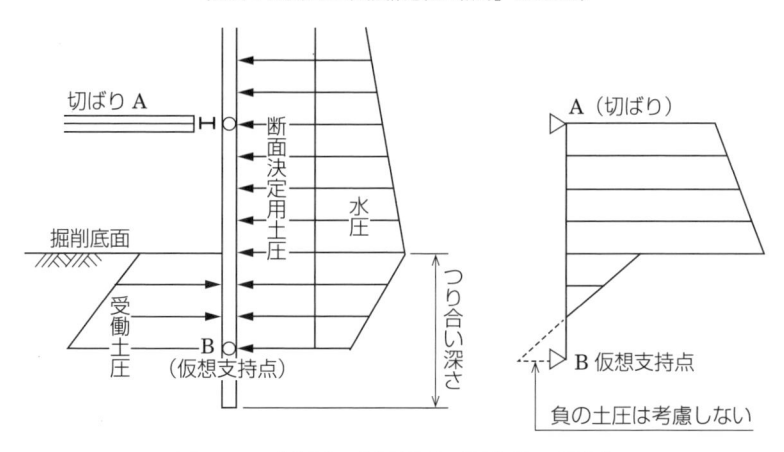

図7.15　土留壁の断面計算（鋼矢板の場合）
(出典：『道路土工仮設構造物工指針』1999/03)

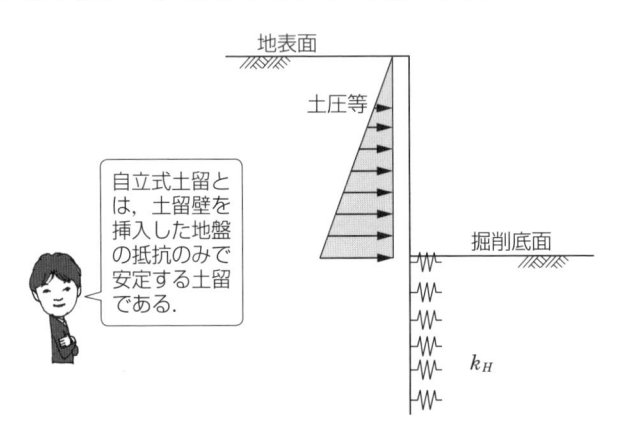

自立式土留の設計

(1) 自立式土留の設計モデル

 小規模土留の設計では，簡易な工事で用いられることの多い**自立式土留**について解説する．自立式土留とは，切ばり等の支保工を用いない土留であり，3.5 節で述べた「杭基礎」と同様に**弾性床上のはりモデル**を用い，**図 7.16** に示すように土圧を受ける弾性床上のはりにより設計する．

自立式土留とは，土留壁を挿入した地盤の抵抗のみで安定する土留である．

図 7.16 自立式土留の設計モデル

(2) 根入れ長の設計

 自立式土留の根入れ長は，式（7.7）に示す根入れ部分を**半無限長**として取り扱える長さ，掘削底面の安定から必要とされる根入れ長，および最小根入れ長のうち，最も長いものから決定する．

$$l_0 = \frac{2.5}{\beta} \tag{7.7}$$

 ここで，l_0：根入れ長（m），β：杭の特性値（m^{-1}）で式（3.13）によるが，換算載荷幅は親杭の場合は杭幅，鋼矢板の場合は単位幅を用いる．

 自立式土留の最小根入れ長は，掘削深さが 3m 以上の場合に **3m** とし，これより浅い掘削の場合は**掘削深さ**とする．

(3) 断面の設計

 自立式土留壁の断面設計モーメントは，中規模土留の設計での慣用法におけるつり合い根入れ長の算定に用いた土水圧を載荷し，式（7.8）により計算する．

$$M = \frac{P}{2\beta}\sqrt{(1+2\beta h_0)^2+1}\exp\left(-\tan^{-1}\frac{1}{1+2\beta h_0}\right) \tag{7.8}$$

ここで，M：土留壁に発生する最大曲げモーメント（kN·m），P：土水圧の合力（kN），h_0：掘削底面から土水圧の合力の作用位置までの高さ（m），β：杭の特性値（m^{-1}）．

また，自立式土留の場合には土留頭部の変位が大きくなりやすく，周辺地盤の変状も含めた安全性が懸念されるため，この変位量を式（7.9）により計算し，これが掘削深さの3％を超えない場合に，所定の安全性を有しているとみなしている．

$$\delta = \delta_1 + \delta_2 + \delta_3 \tag{7.9}$$

ここで，δ：土留壁頭部の変位量（m），δ_1：掘削底面での変位量（m）（付式（28）から設定），δ_2：掘削底面でのたわみ角による変位量（m）（付式（29）から設定），δ_3：掘削底面以上の片持ばりのたわみ（m）（付式（30）から設定）．

"半無限長とは"

図7.16に示すような弾性床上のはりで計算を行うと，βlに応じて壁の変位や応力が下図に示すように変化し，やがては壁の長さや先端の境界条件に拘らず一定の値となる．一般にはβlが2.5がその境界値なり，これ以上の長さを有する壁を半無限長として扱っている．

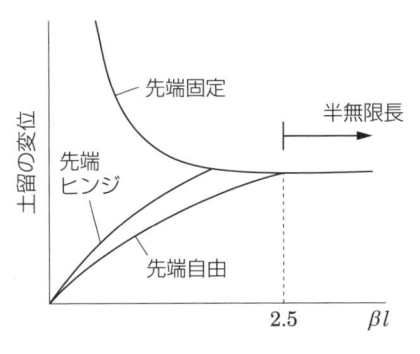

βlと土留頭部変位との関係

7.4節 大規模土留の設計

キーポイントは **弾塑性！**

Point!
① 土留壁の変位に応じた土圧の変化を考慮する．
② 掘削段階ごとの支保工の設置と累積する土留壁の変位の実態を再現する．

●大規模土留の設計を学ぶ

大規模土留とは，中規模土留の適用範囲を超える土留，すなわち**掘削深さが10m程度以上の土留**をいう．

大規模土留は，開削トンネルにより道路や鉄道を通したり，幹線下水道をシールドトンネルで構築する際の発進/到達立坑など，比較的大きなプロジェクトに用いられることが多いため，小・中規模土留と比較して利用頻度はそれほど多くはない．このため本節では，大規模土留の基本的な考え方と概要を述べる．

しかしながら，ここで用いられる計算方法は，土留の変位を比較的よく再現するため，既設施設/構造物に近接した仮設土留の計画では必須の方法で，たとえ掘削が中規模であっても本方法により設計することとなる．したがって，都市内土木をはじめとしてその利用頻度は今後ともますます増加すると考えられるため，計算方法の概要を理解しておくことは重要である．

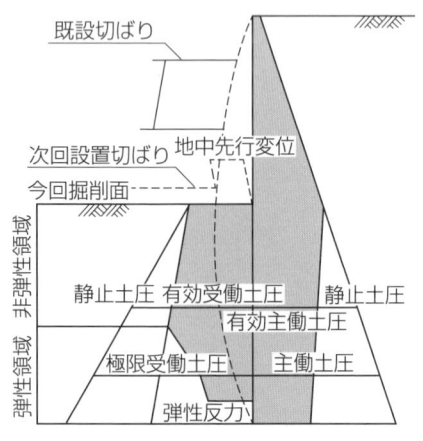

図 7.17 土圧・構造系の仮定

● 大規模土留の設計

大規模土留の設計では，**弾塑性法**と呼称される計算方法を用いる．図 **7.17** に弾塑性法の土圧と構造系の仮定を示す．

(1) 土圧の仮定

掘削面以深および掘削面より上では，**背面より主働土圧が作用する**ものとする．**掘削面側**では，**弾性領域と非弾性領域**に分けて考える．すなわち，「弾性領域」では静止土圧と土留壁の変位に比例した弾性反力が，「非弾性領域」では極限受働土圧が作用するものとする．

「弾性領域」とは，**静止土圧と弾性反力の和が極限受働土圧以下となる部分**であり，「非弾性領域」とは**弾性反力の値と静止土圧との和が極限受働土圧以上となる部分**である．

ここで，土留壁の変位に関係なく作用する掘削面側の静止土圧を，背面側の主働土圧から差し引いたものが**有効受働土圧**とすると，上記の仮定は「**背面側より有効主働土圧が作用し，掘削面側の非弾性領域では有効受働土圧，弾性領域では土留壁の変位に比例した弾性反力が作用している**」と表わされる．

(2) 構造系の仮定

構造系は，土留壁の設置から掘削にともなう土留壁の変位と応力の推移，切ばりの荷重伝達，地盤の非線形性などの実態挙動を考慮して以下のように仮定する．

土留壁設置終了時には土留壁の応力と変位はともにゼロであり，掘削進行にともなってこれが増加する．この際，土留壁は弾性体でその応力と変位は比例するが，土は応力が大きくなるにしたがい応力と変位の比例関係が成立しなくなるため，土を**弾性領域**と**非弾性領域**とに分けて考えることが必要となり，土留壁の応力と変位との関係は**非線形**となる．

また，切ばりは土留壁にその時点の掘削状態に応じた応力と変位が生じた後に架設されるため，構造系は掘削段階ごとに変化し，以後の掘削進行にともなって切ばりの応力と変位も変化する．

これらに対処するため，切ばりと土留壁の応力と変位を次のように考える．

切ばりの応力と変位：切ばりを架設したとき，土留壁のその点における変位量を**地中先行変位**と呼称し，このときの切ばりの応力はゼロでこれ以後の変位と弾性係数，断面積に比例し，長さに反比例した応力が生じるものと考える．

土留壁の応力と変位：掘削面以上では主働土圧，掘削面以下の非弾性領域では有効主働土圧から有効受働土圧を差し引いた荷重を受ける弾性ばりであり，弾性

第7章　仮設構造物の設計

領域では有効主働土圧を受ける弾性床上のはりと考える．また全体としては，各切ばりを弾性支承とする**連続ばり**とする．

このような仮定のもとに，一次掘削段階から最終掘削に至るまで，各掘削と切ばり設置を行い変位や応力を伝達させながら，土留壁の変位，応力，および切ばり反力を推定して設計を行う．

なお，根入れ長については，**基本的には**中規模土留と同じだが，土留壁下端に弾性域を有することが設計上の安全性の観点から望ましく，計算の結果土留下端に弾性域が得られない場合にはこれが得られるまで，トライアルしながら根入れ長を増加する．

Column

"弾塑性法 A，B，C ？"

弾塑性法は，1970年台から大規模土留の設計で徐々に用いられるようになった比較的新しい設計法である．最初にこの方法を提案されたのは，当時関西大学におられた山肩先生で，その後この方法を拡張した方法がいくつか提案され現在に至っている．その代表的なものが弾塑性法 A，B，C といわれており，それぞれに開発者の名前を用いて「山肩の方法 (A)」，「中村・中沢の方法 (B)」，「森重の方法 (C)」と呼ばれている．これらのうち，本文で解説したのは中村・中沢両氏が提案した (B) で，現在でも道路でよく用いられているものである．

なお，弾塑性法 C は，当時国鉄の構造物設計事務所におられた森重氏が提案されたもので，右図に示すように背面側の土圧も壁の変位に応じて変化させることとしており，計算は複雑だがグラウンドアンカーのプレローディングを行うなど背面側の土圧の変化を考慮する必要がある場合などには有用で，必要に応じて道路でも用いることがある．

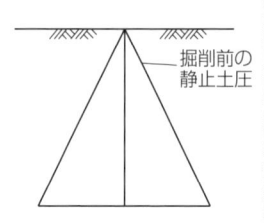

(a) 掘削前の静止土圧

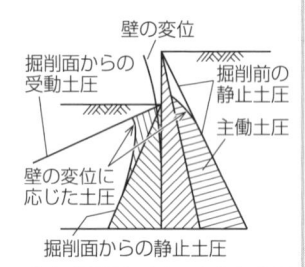

(b) 掘削時の壁の変位と土圧

**弾塑性法 C
（森重の方法）**

7.5節　支保工の設計

Point!
①中規模土留の設計支保工反力は下方分担法により設定する．
②軸力の載荷される部材は座屈の影響を考慮する．

支保工とは，図1.18に示したように，土留壁を支える腹起し，切ばり，火打ちばり，および切ばりの座屈を防止する中間杭の総称である．支保工が多ければ，土留の変位や発生する応力度を小さくすることができるが，本体構造物の施工空間が狭くなり施工に支障をきたすことがある．一方，支保工が少なければ本体構造物と土留ともども施工性は向上するが，土留壁や支保工そのものも大きな断面が必要となり，高価な土留となることも想定しなければならない．

すなわち，土留壁と支保工は，個別に設計すればよいものではなく，両者のバランスから安定性に優れることはもちろん，**経済的で施工性のよい仮設土留を検討しなければならない**．本節では，これら支保工の設計について述べる．

●支保工の設計荷重

支保工の設計荷重は，弾塑性法を用いて土留壁を設計する場合にはここで得られる**支保工反力**をそのまま用いればよいが，中規模土留で慣用法を用いる場合には**慣用法としての断面決定用土圧の下方分担法**による支保工反力を用いる．

「慣用法としての断面決定用土圧の下方分担法」とは，図7.18に示すように，最終掘削状態において対象とする切ばりからその下の切ばり，最下段切ばりの場合は掘削底面までの荷重を対象切ばりの反力と仮定する．

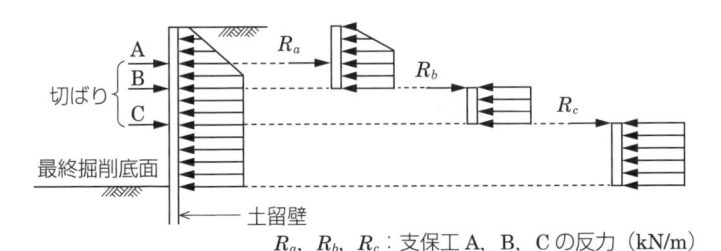

R_a, R_b, R_c：支保工A，B，Cの反力（kN/m）

図7.18　支保工の設計に用いる荷重（慣用法における下方分担法）
(出典:『道路土工仮設構造物工指針』1999/03)

腹起しの設計

腹起しとは，土留背面の主働側圧を土留壁から切ばりへ伝達する部材である．

腹起しは図 **7.19** に示すように，切ばり芯材を支点とした**単純ばり**として，曲げモーメントおよびせん断力に対して設計する．ここで，**火打ち**を入れる場合には，火打ちの配置を考慮して設計する．

(a) 火打ちのない場合　　(b) 火打ちのある場合

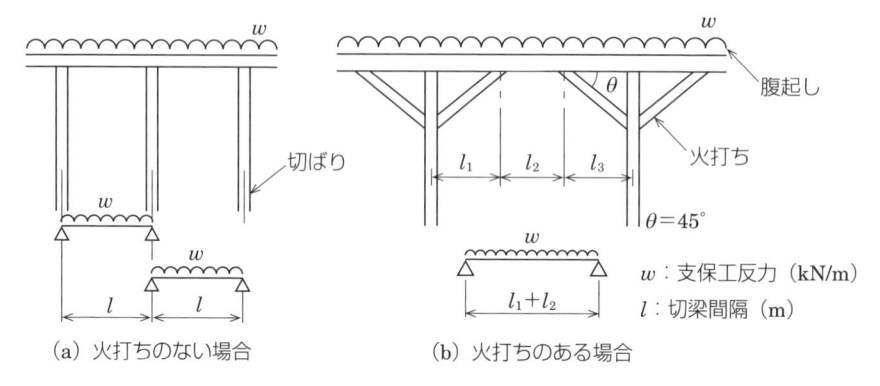

w：支保工反力（kN/m）
l：切梁間隔（m）

図 **7.19** 腹起しの計算支間

切ばりの設計

切ばりとは，相対する土留背面の主働側圧を支え合うための部材である．

切ばりは，軸力とモーメントが作用する部材として設計する．1本の切ばりの分担軸力は，図 **7.20** から分担幅に応じて式（7.10）により推定する．曲げモーメントを計算する場合の鉛直荷重は，一般に自重を含め 5 kN/m を考慮する．

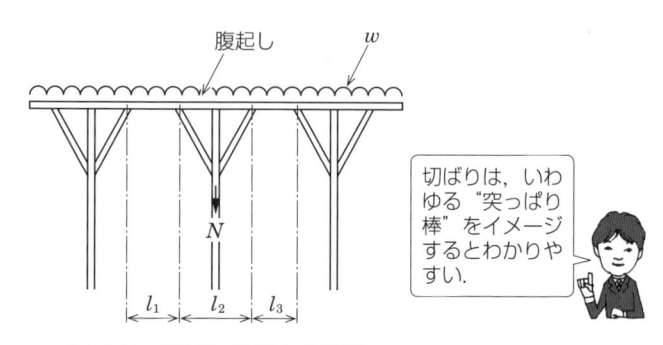

> 切ばりは，いわゆる"突っぱり棒"をイメージするとわかりやすい．

図 **7.20** 切ばりの反力分担幅

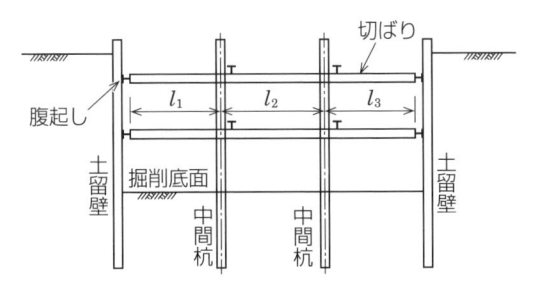

図 7.21　切ばりの鉛直方向座屈長

$$N = w\frac{l_1 + 2l_2 + l_3}{2} \tag{7.10}$$

ここで，N：1本の切ばりの分担軸力（kN）．

切ばりの強軸まわりの座屈，すなわち「鉛直方向への変形を考える場合の座屈」の長さは，中間杭のないときには切ばり全長とし，中間杭があるときには**図7.21**に示すl_1，l_2およびl_3のうちの最大長とする．

切ばりの弱軸まわりの横倒れ座屈，すなわち「水平方向の変形を考える場合の座屈」の長さは，交差する切ばりや中間杭などによる拘束効果を考慮して設定する．

図7.22に例を示す．この例では，両端が腹起しの場合や中間杭で座屈を拘束できる場合には**拘束間隔l**をそのまま用いるが，片方が直交する切ばりの場合には拘束効果が十分発揮されないため，拘束間隔lを**1.5倍して座屈長**とする．

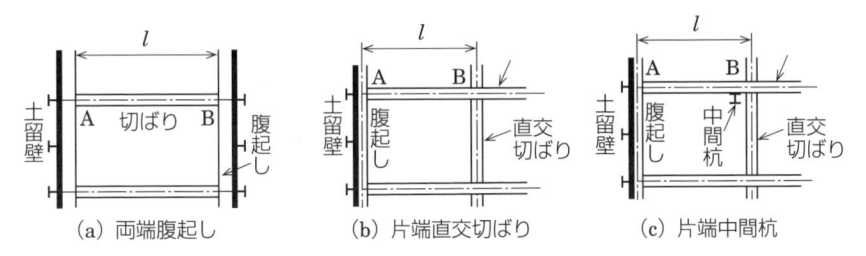

(a) 両端腹起し　　(b) 片端直交切ばり　　(c) 片端中間杭

図7.22　切ばりの水平方向座屈長

● 火打ちの設計

火打ちとは，腹起しから切ばりに荷重を伝達する際に腹起しの曲げ支間を短くするための部材である．一般に火打ちの設計では，**軸力のみ作用する部材**として設計される．

ここで火打ちの分担軸力は，**図7.23**から分担幅に応じて式（7.11）により推

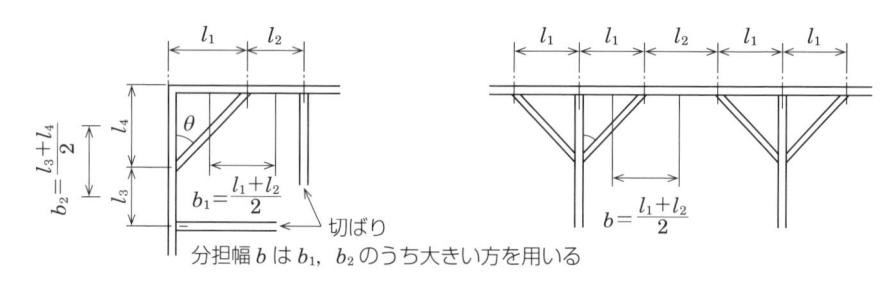

図 7.23　火打ちの軸力分担幅

定する．また，温度変化による軸力は，150 kN 程度考慮すればよい．

$$N = \frac{R}{\cos\theta} \tag{7.11}$$

ここで，N：火打ちに発生する軸力（kN），R：火打ちが負担する腹起しからの荷重（kN）（分担幅（m）と支保工反力（kN/m）の積），θ：火打ちの設置角度（度）．

● 中間杭の設計

中間杭とは，**切ばりの座屈を拘束するための部材**であるとともに，路面の覆工を支えるための杭としても用いられる．

中間杭は，一般に以下の軸方向鉛直力に対して設計する．

　①路面荷重（衝撃を含む）
　②路面覆工（覆工板，桁等）自重
　③埋設物自重（防護桁を含む）
　④中間杭の自重，切ばりの自重および座屈抑制荷重

切ばりの強軸回りの座屈の抑制によって生じる中間杭の軸方向力は，切ばりに作用する**全軸方向力の 2% 程度**としてよい．この場合，交差する両方向の切ばりの座屈抑制荷重を同時に加算し，かつ，多段切ばりの場合は各段の切ばりについて同時に考慮しなければならない．

中間杭は座屈を考慮することとし，その際の座屈長は，**図 7.24** に示すように中間杭天端と切ばり交点間 l_1，切ばり交点間 l_2，切ばり交点と掘削底面から $1/\beta$ までの間を l_3 とする．

中間杭は切ばりの座屈を，切ばりは中間杭の座屈を，相互に拘束する．

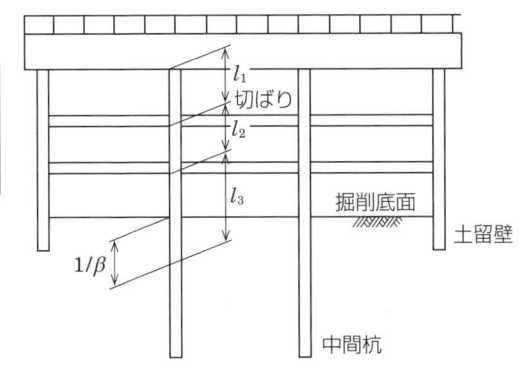

図 7.24　中間杭の座屈長

"盛替ばりの反力"

　掘削後構造物の一部を構築した後に，下図（a）に示すように盛替ばりを設置して1段の切ばり（場合によっては複数段）を撤去し，その反力を構造物へ盛り替えることがある．この際，下方分担法における盛替ばりの反力は，下図（b）に示すように算出する．

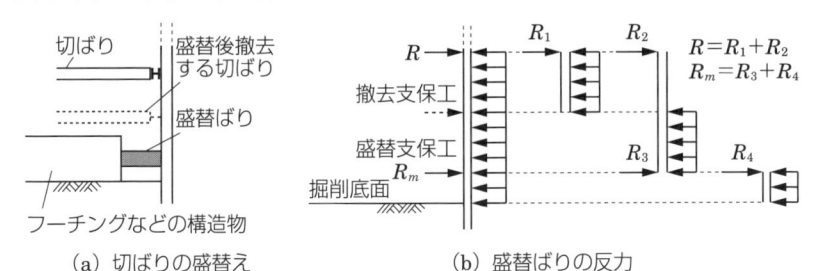

（a）切ばりの盛替え　　　　（b）盛替ばりの反力

$R = R_1 + R_2$
$R_m = R_3 + R_4$

盛替ばりの反力

※ここに，R：盛替時における撤去支保工の1段上の支保工の荷重（kN/m），R_1：掘削時における1段上の支保工の荷重（kN/m），R_2：掘削時に撤去支保工が指示していた側圧を盛替支保工と再分担した1段上の支保工の荷重（kN/m），R_m：盛替支保工の荷重（kN/m），R_3：掘削時に撤去支保工が指示していた側圧を1段上の支保工と再分担した盛替支保工の荷重（kN/m），R_4：盛替支保工の下方分担による荷重（kN/m）．

Column

"仮設だけど本体に用いる場合もある「仮設の本体利用」"

　本章では，仮設構造物とは，本体構造物を作るまで一時的に構築される仮設の構造物だと述べた．しかしながら，都市内に開削トンネルで道路や鉄道を作ろうとすると，掘削が15～30m程度と深く，また周辺の影響を最小限にする観点から，柱列式連続壁や地中連続壁といった剛性が高く高価な土留が使われる場合が多い．このため，「仮設にのみ用いるのは不合理だろう」という考え方がある．すなわち，仮設の土留を本体の壁の一部に用いることができないかというものである．

　具体的には下図に示すように，仮設の土留壁を本体の壁の一部に接合して用い，これによって一般の場合と比較して掘削幅を小さくし，本体の壁厚も細くできることがわかる．ただし，仮設の本体利用にあたっては，仮設の壁に掘削時に発生した応力が残留していることや，本体の壁との接合のための費用が高価となるといった課題もある．そこで設計の現場では，本体利用の優位性についてその都度検討し，本体利用の効果が確認される場合にこれを用いている．

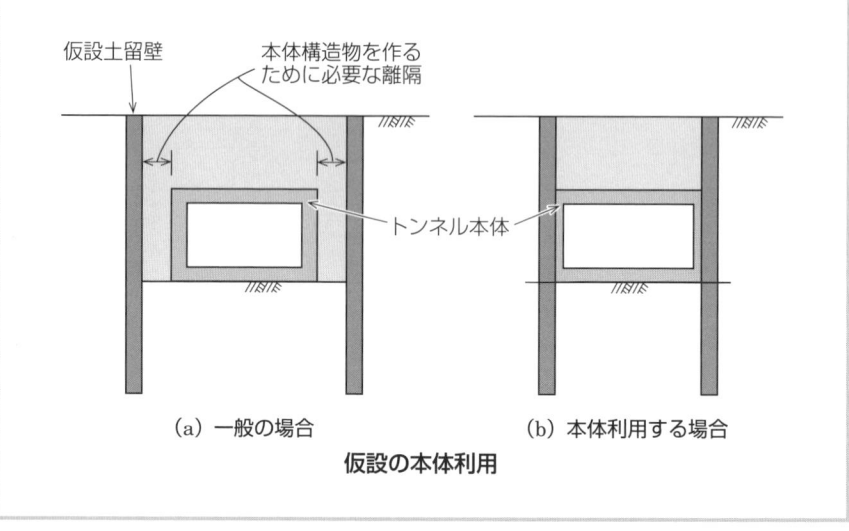

(a) 一般の場合　　(b) 本体利用する場合

仮設の本体利用

第8章

大規模地震に対する橋の設計

> 本章では，大規模地震に対するキャパシティデザインという考え方について，橋の設計を例に解説する．「通常の設計とどう違うか」，「大規模地震時の安全性・要求性能や具体的にどう実現しているか」などについて，世界的にも多く用いられている新しい耐震設計の考え方を学習する．

8.1節　設計の着目点

Point!
① 「どこも壊れない設計」は非常に危険である．
② 壊れる箇所を決めて，そこが壊れても安全を担保する．

狙ったポイントで壊す設計！

　地震国であるわが国にあって，地震の影響の設計上の扱い，地震の影響を受けた際の構造物のあり方は，土木構造物の設計における大きな課題の1つである．「安全でなければならない」とは誰もが思うことだが，地震の研究が色々なところで多くの人が行っていても，今後設計対象地域で起こりうる最大地震の予測という観点ではわからないことが多い中で，何をもって安全とするか，どう安全を確保するかといったことはやはり難しいテーマなのである．

　本節では，この点について現在の耐震設計がどう取り組もうとしているのかについて解説する．

●キャパシティデザイン

(1) 設計の安全性と構造物の損傷確率

　設計の安全性というと，多くの人が「どこも壊れない構造物」を思い浮かべるのではないだろうか．だが，第2章で説明した設計の概念を思い出してもらいたい．**図 8.1** にその概念を示すが，荷重と抵抗にそれぞればらつきがある中で，設計では荷重と抵抗の設計値に対し，抵抗が荷重よりも大きくなるように構造物の断面等が決定される．この際，**抵抗を荷重よりどの程度大きくするか**という点については，これまで本書で述べてきたように**安全率**で考慮している．

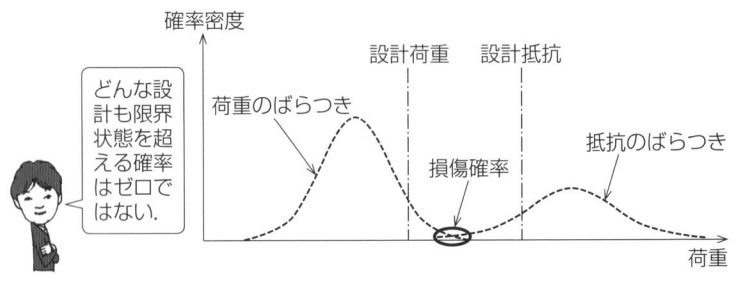

どんな設計も限界状態を超える確率はゼロではない．

図 8.1　設計の概念

ここで，安全率の中身はよくわからない点もあるが，それでも荷重と抵抗のばらつきが交わる部分，すなわち「損傷確率は相当に小さいだろう」という前提で設計は成り立っている．しかしながら，損傷確率は決してゼロではなく，すべての構造物に損傷する可能性があることをまずは認識していただきたい．

(2) 大規模地震の不確実性

予測される地震モデルのばらつきは大きく，これが大規模地震になるとよくわかっていない点はさらに多いため，設計地震よりも大きな地震が発生することは十分に考えられる．事実，大規模地震が発生した後で「想定外」といった表現が各種メディアで使われていることを気にされている方は多いと思う．この点について具体例を用いて説明する．

わが国では，**日本地震ハザード情報ステーション**（J-SHIS）が全国各地域を250 m メッシュで，「どの程度の地震がどれくらいの確率で発生しそうか」というデータを公表している．

ある地域（A 地域）の地震ハザード曲線を図 **8.2**（**a**）に示す．この図では，どの程度の最大速度の地震（横軸）が 50 年以内にどのくらいの確率で発生するか（縦軸）を表している．また，このハザード曲線を特にテール部分に着目して対数正規分布でフィッティングしたものを図 **8.2**（**b**）に示す．これがばらつきである．

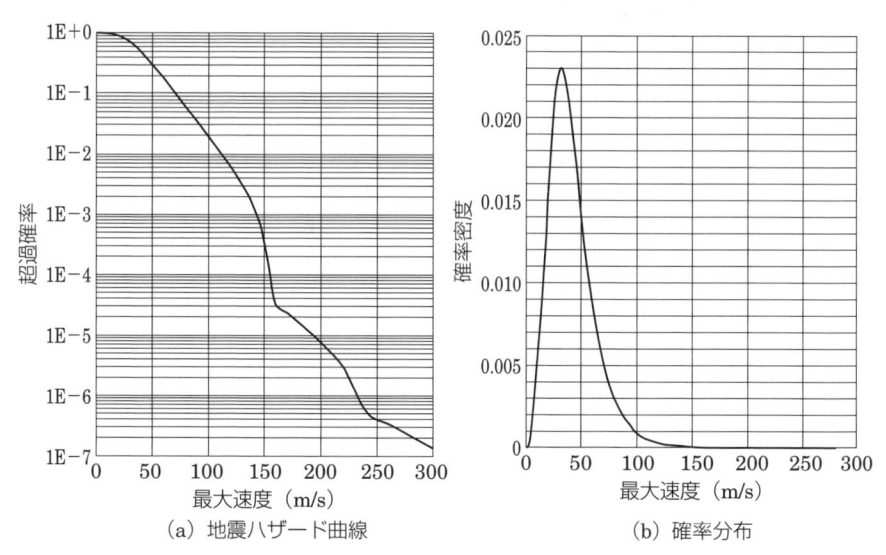

(a) 地震ハザード曲線

(b) 確率分布

図 8.2　A 地域の地震ハザード曲線と確率分布（50 年）

さらには，近年その発生が懸念されている南海トラフ地震について，内閣府の中央防災会議が公表している A 地域での工学的基盤における予測加速度波形（最大加速度：約 560 cm/s²，最大速度：85 cm/s）を図 8.3 に示す．

すなわち，この地震波形の最大速度は，先のハザード曲線によれば 50 年間に 3％の確率で発生する地震に相当し，中央防災会議の公表波形を用いて設計しても，それよりもっと大きな地震が発生する可能性があることがわかる．

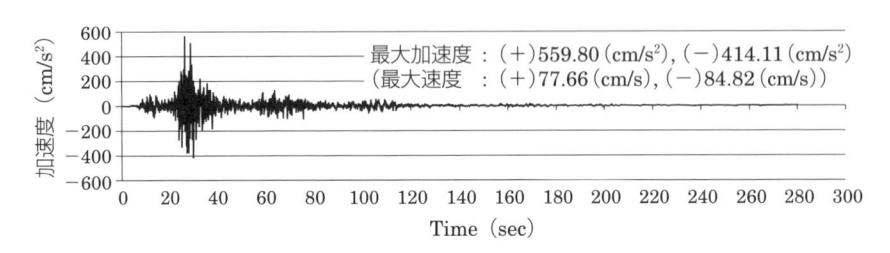

図 8.3　南海トラフ地震の A 地域工学的基盤での予測加速度波形

(3) 大規模地震に対してどこも壊れない構造物の設計は現実的か

不確実性の大きな大規模地震に対し，とにかく大きな地震を考慮するといった設計や，大きな地震を考慮してもレベル 1 地震と同程度の損傷確率にとどめるといった設計は膨大な費用を要するため現実的ではない．また，設計地震よりも大きな地震が発生する可能性がある中でどこも壊れない設計をした場合，逆に大きな地震の際にどこが壊れるかわからないということにもなり，損傷箇所の発見が遅れたり補修が大変になることも予想され，実は最も危険であるといえる．

大規模地震時の安全性をどう担保するのか

(1) 壊すところを特定する

先に「どこが壊れるかわからないことは最も危険」と述べたが，逆に壊れる箇所があらかじめわかっていれば合理的な対応が可能な場合が多い．特に地震後に損傷の有無が発見しやすく，また補修が容易な箇所を壊れる箇所として特定しておけば，地震後の復旧などの対応を迅速に行うことが可能となる．

このため道路橋の場合には，一般に**橋脚の基部**を壊れる箇所として選定している場合が多い．これは兵庫県南部地震の経験により，発見のしやすさや復旧時の容易さなどから選定されている．逆に**基礎の頭部**などは壊れる箇所として選定さ

れることは少ない．これは，基礎が地中にあることから損傷の発見も補修も大変なためである．

(2) 壊してどう安全性を担保するのか

ここで「壊す」とは，構造物が弾性限界を超えて**塑性化する**ことをいう（決して破壊してしまうことではない）．

「キャパシティデザイン」では，地震が構造物を揺らすエネルギーとした場合，構造物が塑性化することで生じる塑性変形により，**地震のエネルギーをひずみエネルギーとして吸収する**ことを考える．

図 **8.4** に橋の耐震設計で用いられている「エネルギー一定則」による**弾塑性応答推定の概念**を示す．ここでは，構造物が地震の慣性力で弾性応答した場合のエネルギーと構造物が塑性変形により吸収するエネルギーとが等価である仮定を示しており，すなわち，構造物が塑性変形することで**弾性限界以上の荷重は作用しない**とした仮定である．

ただし，構造物は無限に塑性変形するわけではなく，やがては耐力低下し破壊に至る．したがって，大規模地震時に「壊す」と特定した箇所は，弾性限界を超えてから耐力低下を起こすまでの**塑性変形量が大きくなるように部材を設計しなければならない．これを設計では，**じん性（ダクティリティ）が大きい**という．

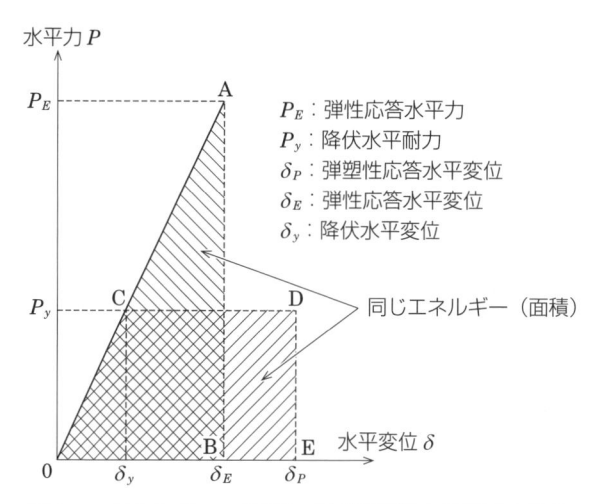

図 **8.4** エネルギー一定則による弾塑性応答推定の概念

P_E：弾性応答水平力
P_y：降伏水平耐力
δ_P：弾塑性応答水平変位
δ_E：弾性応答水平変位
δ_y：降伏水平変位

同じエネルギー（面積）

第 8 章 大規模地震に対する橋の設計

なお,「壊す」箇所を特定するためには,図 8.5 に橋脚基部と基礎の荷重変位曲線の例を示すが,他の部材と比較して弾性限界を小さくすればよい.

以上,「キャパシティデザイン」とは,大規模地震時に「壊す（主たる非線形性を考慮する）」箇所を特定し,そこが塑性化しても大きなじん性から破壊することなく,地震のエネルギーを吸収することでその影響を低減する設計のことをいう.このためキャパシティデザインでは,対象箇所のじん性の大きさが重要となり,ここに大きな設計余裕を持たせることが要求される.

このような設計を行うことにより,設計地震時には損傷箇所の発見が早く,修復も容易な箇所を所定の損傷にとどめうるとともに,度重なる余震にも耐え,さらにはより大きな地震が発生した際にも特定箇所でそのエネルギーを吸収することにより,甚大な被害を防ぐことが可能となる.

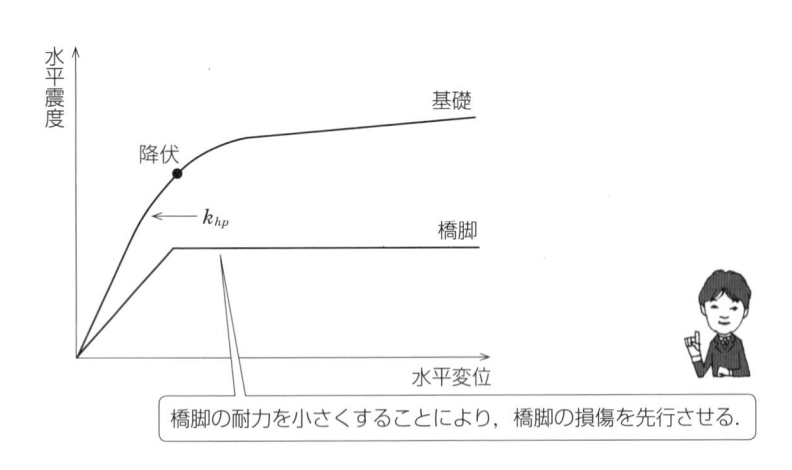

図 8.5 損傷箇所の特定

8.2節 大規模地震の際に橋に求められるもの

Point!
①重要な橋は地震後にも応急復旧で使え，普通の橋は地震後に安全だが使えない．
②①を満足する限界状態は地震エネルギーの吸収で制御する．

●橋の要求性能

第3章で示した橋の要求性能を**表8.1**，**8.2**に再掲する．大規模地震のレベル2地震時には性能2や性能3，すなわち「損傷することを前提とした性能」が要求されている．これは，前節で述べた「キャパシティデザイン」の考え方に基づき，特定（壊す）箇所の損傷（非線形化）を前提として，使用性と修復性から損傷を制御することにより性能を分類している．

具体的な損傷制御の概念は，**図8.6**に示すように，部材や構造が降伏後耐力低下に至るまでのどの程度の変状に抑えるかにより設定している．

表8.1 設計状況と要求性能（耐荷性能）

設計状況 （荷重や作用の組合せ）		性能1	性能2	性能3
常 時		○		
レベル1地震時や暴風時		○		
レベル2地震時	重要な橋		○	
	普通の橋			○

表8.2 性能の観点（耐荷性能における橋の状態）

耐震性能	安全性	使用性	修復性 短期	修復性 長期
性能1： 健全性を損なわない性能	落橋しない	通常の通行性を確保	修復不要	軽微な修復
性能2： 損傷が限定的で，機能回復が速やかに行いうる性能	落橋しない	機能回復が速やかに可能	応急復旧で機能回復	比較的容易に恒久復旧
性能3： 損傷が致命的とならない性能	落橋しない			

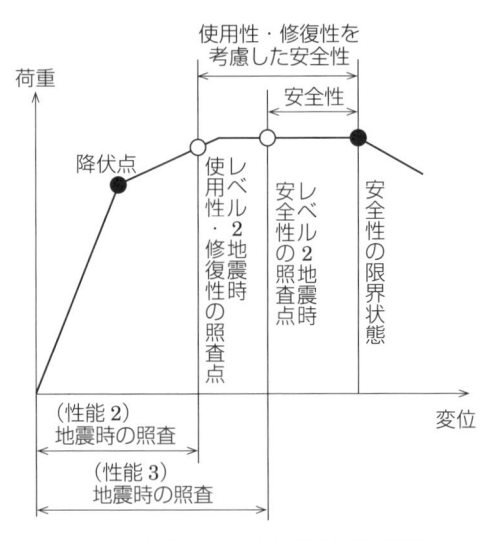

第8章 大規模地震に対する橋の設計

図 8.6 性能に応じた損傷制御の概念

●橋を構成する部材や構造の限界状態

(1) キャパシティデザインにおける限界状態

橋の性能は，橋を構成する部材や構造の限界状態を満足することにより達成されるものとみなしている．**表 8.3** には，「性能 2」に対する各部材や構造の限界状態の例を示す．表では，非線形化を考慮する部材に応じた各部材の限界状態を示している．ここで特に留意しなければならない点は，キャパシティデザインでは**非線形化する箇所を特定する**(それ以外の箇所では非線形化させない)ことである．これら各限界状態の具体的な照査は，橋脚と基礎を対象として 8.3 節と 8.4 節で解説する．

(2) 副次的な塑性化

表 8.3 の中に示される「副次的な塑性化」とは，部材（構造）としては塑性化していない（部材や構造全体としての挙動は弾性，あるいは可逆的な範囲内にある）が，**部分的には塑性化している状態**をいう．

例えば杭基礎の場合では，杭基礎全体を対象とした上部工慣性力作用位置での荷重変位曲線から，水平変位が急増する点を杭基礎（群杭）の降伏とみなすが，この状態に至るまでの間でも数列の杭の断面は降伏に達している場合がある．このような状態を**副次的な塑性化**という．

8.2節 大規模地震の際に橋に求められるもの

表 8.3 耐震性能 2 での非線形性を考慮する部材と各部材の限界状態の例

各部材の限界状態 \ 塑性化(非線形性)を考慮する部材	橋脚	橋脚と上部構造	基礎	免震支承と橋脚
橋　　　脚	損傷の修復を容易に行いうる限界状態	同左	力学的特性が弾性域を超えない限界状態	副次的な塑性化にとどまる限界状態
橋　　　台	力学的特性が弾性域を超えない限界状態	同左	同左	同左
支　承　部	力学的特性が弾性域を超えない限界状態	同左	同左	免震支承によるエネルギー吸収が確保できる限界状態
上 部 構 造	力学的特性が弾性域を超えない限界状態	副次的な塑性化にとどまる限界状態	力学的特性が弾性域を超えない限界状態	同左
基　　　礎	副次的な塑性化にとどまる限界状態	同左	復旧に支承となるような過大な変形や損傷が生じない限界状態	副次的な塑性化にとどまる限界状態
フーチング	力学的特性が弾性域を超えない限界状態	同左	同左	同左
適用する橋の例	免震橋以外の一般的な桁橋等	ラーメン橋	橋脚躯体の耐力が十分大きい場合や基礎地盤が液状化する場合など	免震橋

(出典：『道路橋示方書・同解説　Ⅴ耐震設計編』2012/03)

Column

"せん断破壊が卓越する構造物は極力避ける"

本文では主たる非線形性を考慮する部位の選択について述べたが，これらはすべて塑性化した後のエネルギー吸収を考慮した延性破壊（曲げ破壊）を前提としている．破壊形態としてはこのような破壊とは別に，写真に示す「せん断破壊」があるが，せん断破壊は脆性破壊とも呼ばれ，耐力を超えると同時に破壊するため，このような破壊形態が卓越する構造物は極力避ける必要がある．このような破壊形態の選択についても，曲げ耐力をせん断耐力より小さく設定することで実現する．

せん断破壊の例
(提供：株式会社建設技術研究所)

8.3節 橋脚の設計

> **Point!**
> ①橋脚を地震時に非線形化させる場合には，塑性率を限界値に抑える．
> ②地震時に橋脚以外を非線形化させる場合には，橋脚は弾性の範囲を超えない．

●橋脚基部を非線形化（損傷）させる場合

　橋脚基部を非線形化させる場合の橋脚の設計の概念としては，2.3節で示したレベル2地震の影響を用いて，図8.4に示した通り，線形応答した場合の変位量にエネルギー一定則の概念から橋脚基部が非線形化した場合の応答を推定し，図8.6に示したように，これが性能2あるいは性能3の塑性変位量の限界値を超えないことを照査する．**塑性応答が塑性変位量の限界値を超えない場合には**，所定の性能を満足するものとみなしている．

　なお，ここで構造物の塑性以降の挙動を推定する際には，例えばコンクリート・鉄筋の塑性化領域における応力ひずみ関係を考慮した橋脚基部のモーメントと曲率の関係や塑性ヒンジによる影響などを踏まえた検討が必要となり，上記で示したように単純にはいかない．ただし，概念としては冒頭で述べた通りであり，橋脚基部が塑性化して地震のエネルギーを吸収するにあたり，部材が十分な塑性変形能（エネルギーを吸収しても耐力低下に至らない十分なじん性）を保有しているかどうかについて検討を行う．

●橋脚基部を非線形化（損傷）させない場合

　橋脚基部を非線形化させない場合の橋脚の設計は，非線形化させる部材や構造の影響により減衰した地震の影響を用いて橋脚の応答を推定し，これが弾性の範囲内にあることを照査する．橋脚基部の地震時応答が弾性の範囲にある場合には，所定の性能を満足するものとみなしている．

　ここで，非線形化させる部材や構造の影響により減衰した地震の影響とは，橋脚基部以外の部材が非線形化して地震のエネルギーを吸収する場合に，ここでのエネルギー吸収により2.3節での地震の影響を低減して用いる．この1つの例を次節で示す．

8.4節 基礎の設計

Point!
① 橋脚を地震時に非線形化させる場合には，基礎は副次的な塑性化にとどめる．
② 地震時に基礎を非線形化させる場合には，塑性率を限界値に抑える．

● 橋脚基部を非線形化（損傷）させる場合

（1）設計に用いる地震の影響

キャパシティデザインでは非線形化させる箇所を特定し，それ以外を非線形化させない設計を行うため，橋脚基部を非線形化させる場合の杭基礎の設計では，杭基礎の降伏耐力を図 8.7 に示すように橋脚のそれより大きくする必要がある．このため杭基礎の設計に用いる地震の影響は，橋脚基部の降伏耐力により式 (8.1) から設定する．

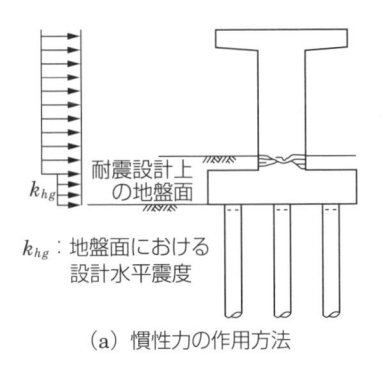

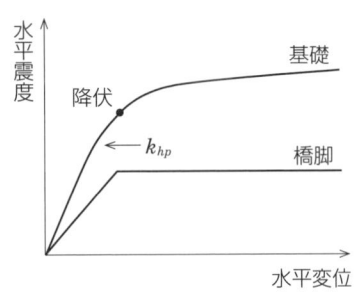

(a) 慣性力の作用方法　　(b) 水平震度－水平変位の関係

図 8.7　基礎と橋脚基部の降伏耐力と基礎の設計に用いる地震の影響
（出典：『道路橋示方書・同解説　Ⅴ耐震設計編』2012/03）

$$k_{hp} = c_{df} \cdot P_u / W \tag{8.1}$$

ここで，k_{hp}：橋脚基部を非線形化させる場合の基礎の設計に用いる設計震度，c_{df}：過強度係数で 1.1，P_u：橋脚基部の水平耐力（kN），W：等価重量で橋脚が負担する上部工重量の 100％と橋脚躯体重量の 80％（kN）．

なお，上記過強度係数は，次の背景から設定されている．

第 8 章 大規模地震に対する橋の設計

キャパシティデザインでは，確実に損傷する箇所としない箇所を設計する必要があるが，現場では設計強度よりも大きい強度の材料が納入されるため，一般に実際にできあがる構造物は設計よりも大きな強度を有していることが多い（材料の現場納入時の品質管理検査において，注文品質（＝設計仕様）より劣る材料は一般に受け入れられないため，結果として納入される材料の平均強度は設計強度と比較して大きなものとなる）．

これは普通に考えれば望ましいことだが，キャパシティデザインで降伏耐力の観点から損傷箇所を特定しようとする場合には，例えばここでの橋脚基部と基礎の例のように必ずしも望ましくないケースがある．そこで基礎の設計では，対象となる橋脚基部の水平耐力に過強度係数を乗じてこの影響を考慮するものである．このため，図 8.7 の水平震度 – 水平変位の関係において k_{hp} は橋脚の水平耐力相当の水平震度よりも若干大きいところに位置している．

(2) 設計モデル

第 3 章の杭基礎の設計モデルを**図 8.8** に再掲する．性能 1 の照査ではすべての部材や抵抗が弾性，あるいは可逆的な応答の範囲内にあることを照査するため，それぞれの抵抗特性は**弾性**と定義した．これに対してレベル 2 地震時の照査では対象となる地震時応答が大きいため，**図 8.9** や**図 8.10** に示すように非線形な抵抗特性や杭本体の曲げ特性を考慮してモデル化する．

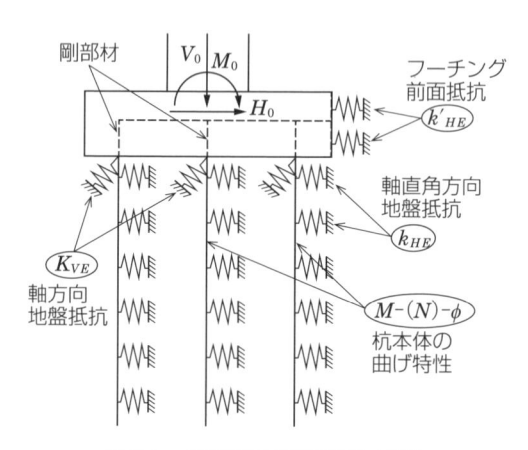

図 8.8　杭基礎の応答推定モデル
（出典：『新編　土と基礎の設計計算演習』2000/11）

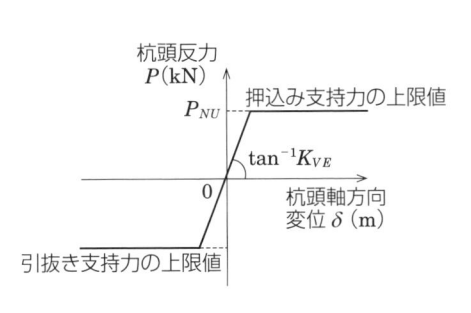

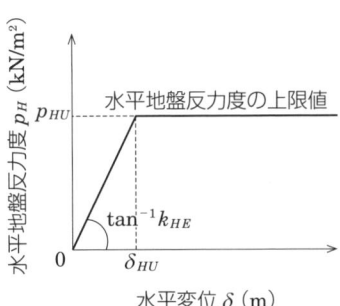

(a) 杭の軸方向の抵抗特性

(b) 杭周辺地盤およびフーチング前面地盤の水平抵抗特性

図 8.9　杭の抵抗特性
(出典:『道路橋示方書・同解説　V耐震設計編』2012/03)

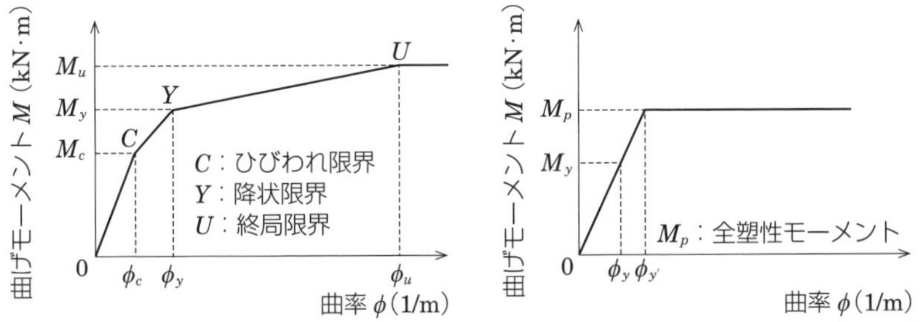

(a) 場所打ち杭，PHC 杭・RC 杭・SC 杭

(b) 鋼管杭および鋼管ソイルセメント杭

図 8.10　杭本体の曲げ特性
(出典:『道路橋示方書・同解説　V耐震設計編』2012/03)

(3) 設計照査

ここでは，図 8.8 で示した杭基礎の応答推定モデルに地震の影響を考慮し，**杭基礎が降伏しない（副次的な塑性化の範囲）**ことが照査できた場合に，杭基礎は所定の性能を満足するものとみなしている．

杭基礎の降伏とは，図 8.7 に示す杭基礎の水平震度-水平変位曲線において，水平変位が急増する点を**降伏**としている．ただし，非線形であるがゆえにその評価には個人差があると懸念されるため，一般には以下のいずれかの状態に達した場合に降伏として扱っている．

①すべての杭の杭頭が降伏した場合

②一列の杭の支持力が極限押込み支持力に達した場合

杭基礎を非線形化（損傷）させる場合

(1) 杭基礎を非線形化させる場合とは

8.1節でも述べた通り，大規模地震時に非線形化させる箇所は，発見が容易で修復も比較的簡易に行える箇所とすることが望ましい．これに対して杭基礎は地中にあることから望ましい箇所とはいえず，一般には橋脚基部を非線形化させ杭基礎は非線形化させないことが多い．しかしながら，以下に述べる例のように橋脚基部よりも杭基礎の耐力を大きくしようとする場合に不合理な杭基礎となる場合には，特例として杭基礎を非線形化させる場合がある．

杭基礎を非線形化させる例①

図1.5 (b) で示した壁式橋脚の橋軸直角方向（断面高さが大きい方）のように，水平耐力が非常に大きく，これよりも杭の降伏耐力を大きくしようとすると杭本数が過大となり不合理な設計となる場合．

杭基礎を非線形化させる例②

基礎地盤が地震時に液状化することが懸念される場合で，杭基礎の降伏耐力が小さくなり，それでも橋脚水平耐力よりも大きくしようとすると杭本数が過大となり不合理な設計となる場合．

(2) 設計に用いる地震の影響

杭基礎を非線形化させる場合の地震の影響は，最初に2.3節でのレベル2地震を用いて杭基礎が降伏することを確認し，その後に杭基礎が非線形化することによる地震の減衰の影響を考慮して減衰定数別係数（c_D）を2.3節の設計震度に乗じて低減した設計震度（k_{hcF}）を用いる．ここで減衰定数別係数（c_D）は，現時点でまだ十分に解明されていないが，実務上**2/3を用いて設計**している．

(3) 設計照査

杭基礎を非線形化させる場合の杭基礎の照査は，図**8.11**に示すように，橋脚と同じように等価エネルギー法により杭の塑性応答を推定し，**塑性率（塑性変位と降伏変位との比）が4以下**，フーチングの回転角が**0.02 rad以下**の場合に，**杭基礎は所定の性能を満足する**ものとみなしている．

8.4節　基礎の設計

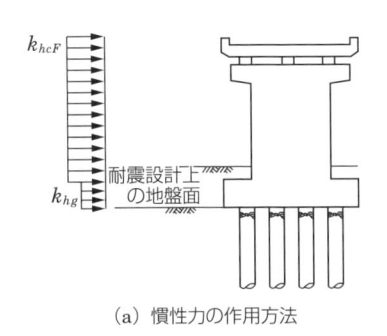

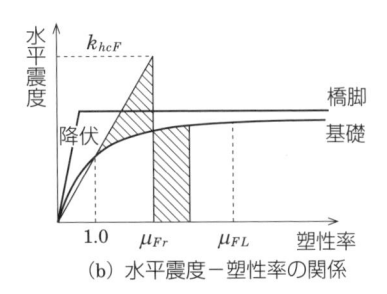

(a) 慣性力の作用方法　　　(b) 水平震度－塑性率の関係

図 8.11　杭基礎を非線形化させる場合の塑性変位の推定
（出典：『道路橋示方書・同解説　V耐震設計編』2012/03）

"設計基準の本質を理解することが重要"

　設計では設計基準を用いるが，その際には設計基準の本質を理解して用いることが重要である．例えば道路橋の場合には，一般には橋脚基部を主たる非線形性を考慮する部位とすることが多いが，これは損傷の発見と修復が比較的容易なケースが多いことによる．ここでは「損傷の発見と修復が比較的容易」ということが重要で，単に大規模地震時に橋脚基部を非線形化させることを推奨しているわけではない．

　下図にダム湖に設置される高橋脚の例を示すが，この場合で将来的にダムに沈む橋脚基部を非線形化させる部位に選択することはありえない．剛結なのか支承を用いるのかといった構造に応じて「損傷の発見と修復が比較的容易」な箇所を非線形化させる部位に選択する必要がある．

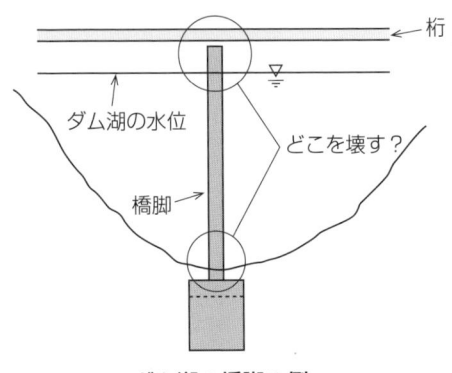

ダム湖の橋脚の例

"耐震設計の歴史"

　構造物の耐震設計は，大きな地震があって被害がでる度に改定されてきた．すなわち耐震設計の歴史は，地震という自然現象に対しこれに立ち向かおうという技術者の戦いの歴史といっていい．

　世界で初の耐震設計基準は，Messina-Reggio 地震（1908 年，イタリア）で多くの被害が発生した翌年に制定された『Italian building code』である．ただし，この基準では，構造細目での規定で計算に地震の影響を取り入れたものではなかった．設計計算に地震の影響を世界で初めて取り入れたのは日本で，関東大震災（1923 年）の翌年に『市街地建築物施行規則』が発刊，ここで設計震度が初めて設計基準に取り入れられ，計算により耐震設計がなされるようになった．この考え方はすぐさま欧米の設計基準へ取り入れられることになる．日本の土木構造物の基準では，先の建築の基準に引き続き 1926 年に『道路構造に関する細則案』としてやはり設計震度を取り入れて発刊されている．アメリカの道路橋の最初の基準は 1931 年に『AASHTO code』の第 1 版が発刊され，ここでも設計震度を用いているがその値は小さく，1937 年に完成したかのゴールデンゲートブリッジは，日本の基準を参考にして設計震度を決めたといわれている．

　その後，地震とその被害により設計震度や構造細目の見直しが繰り返され，1995 年の兵庫県南部地震を契機に，大規模地震に対するキャパシティデザインの考え方が定着した．同様な時期に世界でもキャパシティデザインが定着しており，対象とする地震の強度や発生確率は異なるものの，世界の耐震設計は足並みを揃えているといっていい．

　なお，2011 年の東北地方太平洋沖地震では津波による甚大な被害が発生し，現在津波対策としての土木構造物の役割やこのための設計が課題となっている．しかしながら，地震による揺れの影響としては土木構造物の被害は比較的小さく，現在の耐震設計はほぼその思惑通りに機能していると考えられている．

第9章

設 計 図

> 本章では，土木構造物を作る過程の1つである設計段階の成果，設計図について解説する．設計の意図を反映した実際の構造物を作ってもらうために，「どんな設計図が必要か（設計図の構成）」，「図面には具体的にどんな内容が描かれているか（設計図の内容）」について学習する．

9.1節 どんな設計図が必要？

Point!
① 設計図は複数の種類の図面で構成される．
② 設計図の種類や構成は構造物によって異なる．

●設計図とは？

第2章で「設計とは作りたいものの図を描くことである」と述べた．ここで図とは**設計図**のことであり，設計という段階での最終成果品である．設計図は，設計での意図を反映した構造物を適切に作ってもらうため，施工する上で必要な対象物のことを，すべて図面上に正確に模画しなければならない．

このため設計図は1枚ということはなく，複数の種類の図面を構造物に応じて必要なだけの枚数を作成する．大きな橋では図面が数百枚となることもあり，これを総じて〇〇構造物の設計図という．

設計図には，一般に次のような種類がある．

① 位置図
② 平面図
③ 縦断図
④ 標準横断面図
⑤ 横断面図
⑥ 一般図
⑦ 構造図（詳細図を含む）
⑧ その他

これら図面の種類とその内容は，対象とする構造物が何であるかによって異なるため，ここでは**図9.1**の2径間連続の**鋼鈑桁橋**（RC床版，RC橋台・橋脚，場所打ち杭基礎）を例として，設計図の構成を**表9.1**に示し，各図面について概説する．なお，これらの図面は管理者の要求に応じてA1サイズ（594 mm×841 mm），もしくはB1サイズ（728 mm×1 030 mm）の大きさの用紙に模画するが，表9.1におけるすべての図面がそれぞれ1枚に収まるとしても，少なくとも40枚以上の図面が対象橋梁の設計図には必要となる．このように土木構造物の設計図は，色々な種類と構造に応じた多くの図面から構成されている．

9.1節 どんな設計図が必要？

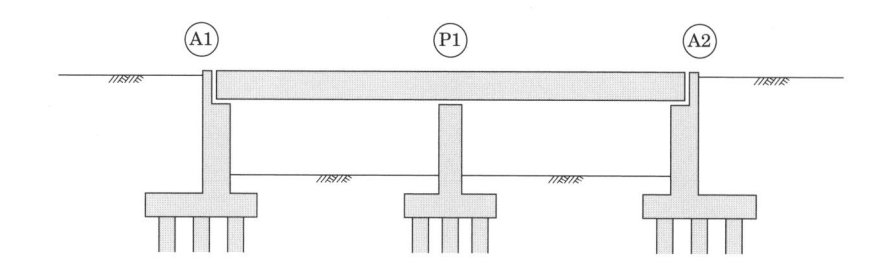

図 9.1 対象とする 2 径間連続鋼鈑桁橋のイメージ

表 9.1 対象とする 2 径間連続鋼鈑桁橋の設計図の構成例

	縮 尺	図 面	備 考
橋梁位置図	1/25 000〜1/50 000		市販地図等を活用
橋梁一般図	1/50〜1/500		側面図，平面図，断面図の他，橋種，設計条件，地質図，ボーリング位置等を記入
線形図	適宜		平面・縦断・座標
上部工構造詳細図（桁関連）	1/20〜1/100	主桁，横桁，対傾構，横構，主構，床組	
上部工構造詳細図（床版関連）	1/20〜1/100	配筋，鉄筋加工，鉄筋表	
上部工構造詳細図（その他）	1/20〜1/100	支承，伸縮装置，排水装置，高欄防護柵，遮音壁，検査路，照明等	
A1 橋台構造一般図	1/50〜1/500		正面，背面，平面，側面，断面図等
A1 橋台構造詳細図（軀体）	1/20〜1/100	配筋，鉄筋加工，鉄筋表	
A1 橋台構造詳細図（基礎）	1/20〜1/100	配筋，鉄筋加工，鉄筋表	
A1 橋台構造詳細図（仮設構造物）	1/20〜1/100		指定仮設の場合

※ A2 橋台，P1 橋脚もそれぞれ A1 橋台と同様な図面が必要

● 橋梁位置図，一般図，線形図

橋梁位置図とは，文字通り橋梁の架設位置を示すものである．**橋梁一般図**とは橋の全体像を概説するもので，詳細は 9.2 節で解説する．**線形図**とは，平面的な直橋，斜橋，曲線橋の状況，縦断勾配の状況を正確に示すものである．

● 上部工構造詳細図

鋼桁の場合にはさまざまな部材が使われるため，それぞれの部材寸法，溶接やボルト締めなどの結合方法等について詳細に明記した図面が必要となる．主桁も全延長が同じ厚さの鋼材を用いていることは一般になく，断面が変化する位置や各断面を詳細に明記する．

また，上部工には主要構造とは別に，排水装置や高欄など多くの附属設備が添加されるため，「どこ」に「どのようなもの」を「どう」取り付けるのかといったことについても，施工時に困らないように明記した図面が必要になる．

● 下部工構造（橋台・橋脚）一般図

下部工構造一般図とは，橋台や橋脚の軀体，および基礎の構造寸法を記述したものであり，**どんな下部構造を構築するのかを明記した図面である**．

● RC 構造（床版・橋台・橋脚・場所打ち杭）詳細図

RC 構造物では，どんな鉄筋をどのように配置するのかがわからなければ構築できないため，鉄筋の加工と配置に関する詳細な図面が必要となる．

● 仮設構造物詳細図

土留などの仮設構造物が必要な場合でこれが**指定仮設の場合**（設計通りの仮設構造物の構築を規定する場合）には，このための構造図が必要となる．任意仮設（施工者が現場の状況に応じて設計して構築）の場合でも，参考図として設計図に添付される場合がある．

9.2節 設計図とはどんなものの？

Point!
①一般図では，どんな構造物を作るのかがわかる全体像を示す．
②詳細図では，どう作ればいいのかを詳細に示す．

本節では，具体的な橋梁一般図，橋台の構造一般図や配筋図などの詳細図を用いて「設計図面とはどういうものか」を解説する．

●橋梁一般図

図 9.2 に実際の橋の**橋梁一般図**を例として示す．

この図面には，橋の側面図，線形図，平面図，上部構造の標準断面図，下部構造の断面図，交差道路の建築限界，交差河川の断面，および設計条件が示されている．このうち交差関連の情報は交差の有無によるが，それ以外はほぼすべての橋梁一般図に示される情報でこの配置で模画される．

○側面図

側面図では橋全体側面の主な構造寸法とともに，橋が渡る下の地形やボーリング柱状図が示され，どんな状況の現場に架けられる橋で基礎がどの地層を支持層とするのかなどが理解できる．

なお，橋台や橋脚にA1, P1などの記号が付いているが，Aは橋台（Abutment）でPは橋脚（Pier）のことで，それぞれ道路の起点側から番号が付けられる．

○線形等図

側面図の下には，計画高，地盤高，追加距離，短距離，測点，平面曲線，片勾配摺り付け図が描かれている．ここで**計画高**とは，道路面の高さのことであり，この橋の場合には橋の一点に対して緩やかな縦断勾配がついており，これは主に排水のための勾配である．**地盤高**とは，橋を架ける地盤の表面の高さである．

追加距離とは，道路の起点からどの位置に設置される構造物かを表すもので，**測点**（STA.：ステーション）とは，起点から100mごとに付けられた番号であり，構造物の管理をするための番号である．**平面曲線**とは，「橋が曲がっているのか」，そうであればどの程度曲がっているのかを表すもので，この橋の場合には $R = \infty$（曲線半径が無限大）とあるように，ほぼ直線の橋であることを表している．

片勾配とは，道路の横断面が一方向に傾斜している勾配のことであり，例えばカーブのきついところを車が走る場合には，設計速度に応じてこの勾配を変化させて車がカーブを走行しやすいようにしている．ただし，この橋の場合は直線橋なのでこのための勾配は必要なく，現在設定している 2.5％の勾配は，横断面の排水のための勾配である．

○平面図

　平面図とは構造物を上から見た図面であり，別名「鳥瞰図」ともいう．平面図により，平面線形を考慮した橋や構造物の設置状況が確認できるとともに，周辺の地形や土地の利用状況を知ることができる．

○上部工標準断面図

　上部工標準断面図とは上部工構造の概要を知るためのものであり，この図から主桁の形状や本数，床版の種類などを知ることができる．この図面はあくまで概要で，主桁の寸法などは位置によって異なるため，詳細な寸法はこの断面図では図示されていない．

○下部工断面図

　橋台や橋脚の各下部工の断面図を示しており，この図によりどんな形状の下部工なのかどんな基礎を用いるのかなどを知ることができる．

○設計条件

　橋梁一般図では，橋梁の設計にあたり設定した条件を明示しなければならない．その主な内容としては図示の通りである．ここで橋長(両側の橋台の胸壁間のこと)と桁長が異なるのは，桁の端部と胸壁との間には桁の温度変化による伸縮などに対応するための隙間があるためである．**道路規格**とは橋の上を通行するのはどんな道路なのかを示すもので，**道路構造令**(道路法上の道路を新設または改築する場合における道路構造の一般的技術基準)により色々な道路の規格が定められており，ここからこの橋の上を通行する道路に該当する規格を示している．

　地震係数の欄には，レベル１地震時の水平震度のみが記載されている．これは，当然この橋もレベル２地震でも設計されているが，レベル２地震に関する記載事項は多岐に渡るため，ここでは構造物の地震時振動特性を表す意味でレベル１地震時のみを記載している．

○その他

　図面の右下の枠は**標題欄**というもので，記載内容は事業主体や対象構造物によって異なるが，道路橋の場合には路線名，図面の名称，縮尺，単位，図番，設計者（あるいは事業主体）などが記載されている．

以上，橋梁一般図では，どんな橋を構築するのかを知るための全体概要が示されている．

●下部工構造一般図

下部構造の一般図の例として，対象橋梁の**A2橋台の構造一般図**を図**9.3**に示す．ここには，正面，背面，平面，断面，側面，杭配置図といった構造の詳細寸法がわかる図が描かれている．ここで，平面図において矢印とともに数字が描かれているが，これはこの数字の位置から矢印の方向に見ることを示しており，例えば「正面図1-1」という断面図があるが，これは平面図の「1の矢印のところの断面である」ことを表している．

このように下部工構造一般図では，構造の詳細がわかるように示されている．

●下部工構造詳細図

A2橋台はRC構造物であるため，どんな鉄筋をどのように加工してどう配置してコンクリートを打設するのかを明示した図面が必要となる．そこで，下部工構造詳細図の例として図**9.4 (a)**と**(b)**に**A2橋台の配筋図**を示す．ここには，鉄筋の配置（配筋），かぶりの詳細，および鉄筋の加工図が示されている．また参考として鉄筋の曲げ加工時の減長の表も示している．

施工者は鉄筋を配置するために，まずはどんな鉄筋が必要なのかを知る必要があり，これを示すものが**鉄筋加工図**である．

ここでは構造物の構築に用いる各鉄筋の種類に応じて，鉄筋の形状や寸法とともに鉄筋番号，本数，鉄筋径，鉄筋の全長が示されている．ここで，曲げ加工した鉄筋の寸法を合計すると鉄筋の全長と異なる．これは図面上では直角に図示しているが，実際には曲げ加工時の減長を考慮している．また，鉄筋を注文する際には運搬上から最大長さが規定されるとともに，0.5 m単位の長さで注文するため，施工者はこの加工図を元に注文する鉄筋からどの番号の鉄筋をどう取り，鉄筋の余り（ロス）をどう少なくするかを検討する．

鉄筋の配置を示した図では，どの番号の鉄筋がどれくらいの間隔で配置されるのかを示している．また，**鉄筋のかぶり詳細図**では，鉄筋の中心から構造物表面までの距離を図示しているが，これは最も外側に配置される鉄筋の表面から構造物表面までの必要かぶりを満足する鉄筋の位置を示している．

このように下部工構造詳細図では，その構造物を構築する上での詳細な内容が示されている．

第9章 設 計 図

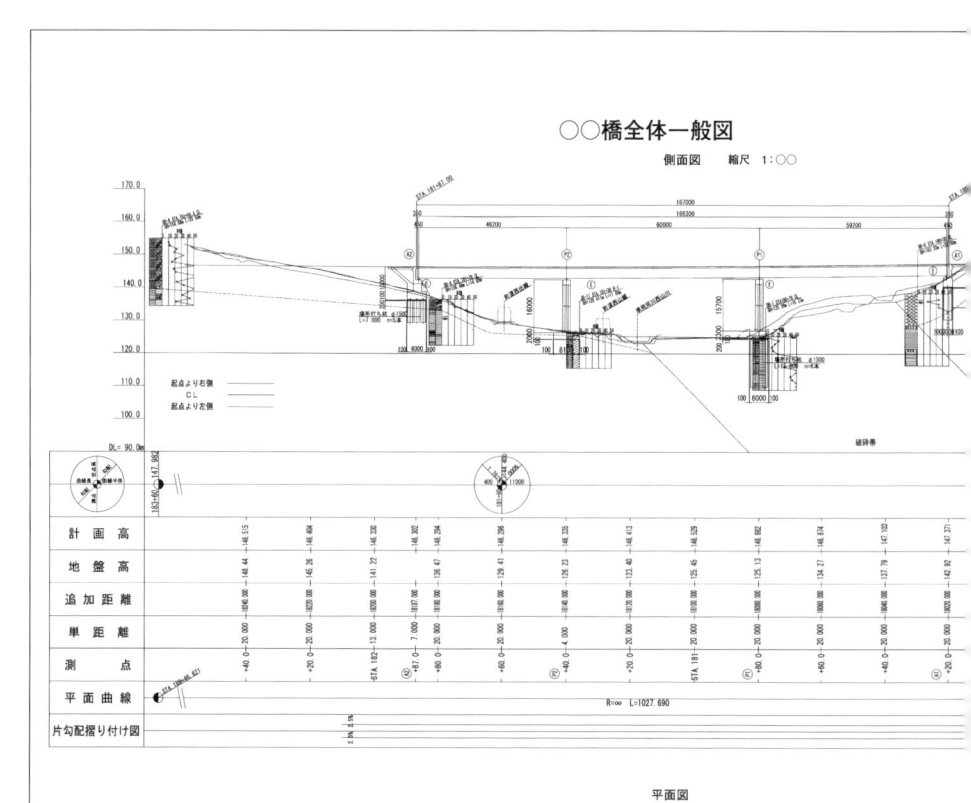

○○橋全体一般図

側面図　縮尺 1:○○

平面図

9.2節　設計図とはどんなもの？

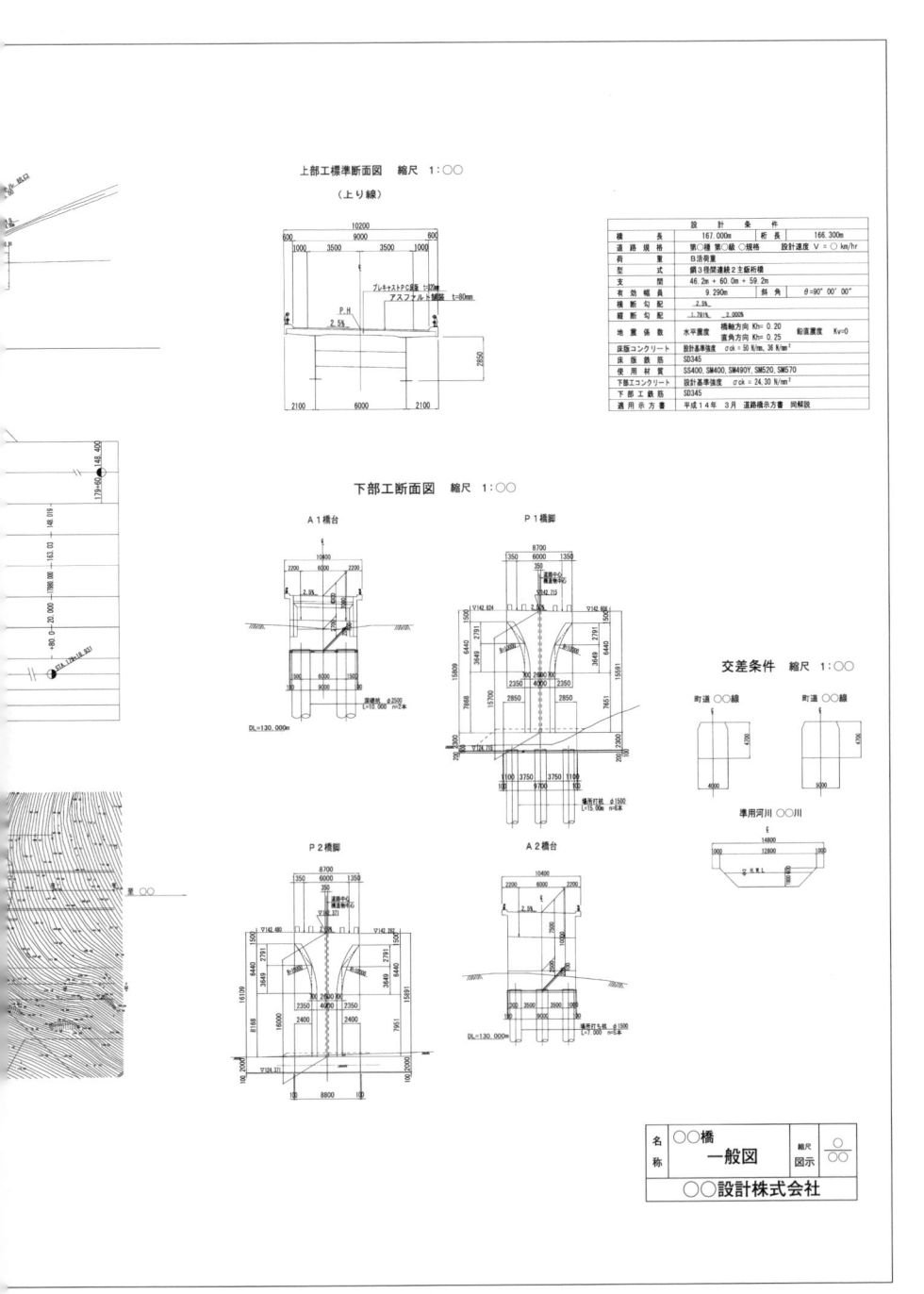

図 9.2　橋梁一般図の例

第9章 設 計 図

9.2節 設計図とはどんなもの？

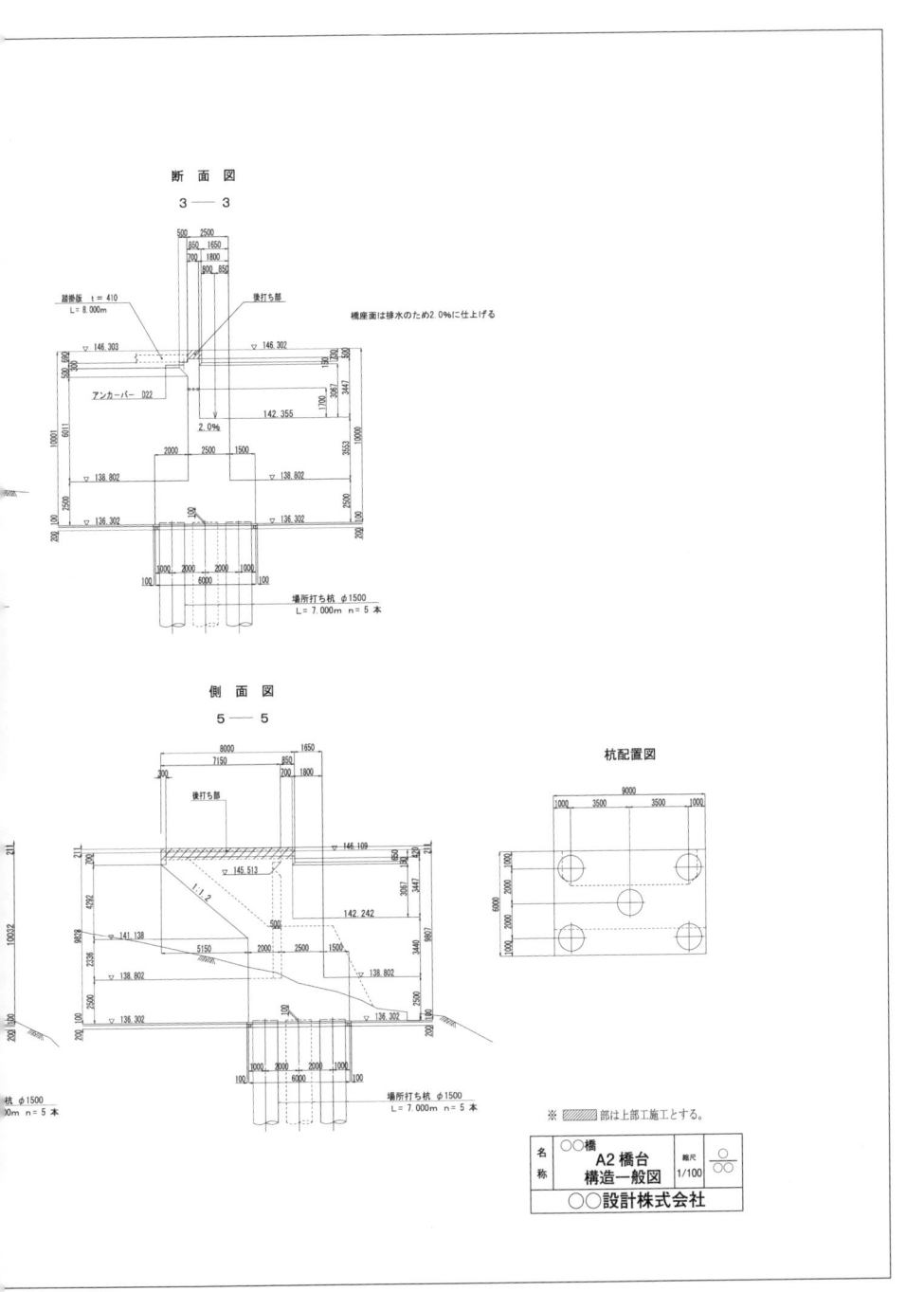

図 9.3 下部工構造一般図の例

第9章 設計図

A2 橋台配筋図（その1）　縮尺1：○○

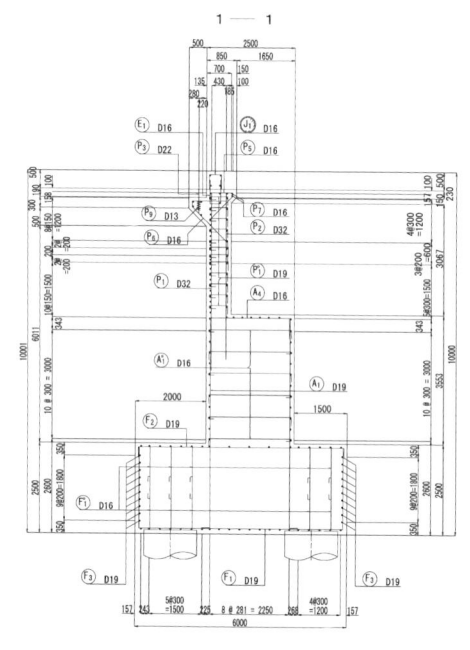

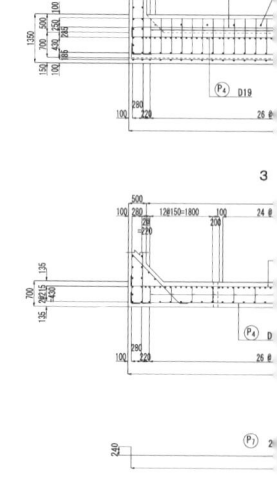

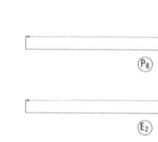

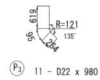

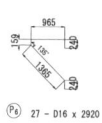

曲げ加工時の減長　（主筋）

種	R	θ=45° a	ΔL	θ=50° a	ΔL	θ=60° a	ΔL	θ=70° a	ΔL	θ=80° a	ΔL	θ=90° a	ΔL
D13	39	92	96	88	79	82	53	75	36	68	25	61	17
D16	48	113	119	109	97	100	66	92	45	84	30	75	21
D19	57	134	141	129	115	119	78	109	54	99	37	90	25
D22	66	155	164	150	133	138	91	127	61	115	42	104	28
D25	75	177	185	170	152	157	103	144	70	131	48	118	32
D29	87	205	215	197	176	182	119	167	81	152	55	137	37
D32	96	226	237	218	194	201	132	184	90	168	61	151	41

種	R	θ=100° a	ΔL	θ=110° a	ΔL	θ=120° a	ΔL	θ=130° a	ΔL	θ=135° a	ΔL
D13	71.5	100	20	87	13	75	8	62	5	56	3
D16	88	123	25	107	16	92	10	77	5	69	4
D19	104.5	146	29	128	18	109	12	91	6	82	5
D22	121	169	34	148	21	127	13	106	7	95	5
D25	137.5	192	39	168	25	144	15	120	8	108	6
D29	159.5	223	45	195	28	167	17	139	10	125	7
D32	176	246	49	215	31	184	19	154	10	138	6

9.2節 設計図とはどんなもの？

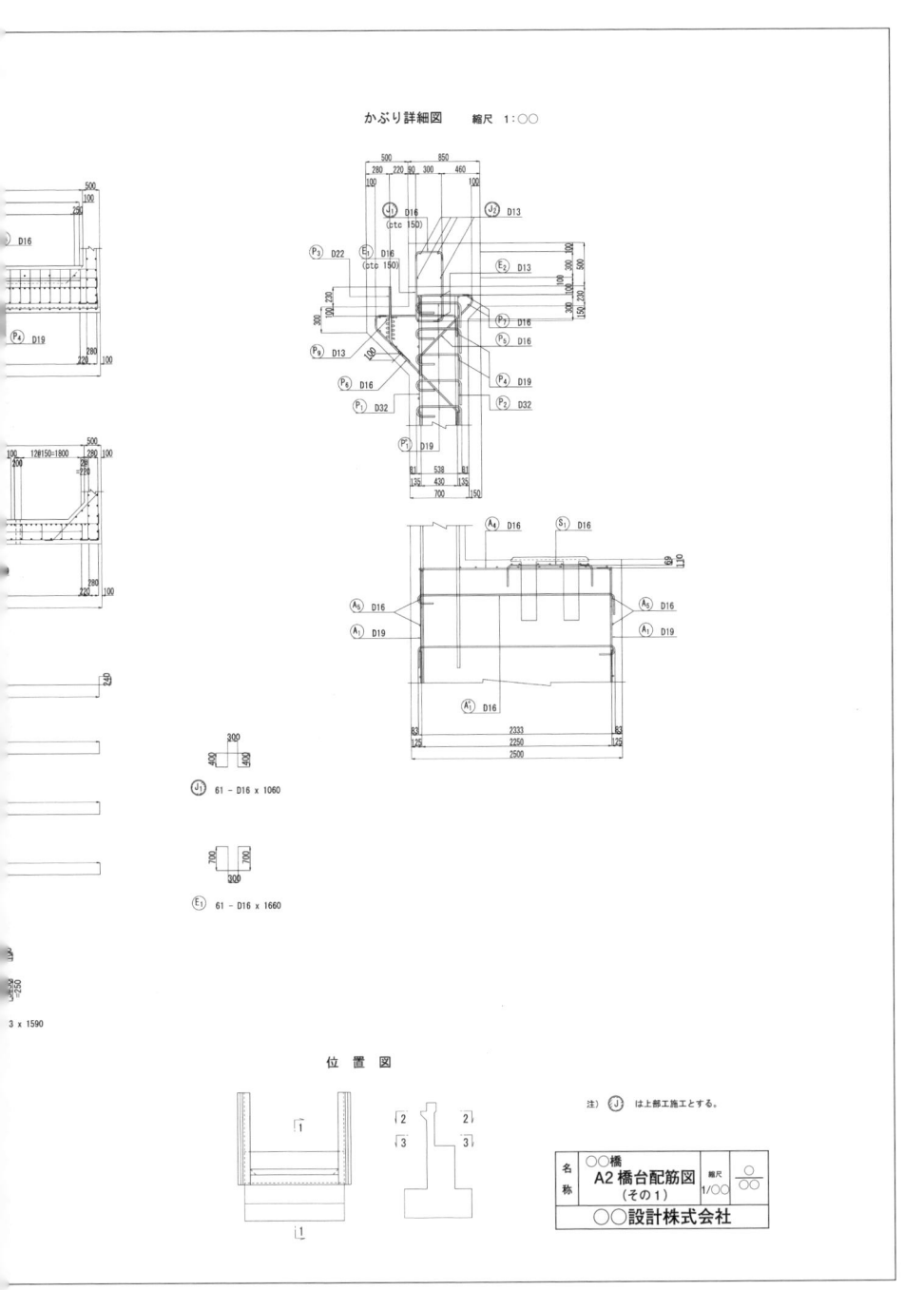

図 9.4（a） 下部工構造詳細図の例

第9章 設計図

A2 橋台配筋図（その2） 縮尺1:○○

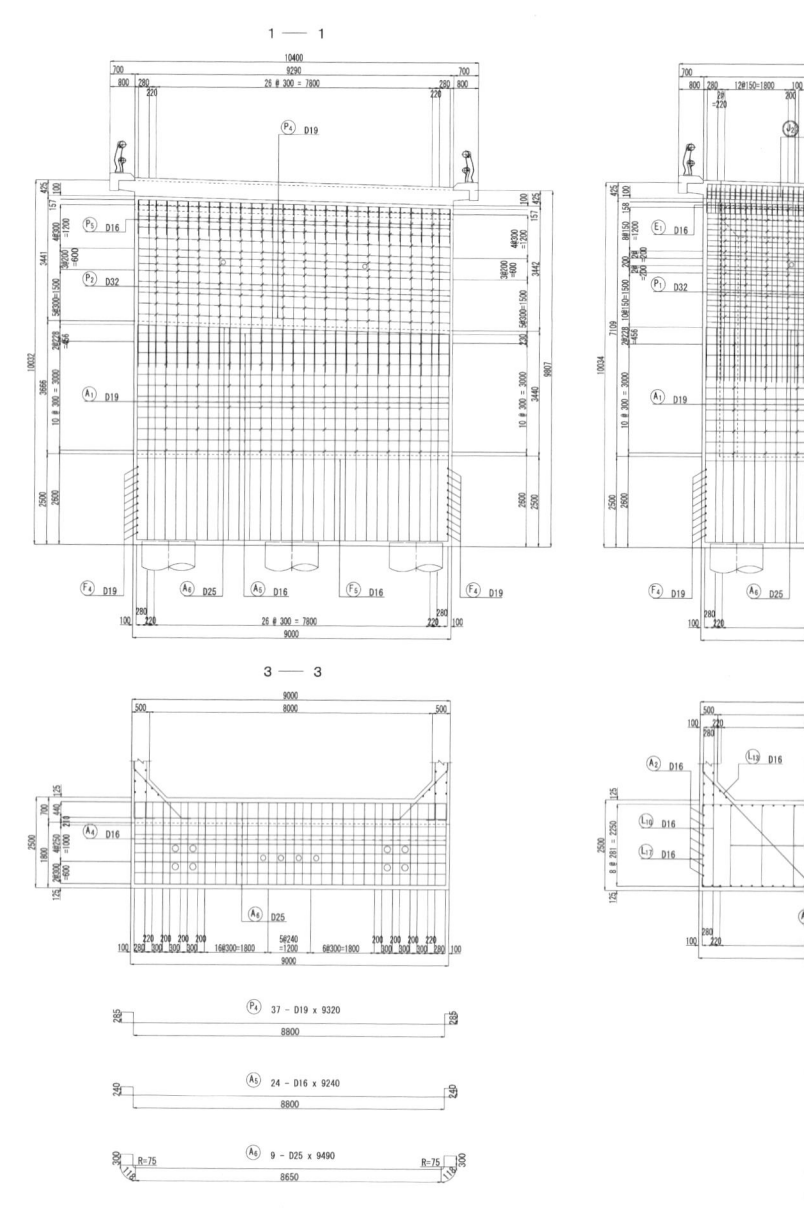

9.2節 設計図とはどんなもの？

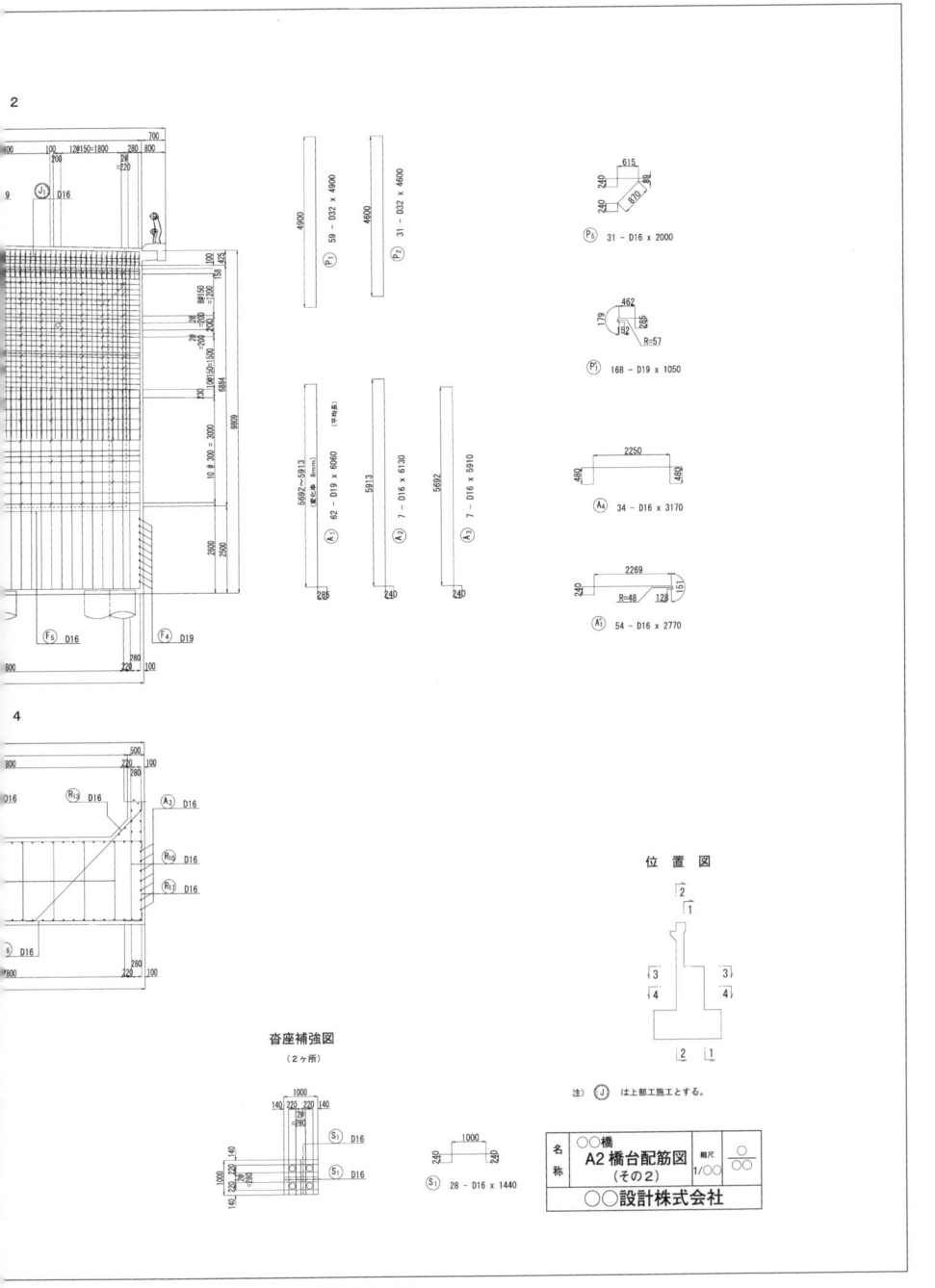

図9.4（b） 下部工構造詳細図の例

"手描きで味のある図面,でもいまはCAD,どっちが好き?"

20年ほど前まで設計図は手で描いていた.ドラフターと呼ばれる図面台の前に座り,トレーシングペーパーという半透明の用紙に鉛筆で描いていたのである.思えば私は,下図のような感じで仕事することに憧れてこの世界に足を踏み入れた気がする.そして若いころ,ドラフターの前に座るたびに一端の技術者になった気でいた.何より手書きの図面には個性もあった.

図面に描き入れる数字や文字などには決まりごとはあるものの,手描きの図面は誰が描くかで微妙に異なり,「これは俺が描いた図面」といったように,味もあり愛着も湧いたのである.また,土木構造物の設計図は色々な曲線も描くし,構造物と寸法線あるいは鉄筋など描く対象ごとに線の太さが異なるため,設計用のシャープペンシルや定規なども多種多様なものがあり,文房具好きの私にはたまらない仕事であった.

現在,手描きの図面などはまずない.すべてCAD(Computer Aided Design)で描く.だいたいが報告書や図面は電子納品が義務づけられ,CADで使うツールもクライアントによって決められていたりする.CADを用いることで誰が描いても同じ品質のものができるし,パソコンで仕事するのが当たり前になった現代においては,CADで図面を描くことが若い人の憧れになっているのかもしれない.

だが,最近の図面を見るたびに,「味がない」,「少しさびしい」と思ってしまうのは私だけだろうか….

手で描いていた図面

付録：数　式

第3章　橋の設計	
付式番号	式と記号の説明
(1)	$R = C_w \cdot R_L$ ここに，C_w：地震動特性による補正係数で付式（4）で設定，R_L：繰返し三軸強度比で付式（5）で設定
(2)	$L = r_d \cdot k_h \cdot (\sigma_v/\sigma_v')$ ここに，L：地震時せん断強度比，r_d：地震時せん断応力比の深さ方向の低減係数，k_h：液状化判定用の設計水平震度で2.3節の設計荷重を参照，σ_v：地表面から深さ x（m）における全上載圧（kN/m²），σ_v'：地表面から深さ x（m）における有効上載圧（kN/m²）
(3)	$r_d = 1.0 - 0.015 \cdot x$ ここに，r_d：地震時せん断応力比の深さ方向の低減係数，x：地表面からの深さ（m）
(4)	$C_w = \begin{cases} 1.0 & (R_L \leq 0.1) \\ 3.3 \cdot R_L + 0.67 & (0.1 < R_L \leq 0.4) \\ 2.0 & (0.4 < R_L) \end{cases}$ ここに，C_w：地震動特性による補正係数で，レベル1地震とレベル2地震タイプⅠ地震動の場合は1.0とし，レベル2地震タイプⅡ地震動の場合は式（3.18）から設定する，R_L：繰返し三軸強度比で式（3.19）で設定
(5)	$R_L = \begin{cases} 0.0882 \cdot \sqrt{N_a/1.7} & (N_a < 14) \\ 0.0882 \cdot \sqrt{N_a/1.7} + 1.6 \cdot 10^{-6} \cdot (N_a - 14)^{4.5} & (14 \leq N_a) \end{cases}$ ここに，N_a：粒度の影響を考慮した補正 N 値で砂質土の場合は付式（6），礫質土の場合は式（9）により設定
(6)	$N_a = c_1 \cdot N_1 + c_2$ ここに，N_a：粒度の影響を考慮した補正 N 値（砂質土の場合），N_1：有効上載圧100 kN/m²相当に換算した N 値で付式（7）で設定，c_1, c_2：細粒分含有率による N 値の補正係数で付式（8）で設定
(7)	$N_1 = 170 \cdot N/(\sigma_{vb}' + 70)$ ここに，N_1：有効上載圧100 kN/m²相当に換算した N 値，N：標準貫入試験から得られる N 値，σ_{vb}'：標準貫入試験を行ったときの地表面からの深さにおける有効上載圧（kN/m²）
(8)	$c_1 = \begin{cases} 1 & (0\% \leq F_c < 10\%) \\ (F_c + 40)/50 & (10\% \leq F_c < 60\%) \\ F_c/20 - 1 & (60\% \leq F_c) \end{cases}$ $c_2 = \begin{cases} 0 & (0\% \leq F_c < 10\%) \\ (F_c - 10)/18 & (10\% \leq F_c) \end{cases}$ ここに，c_1, c_2：細粒分含有率による N 値の補正係数，F_c：細粒分含有率（％）で，粒径75μm以下の土粒子の通過質量百分率

付録 数 式

付式番号	式と記号の説明
(9)	$N_a = [1 - 0.36 \cdot \log_{10}(D_{50}/2)] \cdot N_1$ ここに，N_a：粒度の影響を考慮した補正 N 値（礫質土の場合），D_{50}：50 % 粒径 (mm)
(10)	$k_H = k_{H0}(B_H/0.3)^{-3/4}$ ここに，k_H：水平方向地盤反力係数 (kN/m³)，k_{H0}：水平方向地盤反力係数の基準値 (kN/m³) で付式 (11) で設定，B_H：載荷作用方向に直交する基礎の換算載荷幅 (m) で式 (3.12) から設定
(11)	$k_{H0} = (1/0.3) E_D$ ここに，k_{H0}：水平方向地盤反力係数の基準値 (kN/m³)，E_D：地盤の動的変形係数 (kN/m²) で付式 (12) で設定
(12)	$E_D = 2(1 + \nu_D) G_D$ ここに，E_D：地盤の動的変形係数 (kN/m²)，ν_D：地盤の動的ポアソン比，G_D：地盤の動的せん断変形係数 (kN/m²) で付式 (13) で設定
(13)	$G_D = \dfrac{\gamma_t}{g} V_{SD}^2$ ここに，G_D：地盤の動的せん断変形係数 (kN/m²)，γ_t：地盤の単位体積重量 (kN/m³)，g：重力加速度（= 9.8 m/s²），V_{SD}：せん断弾性波速度 (m/s) で現場での PS 検層から推定するのが望ましいが，必要に応じて標準貫入試験の N 値を用いて付式 (14) から算出してもよい
(14)	$V_{SD} = 100 N_i^{1/3}$ （粘性土） $V_{SD} = 80 N_i^{1/3}$ （砂質土） ここに，V_{SD}：せん断弾性波速度 (m/s)，N：標準貫入試験の N 値
(15)	$K_v = \alpha \dfrac{E_p A_p}{L}$ ここに，K_v：杭頭に仮定する軸方向の地盤抵抗を評価するバネ定数 (kN/m)，α：固有周期を算出する場合に用いる軸方向地盤抵抗バネの補正係数で付式 (16) で設定，E_p：杭体のヤング係数 (kN/m²)，A_p：杭体の断面積 (m²)，L：杭長 (m)
(16)	$\alpha = \dfrac{\lambda \tan h\lambda + \gamma}{\gamma \tan h\lambda + \lambda} \lambda$ ここに，α：固有周期を算出する場合に用いる軸方向地盤抵抗バネの補正係数，λ：係数で付式 (17) で設定，γ：係数で付式 (18) で設定
(17)	$\lambda = L \sqrt{\dfrac{C_s U}{A_p E_p}}$ ここに，L：杭長 (m)，C_s：杭と周面地盤のすべり係数 (kN/m³)，U：杭の周長 (m)，A_p：杭体の断面積 (m²)，E_p：杭体のヤング係数 (kN/m²)
(18)	$\gamma = \dfrac{A_i k_V L}{A_p E_p}$ ここに，k_V：鉛直方向地盤反力係数 (kN/m³)，E_p：杭体のヤング係数 (kN/m²)，A_p：杭体の断面積 (m²)，L：杭長 (m)
(19)	$k_V = k_{V0}(B_V/0.3)^{-3/4}$ ここに，k_V：鉛直方向地盤反力係数 (kN/m³)，k_{V0}：鉛直方向地盤反力係数の基準値 (kN/m³) で付式 (20) で設定，B_V：基礎の載荷幅 (m²，$A_p^{0.5}$)

付式番号	式と記号の説明
(20)	$k_{V0} = (1/0.3)E_D$ ここに，k_{V0}：鉛直方向地盤反力係数の基準値（kN/m³），E_D：地盤の動的変形係数（kN/m²）で付式（12）で設定

第5章 切土の設計

付式番号	式と記号の説明
(21)	$P_A = \dfrac{\sin(\omega - \phi + \lambda)}{\cos(\omega - \phi - \delta - \alpha) \cdot \cos\lambda}(W_1 + X\sin\delta_1)$ $X = \dfrac{\sin(\varepsilon - \delta')}{\cos(\varepsilon - \delta' - \delta_1)} \cdot W_2$ $\lambda = \tan^{-1}\left(\dfrac{X\cos\delta_1}{W_1 + X\sin\delta_1}\right)$ ここで，P_A：主働土圧合力（kN/m），ω：仮定したすべり面と水平線のなす角（度），ϕ：裏込め土のせん断抵抗角（度），δ：擁壁背面の壁面摩擦角（度）で$2\phi/3$，δ'：切土のり面等との境界における壁面摩擦角（度）で，軟岩以上で比較的均一な平面をなしている場合には$2\phi/3$，粗面であるか粗面とみなしうる場合にはϕ，δ_1：仮想背面 mn における壁面摩擦角（度）で，一般に$\delta_1 = \beta$とするが，βがϕよりも大きな場合には$\delta_1 = \phi$とする，α：壁背面と鉛直面のなす角（度），ε：切土のり面等（cd）の傾斜角（度）
(22)	$k_v = \dfrac{1}{0.3} \cdot \alpha \cdot E_0 \cdot \left(\dfrac{B_v}{0.3}\right)^{-3/4}$ ここで，k_v：底面地盤の鉛直地盤反力係数（kN/m³），α：地盤反力係数の推定に用いる係数で表3.5による，E_0：表3.5に示す方法で測定または推定した設計の対象とする位置での地盤の変形係数（kN/m²），B_v：鉛直地盤反力係数を推定する際の換算載荷幅（m）で擁壁幅 B と擁壁延長との積で得られる面積の平方根とする

付式番号	式と記号の説明
(23)	$k_s = \lambda \cdot k_v \cong \dfrac{1}{3} \cdot k_v$ ここで，k_s：底面地盤のせん断地盤反力係数（kN/m³），λ：底面地盤の鉛直地盤反力係数からせん断地盤反力係数を推定する際の係数で 1/3～2/3 とされるが一般に 1/3 がよく用いられる，k_v：付式（22）で推定した底面地盤の鉛直地盤反力係数（kN/m³）

第7章 仮設構造物の設計

付式番号	式と記号の説明
(24)	$\lambda = \lambda_1 \lambda_2$ ここで，λ：矩形形状土留の形状に関する補正係数，λ_1：掘削幅に関する補正係数で付式（25）から設定，λ_2：土留平面形状に関する補正係数付式（26）から設定
(25)	$\lambda_1 = 1.30 + 0.7(B/l_d)^{-0.45}$ ここで，λ_1：掘削幅に関する補正係数で $\lambda_1 < 1.5$ のときは $\lambda_1 = 1.5$，B：掘削幅（m），l_d：根入れ長（m）
(26)	$\lambda_2 = 0.95 + 0.09\{(L/B) + 0.37\}^{-2}$ ここで，λ_2：土留平面形状に関する補正係数，L/B：土留平面形状の（長辺/短辺）
(27)	$\lambda = -0.2 + 2.2(D/l_d)^{-0.2}$ ここで，λ：円形断面土留の形状に関する補正係数で $\lambda < 1.6$ では $\lambda = 1.6$，D：円形形状土留の直径（m）
(28)	$\delta_1 = \dfrac{(1+\beta h_0)}{2EI\beta^3} P$ ここで，δ_1：掘削底面での変位量（m），h_0：掘削底面から合力の作用位置までの高さ（m），β：杭の特性値（m⁻¹），P：側圧の合力（kN），E：土留壁のヤング係数（kN/m²），I：土留壁の断面二次モーメント（m⁴），H：掘削深さ（m）
(29)	$\delta_2 = \dfrac{(1+2\beta h_0)}{2EI\beta^2} PH$ ここで，δ_2：掘削底面でのたわみ角による変位量（m），h_0：掘削底面から合力の作用位置までの高さ（m），β：杭の特性値（m⁻¹），P：側圧の合力（kN），E：土留壁のヤング係数（kN/m²），I：土留壁の断面二次モーメント（m⁴），H：掘削深さ（m）
(30)	$\delta_3 = \dfrac{p_2' H^6}{30EI}$ ここで，δ_3：掘削底面以上の片持ばりのたわみ（m），p_2'：モーメントを等価とする三角形分布荷重の掘削底面での荷重強度（kN/m）で付式（31）から設定，H：掘削深さ（m），E：土留壁のヤング係数（kN/m²），I：土留壁の断面二次モーメント（m⁴）
(31)	$p_2' = \dfrac{6\sum M}{H^2}$ ここで，p_2'：モーメントを等価とする三角形分布荷重の掘削底面での荷重強度（kN/m），H：掘削深さ（m），$\sum M$：側圧による掘削底面回りのモーメント（kN・m）

あとがきに代えて
～設計を取り巻く世界の動向とわが国の設計基準～

これまでの土木構造物の設計とは

これまでわが国では，経済成長戦略とともに山国，島国，そして地震国であるがゆえの多くの自然災害に対応すべく，国民が安全・安心に，経済的にも豊かに暮らせることを目的として，社会基盤の大量整備に取り組んできた．このため，設計においても同一品質の社会基盤の大量整備にあたり，施設ごとに細かく規定された仕様を満足することで設計品質における個人差をなくし，今日の社会基盤を築き上げてきた．

しかしながらその反面，道路，鉄道，港湾，建築など，それぞれに設計基準が発展してきたため，構造物を設計するにあたり，対象となる分野の施設ごとに詳細に規定される膨大な仕様への準拠が求められる状況となっている．また，実績や経験に基づく設計基準の発展では，その根拠が不明確なものもあり，新技術，新工法，新材料，および最新の研究成果の反映などに支障をきたすといった課題も抱えている．

設計に関する世界の動向とわが国の状況

一方，設計に関する世界の動向に目を向けると，1995年のWTO/TBT協定による貿易上の障害の撤廃とその観点での包括的な設計基準の実現へ向けた動き，科学的データに基づく構造物の安全性評価の実現へ向けた動き，さらにはリスクマネジメントの適用拡大を目的とした定量的な安全性評価の実現といった動きの中で，信頼性に基づく設計基準への改定が進んでいる．

例えばISO2394では，対象とする構造物の目標信頼性を定め，これに基づいて設計することが規定されている．これに対して，世界で最も用いられている橋梁の設計基準 **AASHTO-LRFD**（アメリカ・カナダ）や徐々に世界的に採用されつつある包括的設計基準 **EUROCODE**（ヨーロッパ）などでは，すでに目標信頼性が定められ，これを実現する設計基準として構築されている．

これらの設計基準は，信頼性に基づいているが，記述は仕様的で，現段階ですぐに世界的な包括的設計基準として用いられるものとはなっていないものの，今後，そうなりうる可能性を秘めている．

このような世界的な動きの中で，日本としていくつかの困難な課題に直面して

いる．例えば日本もWTO加盟国であり，TBT協定が適用されるが，道路や鉄道といった分野ごとの詳細な仕様規定は，海外企業が日本の建設市場へ参入する際の貿易上の障害となっている．事実，AASHTOやEUROCODEなどの基準の設計式や係数は国内では一切用いることができず，逆に相手国より「日本ではどんな限界状態に対しどの程度の信頼性を満足すればよいのか」といわれても多くの設計基準はまだそうなっていない．

　海外の基準と日本の基準を同じ視点から比較できないことは，国内の企業が海外市場へ参入する際にも課題となっている．歴史的な背景により，世界ではアメリカやヨーロッパの設計基準が多く用いられている．特にアジア諸国の橋梁設計は，日本や中国などの一部の国を除いて，ほぼすべてがAASHTO-LRFDで設計されているが，信頼性解析に用いたデータは当然アメリカやカナダのものが多く，アジア諸国の地盤条件や交通事情に適合していないことも少なくない．それにもかかわらず，現実問題としてアジア諸国ではこの基準が採用され，国内企業がアジア諸国で橋梁を設計する場合にはこの基準に準拠せざる得ない状況となっている．このことは，国内企業に多大な負担を課すとともに，競争力の観点でも不利な状況であることは否めない．

日本の現在と今後の動向

　これら世界の動向や課題に対し，日本では1998年に閣議決定された「規制緩和推進3カ年計画」にはじまる国家施策において，設計基準の**性能設計化**も促進されることとなった．ここでは，「ISO2394に基づき設計状況に応じた対象限界状態を所定の信頼性で満足する設計」を最終目標として，国土交通省におけるすべての設計基準の改定が進められている．折しも1995年の兵庫県南部地震により構造物が大打撃を受け，それまでの「日本の構造物は地震に対して十分に安全である」といった安全神話が崩壊し，新たな設計体系の構築が必要不可欠な時期であったこともあり，設計状況とその際の構造物の特性から必要に応じて損傷を許容しつつ，設計対象構造物の重要性や利用目的に応じて損傷を制御する「性能設計」の考え方が一躍普及した．

　このため現在では，ほぼすべての設計基準で「性能」という用語が使われ，設計状況に応じた損傷を考慮した設計がなされており，本書でもその内容について解説した．しかし，設計基準の改定はそれにとどまらず，さらに最終目標へ向け信頼性に基づいた設計基準への改定が進められている．2007年にはいち早く信頼性を取り入れた『港湾の施設の技術上の基準』が発刊されるとともに，日本で

最も用いられている『道路橋示方書』も信頼性に基づく基準を目指し，改定が進められている．

　信頼性に基づいた設計では，下図に示すように，荷重と抵抗のばらつきに関わる科学的データに基づいて，「抵抗は荷重よりも大きいことを満足しない確率（以下，破壊確率）」により安全性を評価する．すなわち，あるばらつきを有する設計状況に対し，目標とする破壊確率を下回るように，対象とする構造物の抵抗のばらつきに応じて構造物が決定されることになる．ここで，「荷重と抵抗のばらつきに係る科学的データに応じて」ということが重要であり，安全性の根拠が明確になることで，新技術や最新の研究成果の活用も可能となる他，信頼性に基づいたAASHTOやEUROCODEなどの他の基準との比較も可能となる．

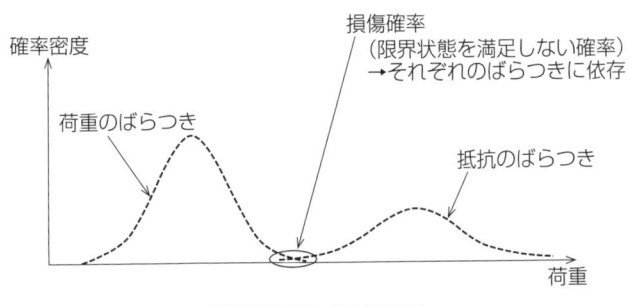

信頼性に基づいた設計

　このような設計基準が確立することにより，今後の土木構造物の設計では，これまでの仕様に則った設計ではなく，所定の信頼性を満足することを前提に，科学的なデータに基づき，設計者が自由に新たな技術，最新の研究成果，調査，および解析手法などを用いて合理的な設計を行う状況となることが期待される．

　このことは，世界のどの地域における設計でも，当該地域で要求する性能を満足することを前提に，国内外の技術者が同じ土俵で真の技術力を競うことにもつながる．したがって今後は，いち早く科学的なデータを有する新たな技術，最新の研究成果，解析方法，調査方法などを設計に取り入れることのできる人材を養成した国が，世界の設計シーンをリードすることができるといえよう．

　本書を読まれる学生や技術者の方々にはこのような状況を認識していただき，本書で設計の基礎を学ばれた後はぜひともその一歩先へ進み，将来を見据えた学習に励まれることを期待している．

索　引

───── あ 行 ─────

アーチアクション 160
アーチ橋 7
圧密沈下 112
圧密排水強度 104
圧密非排水強度 104
アンカー補強土壁 130
安全性 36
安全率 54
安定確保 118
安定勾配 148

井げた組擁壁 150
維持管理性能 37
石積擁壁 13
一次圧密 112
インバート 168

影響線 68
液状化 89
液状化低効率 91
液状化判定 91
液状化被害の抑制 119
エネルギー一定則 205
円弧すべり計算法 102

応力を軽減する工法 118
応力を遮断する工法 118
押込み支持力 84
帯鋼補強土壁 130

親杭矢板土留 26, 28
温度変化の影響 44

───── か 行 ─────

開削トンネル 23
可逆的 64
かご工 150
荷重 39
過剰間隙水圧 89
風荷重 43
仮設構造物 25
仮設構造物詳細図 220
仮設土留 26
河川橋 6
片勾配 222
片持ばり式擁壁 13
片持版 67
活荷重 40
滑動 120
滑動照査 122
下部工構造一般図 220, 223
下部工構造詳細図 223
下部構造 5
下部工断面図 222
壁式橋脚 8
下方分担法 195
仮桟橋 26
簡易なのり枠工 148
環境適合性能 38
慣性力 78
慣用法 186

基準変位量	87
既成杭	9
基礎	6
基礎地盤	12
気泡混合軽量土	137
逆T式橋台	8
キャパシティデザイン	202
橋脚	6
橋脚の安定	74
橋軸直角方向	66
橋軸方向	67
橋台	6
強度増加	114
胸壁	8
橋梁位置図	220
橋梁一般図	220
極限支持力度	124
許容応力度	56
許容支持力度	124
許容変位	56, 87
切土	15
切土のり面の保護工の選定	148
切ばり	26, 196
杭基礎	9, 83
杭基礎の降伏	213
杭周面の摩擦力	84
杭先端の支持力	84
躯体	6
グラウンドアンカー	26
グラウンドアンカー工	19
クリープ	48
計画高	221
景観性能	38
軽量盛土	135
ケーソン基礎	10

桁の設計	68
限界加速	106
限界状態	51
限界震度	106
原地盤	12
現場打ちコンクリート枠工	19
鋼アーチ支保工	167
降雨の作用	45
鋼管杭	9
鋼管矢板基礎	10
鋼橋	6
鋼橋脚	8
公共事業	2
構造物工	18
鋼矢板土留	26, 28
跨路橋	6
小段	12
固有周期	46
固有周期の算出	75
コンクリート橋	6
コンクリート橋脚	8
コンクリート擁壁の設計	120

——————— さ 行 ———————

細粒土	105
柵工	19, 148
作用	39
山岳トンネル	23, 160
ジオテキスタイル補強土壁	130
死荷重	40
軸直角方向の地盤抵抗を評価するバネ定数	87
軸方向の地盤抵抗を評価するバネ定数	86
試行くさび法	153
支承	6
支持力照査	124

241

索　引

支持力の簡易照査	126
支持力破壊	120
地震時	50
地震せん断応力	91
地震の影響	45
地すべり地	145
指定仮設	220
地盤種別	47
地盤高	221
支保工式土留	26
支保構造（仮設土留）	195
支保構造（山岳トンネル）	161
支保構造の選定	168
支保構造の適用範囲	168
支保工反力	195
社会基盤	2
じゃかご	150
斜張橋	7
地山等級	168
地山の等級区分	168
地山補強土工	148
修復性	36
周辺地盤の変形	115
周辺地盤の変形抑制	118
重力式擁壁	13
主桁	5
主働土圧	42, 187
受働土圧	42, 187
小規模土留	26, 186
衝撃荷重	42
照査	54
常時	50
使用性	36
床版	5
床版の設計	66
上部工構造詳細図	220
上部構造	5
上部工標準断面図	222

植栽工	18
植生	12
植生工	17, 148
自立式土留	26
自立式土留の設計	186
シールドトンネル	24
伸縮継手	6
じん性	205
深礎基礎	10
水圧	43
静止土圧	42
施工時	50
設計基準	33
設計供用期間	60
設計状況	36, 49
設計条件	222
設計震度	45, 78
設計振動単位	76
線形図	220
線形等図	221
ソイルセメント柱列壁	28
即時沈下	112
即時沈下量	113
側面図	221
塑性変形能	210
塑性率	214
粗粒土	105

――――― た　行 ―――――

耐荷性能	36
大規模土留	26, 192
耐久性能	37
対傾構	5
体積変化	89
タイプⅠ地震動	47

索 引

タイプⅡ地震動 47
ダイレタンシー 89
ダクティリティ 205
竪壁 8
単純版 67
弾性床上のはり 87
弾性床上のはりモデル 190
弾性反力 193
弾性領域 193
弾塑性応答推定の概念 205
弾塑性法 193
断面決定用土圧 186

地中先行変位 193
地中の増加応力 112
地中連続壁基礎 10
地中連続壁土留 26, 29
中間杭 198
中規模土留 26
中規模土留の設計 186
柱状体基礎 10, 83
柱列式連続壁土留 26, 28
直接基礎 9, 83
沈下の促進 117
沈下の抑制 118
沈埋トンネル 23

追加距離 221
土のせん断強さ 104
吊橋 7

低減係数 91
底版の設計 128
鉄筋加工図 223
鉄筋のかぶり詳細図 223
鉄道橋 6
転倒 120
転倒照査 123

土圧 42
到達立坑 24
動的せん断強度 91
道路規格 222
道路構造令 222
道路橋 6
土留壁 26
トラス橋 7
トラフィカビリティ 119
ドレーン材 117

───── な 行 ─────

苗木設置吹付工 18
軟弱地盤 109
軟弱地盤対策工 111

任意仮設 220
二次圧密 112
二次圧密沈下量 113
ニューマーク法 105

根入れ長 180

のり肩 12
のり尻 12
のり面 12
のり面保護工 12, 16, 148
のり面緑化工 17
のり枠工 150

───── は 行 ─────

配筋図 223
パイピング 181
箱式橋台 9
橋の要求性能 60
播種工 17
場所打ち杭 9

243

柱の設計	75
発進立坑	24
発泡スチロールブロック	137
発砲ビーズ混合軽量土	137
腹起し	196
張出部の設計	74
盤ぶくれ	184
半無限長	190
非圧密非排水強度	104
火打ち	196, 197
引抜き支持力	85
非弾性領域	193
ヒービング	182
標準のり面勾配	144, 145
標題欄	222
吹付けコンクリート	164
吹付け枠工	19
普請	2
フーチング	8
フーチングの前面抵抗を評価するバネ定数	88
覆工	26
ふとんかご	150
踏掛版	9
浮力	43
プレキャスト枠工	19
ブロック積擁壁	13
平面曲線	221
平面図	222
壁面材	14
ベタ基礎	83
ボイリング	179
暴風時	50
補強材	14

補強土壁	14, 130
補強盛土	135
歩道橋	6

──────── ま 行 ────────

もたれ式擁壁	153
盛土	11, 12
盛土の緩速施工	114
盛土の要求性能	96
モルタル柱列壁土留	28
モルタル吹付けのり面	151

──────── や 行 ────────

有効主働土圧	193
有効受働土圧	193
要求性能	36
擁壁	13
擁壁工	20
翼壁	8
横桁	6
横構	5

──────── ら 行 ────────

落石防護柵	150
落石防止網	150
落橋防止装置	6
ラーメン橋	7
ラーメン橋脚	8
良質な支持層	83
緑化基礎工	150
臨界すべり面	107
レベル1地震動	47
レベル2地震動	47
連続版	67

路床 12
路体 12
ロックボルト 165

──────── 英　字 ────────

A活荷重 41
B活荷重 41
L荷重 40

NATM工法 164
PC橋 6
PHC杭 9
PRC橋 6
RC橋 6
RQD 169
T荷重 40
T型橋脚 8, 72

監修者略歴

内山　久雄（うちやま　ひさお）

- 1947年　東京都生まれ
- 1969年　東京工業大学　工学部土木工学科　卒業
- 1969年　株式会社八千代エンジニアリング　勤務
- 1970年　東京工業大学　助手
- 1976年　東京大学　助手
- 1978年　工学博士　東京大学
- 1979年　東京理科大学　理工学部土木工学科　講師
- 1980年　東京理科大学　理工学部土木工学科　助教授
- 1984〜1985年　フィリピン大学　客員教授（併任）
- 1996年　東京理科大学　理工学部土木工学科　教授
- 2008〜2009年　東京大学　客員教授（併任）
- 2014年〜現在　東京理科大学　名誉教授

著者略歴

原　隆史（はら　たかし）

- 1961年　北海道生まれ
- 1982年　函館工業高等専門学校　卒業
- 1982年　東鉄工業株式会社　勤務
- 1991〜2010年　株式会社建設技術研究所　勤務
- 2004年　博士（工学）　群馬大学
- 2007〜2010年　岐阜大学　工学部地盤防災講座　准教授（出向）
- 2010〜2012年　岐阜大学　工学部地盤防災・保全学講座　准教授
- 2012〜2016年　岐阜大学　工学部　特任教授
- 2016〜2019年　富山大学大学院　理工学研究部　教授
- 2019年〜現在　富山大学　学術研究部　教授

- 本書の内容に関する質問は，オーム社ホームページの「サポート」から，「お問合せ」の「書籍に関するお問合せ」をご参照いただくか，または書状にてオーム社編集局宛にお願いします．お受けできる質問は本書で紹介した内容に限らせていただきます．なお，電話での質問にはお答えできませんので，あらかじめご了承ください．
- 万一，落丁・乱丁の場合は，送料当社負担でお取替えいたします．当社販売課宛にお送りください．
- 本書の一部の複写複製を希望される場合は，本書扉裏を参照してください．

JCOPY ＜出版者著作権管理機構 委託出版物＞

ゼロから学ぶ土木の基本
土木構造物の設計

2014 年 8 月 25 日　第 1 版第 1 刷発行
2025 年 7 月 10 日　第 1 版第 9 刷発行

監 修 者　内 山 久 雄
著　 者　原　 隆 史
発 行 者　髙 田 光 明
発 行 所　株式会社 オ ー ム 社
　　　　　郵便番号　101-8460
　　　　　東京都千代田区神田錦町3-1
　　　　　電話　03(3233)0641(代表)
　　　　　URL　https://www.ohmsha.co.jp/

© 原隆史 2014

組版　タイプアンドたいぽ　印刷・製本　壮光舎印刷
ISBN978-4-274-21589-6　Printed in Japan

「ゼロから学ぶ土木の基本」シリーズ既刊書のご案内

構造力学
内山久雄 [監修] 佐伯昌之 [著]
A5・222頁
定価(本体2500円【税別】)

測量
内山久雄 [著]
A5・240頁
定価(本体2500円【税別】)

コンクリート
内山久雄 [監修] 牧 剛史・加藤佳孝・山口明伸 [共著]
A5・220頁
定価(本体2500円【税別】)

水理学
内山久雄 [監修] 内山雄介 [著]
A5・234頁
定価(本体2500円【税別】)

地盤工学
内山久雄 [監修] 内村太郎 [著]
A5・224頁
定価(本体2500円【税別】)

もっと詳しい情報をお届けできます．
○書店に商品がない場合または直接ご注文の場合は右記宛にご連絡ください．

ホームページ http://www.ohmsha.co.jp/
TEL／FAX TEL.03-3233-0643 FAX.03-3233-3440

(定価は変更される場合があります)

D-1312-99